中国社会主义生态文明建设的发展逻辑研究

任春晓　著

宁波出版社
NINGBO PUBLISHING HOUSE

图书在版编目（CIP）数据

中国社会主义生态文明建设的发展逻辑研究 / 任春
晓著. -- 宁波：宁波出版社，2022.4
ISBN 978-7-5526-4449-4

Ⅰ.①中… Ⅱ.①任… Ⅲ.①生态环境建设—研究—
中国 Ⅳ.①X321.23

中国版本图书馆CIP数据核字（2021）第225531号

中国社会主义生态文明建设的发展逻辑研究

Zhongguo Shehuizhuyi Shengtaiwenming Jianshe De Fazhan Luoji Yanjiu

任春晓　著

出版发行	宁波出版社	
地　　址	宁波市甬江大道1号宁波书城8号楼6～7楼　315040	
网　　址	http://www.nbcbs.com	
电　　话	0574-87341015（编辑部）　　87286804（发行部）	
责任编辑	陈凌欧	
责任校对	朱泽清　陈　钰	
装帧设计	金字斋	
印　　刷	宁波报业印刷发展有限公司	
开　　本	710毫米×1000毫米　1/16	
印　　张	19.75	
字　　数	280千	
版　　次	2022年4月第1版	
印　　次	2022年4月第1次印刷	
标准书号	ISBN 978-7-5526-4449-4	
定　　价	58.00元	

如发现缺页或倒装，影响阅读，请与承印厂联系调换　电话：0574-87682300

目录 ▍

中国社会主义生态文明研究的逻辑架构

一、研究发轫的问题导向和思考

一个时期以来，我国大量存在着"口号哲学""文本哲学""概念哲学""抽象哲学"，把哲学变成了不食人间烟火的象牙塔里的思维游戏，为了破解"缺乏问题意识和问题导向"的缺陷，使当代中国哲学走出书斋，去关注"现实存在""全球动向"和"中国问题"，以达到更加接"中国地气"，更加焕发生命力，更加为社会公众所认同，更加具有说服力、传播力的目的，近年来，许多哲学研究机构频频发出构建"面向中国问题的哲学"的呼吁，提出哲学研究者要强化问题意识，认真思考，积极作为，拉近哲学与现实生活世界的距离，成为脚踏实地的"实践派"。

"面向中国问题的哲学"有两个关键：第一是如何"面向"。当然，认真研读我国这些"学院派"的"理论文章"，并不是说它们完全没有"面向"中国问题，因为即便是所谓的"纯理论"研究，终究还是能曲曲折折地找到现实世界影子的。而是说随着中国发展阶段的不同，出现的问题不同，哲学界的理论视角、分析工具、话语风格，特别是研究重心应该不断转换，而不应满足于搬来也许是古人的、也许是西方人的、也许是马列的"他山之石",满足于在经典文本中找段子、在思想范畴中转圈子,缺少对原生问题的追问、对原创理论的追求。第二是发现"问题"。中国问题在不同生活阅历的学者眼里、在不同国内外环境背景中、在不同的发展阶段、在不同的学术领域,面对的都有所不同。如政治领域主要是民主法治、治理形式、党政关系等;经济领域主要是人口资源、货币流通、产业升级、结构调整等;文化领域主要是传统文化继承和保护、现代文化产业发展等;道德领域集中于道德的"升坡"与"滑坡"、官德建设、公信力重塑等。生态问题是中国现代化进程中出现的又一个新问题,如今它是全时间、全领域、全地域存在的。把社会主义生态文明建设的发展逻辑作为本书的研究方向,既是我长久以来的研究兴趣所在,也是用实际行动响应号召并付诸实践、久久为功的一点小收获。

改革开放 40 年来,中国社会主义事业生气蓬勃,经济社会建设成绩卓著,但工业化进程所带来的自然生态环境问题也随之凸显。面对环境污染不断加重、资源约束趋紧、生态系统正在退化的严峻形势,我们不得不重新调整和更正发展思维和发展战略。我国当下存在的生态危机,是由经济建设发展过程中人们对自然资源过度掠夺和对自然生态环境严重破坏所造成的人与自然关系的不协调,生态文明建设正是解决生态矛盾的战略举措。发展是事物由小到大、由弱趋强、由低级向高级前进的上升运动。我们党提出的坚持以人为本,全面、协调、可持续的科学发展观,提出的创新、协调、绿色、开放、共享五大发展理念,既是准确把握科学世界观和认识论的结果,也是党对发展规律认识的深化和升华;既是中国化的马克思主义方法论的集中体现,也是党治国理政思想理论的新飞跃。在生态文明建设中具体体现为"三个坚持":坚持低碳发展、绿色发展、循环发展的发展形态,坚持生活富裕、生产发展、生态良好的发展道路,坚持经济发展与人口、资源、环境相协调的发展方针,努力建设美丽中国,实现中华民族永续发展。一般认为,生态文明从社会形态角度,是一种比农业文明和工业文明层次更高的人类文明形态。我们党在继承和发展马克思主义关于人与人、人与自然关系的思想基础上，提出生态文明建设的要求，这是立足于当前我国生态现状，科学地总结了新中国成立以来生态建设的历史经验，认清了环境保护的重要性，遵循了人类社会的发展规律，借鉴了世界先进国家环境整治和生态治理先进经验，提出的一条更加稳妥地处理人与自然相互关系的创新途径，是一个更加完美地实现人与自然和谐发展的创新模式。

"我国的生态文明建设有三个前提条件。首先，处于中国这个特定的地理背景中。我国地域辽阔，自然条件、人口分布、产业区位、资源配置以及工业化城市化发展程度和地方社会治理等都不均衡，各类地区呈现不同的特点和难点，决定了中国生态文明建设要因地制宜、各具特色、异彩纷呈，防止一刀切。其次，处于'社会主义初级阶段'同时也是工业化的中后期。与中国经济发展速度一样迅速的是环境污染速度，发达国家在上百年发展中逐渐出现并分阶段解决的环境问题，在中国短期内集中爆发，这些超常规发展后涌现的复合型、压缩型生态矛盾，决定了中国生态文明建设必须循序渐进，有计划、有步骤地逐步展开。最后，处于公民环境意识提高，政府和企业环境压力增加状态。与以往相比，当今中国普通公民的环保知识不断丰富，环境伦理和环境维权意识不断树立；环境门槛提高、环境标准细化使企业的环境责任意识不断增强；探索编制自然资源资产负债表，以及对领导干部实行自然资源资产离任审计和生态环境损害终身责任追究制，使领导干部不断纠正'GDP 至上'的政绩观。中国的生态文明建设是立足于人与自然和谐发展这个'轴心'，实施坚持社会主义制度特殊性和生态文明原则普遍性的'两轮'驱动，去建设资源节约型、环境友好型'两型社会'。中国特色社会主义生态文明与其说是中国传统生态文明的'转型版'，不如说是人类生态文明建设与发展的'中国版'和中国传统生态文明建设的'升级版'，或是人类生态文明的'创新版'"。[1]

[1]　林昆勇,任春晓.中国生态文明建设的多重发展维度探析[J].桂海论丛,2014（6）:9-14.

二、研究过程的主体框架和观点

因为笔者是学马克思主义哲学出身的,在思维惯性上采取了"矛盾 — 动力 — 发展"这条讨论现实问题时常常运用的方法。

1.分析社会主义生态文明建设的内在矛盾

我国的生态文明建设可以说是一个矛盾持续产生又不断解决的过程,认清矛盾的性质、类型是生态文明建设的思想起点。第一,认清基本矛盾及性质。抽象看,生态文明建设要解决的基本矛盾有三对:人与人、人与自然、人与社会的矛盾。人对自然作用时从个体来说表现为劳动,从社会来说表现为生产力,可见生态文明建设的基本矛盾与社会基本矛盾实质是一致的。但这里"生产力"的新内涵是不破坏生态平衡地改造自然的能力。引入生态评估后,对生产力要素、再生产各环节,以至经济基础和上层建筑都要重新理解。第二,认清主要矛盾及特点。现阶段我国生态文明建设的主要问题是:在社会主义同样存在生态危机前提下的社会制度改革;在增长遭遇极限时社会主义生产目的的调整;在科学政绩观树立的同时有表达民众意愿的公众参与;作为第一生产力的科学技术的绿色转向;市场经济条件下资本逻辑的合理规制;共同富裕理念下的代内公平和可持续发展观指导下的代际公平。这些矛盾分布于经济、政治、文化各个领域,具有复杂性和持久性。第三,认清矛盾类型及层次。生态文明建设有宏观的哲学层面的思想观念矛盾,主要有"人类中心主义"和"非人类中心主义"、技术乐观主义和技术悲观主义、增长有极限和无极限、发展的公平正义能实现或不能实现等;有中观的政府层面的制度指向矛盾,在技术状况给定的条件下,不同的制度安排会带来不同的环境结果,表现为社会制度矛盾、经济制度矛盾和实际政策矛盾;有微观的环保层面的操作行为矛盾,如媒体宣传的观点对立、不同主体的利益冲突和具体项目的选择困境。第四,认清矛盾的本源与整合。生态文明建设的矛盾有主客观两方面:客观上是物质与精神、思维与存在、主体与客体等哲学基本问题,以及社会基本矛盾在生态文明建设领域的表现和反映；主观上却与社会生产目的、国家发展方向、个体生活意义等相关。对矛盾进行包容性吸纳、组织化整合、结构性重建后，可以成为推动生态文明建设的正向力量。

2.研究社会主义生态文明建设的动力机制

"动力机制"是推动生态文明建设前行的内外部力量的作用方式，是解决现存矛盾的手段、工具、形式和途径的综合体。这部分主要研究三方面内容：第一，动力形式。针对主要矛盾的解决形成了四大动力机制：制度创新机制，涉及国家层面的环境立法和政策的制定，生态文明建设的顶层设计，地方性环境法律法规和政策，还有各类企业、非企业社会组织制定的与环境保护和生态文明建设有关的制度；权力配置机制，在环境治理中，国家权力与地方权力、政府权力与环境保护部门权力、企业发展权与公民环境权、环境边境治理中地方政府合作等；公众参与机制，环境私力救济与群体性事件、环保NGO在中国的发展、公民环境权的法律思考、环境公益诉讼制度、环境公众参与方式的实践拓展；利益平衡机制，代际平衡，代内平衡包括发达地区和不发达地区之间、城乡之间、不同社区之间等。第二，动力领域。生态文明建设矛盾的解决主要分布在三个活动领域：一是经济领域。其中包括反向运动和正向运动。反向运动是扩张中的环境承载力、产业梯度转移中的污染扩散、生产成本外部化时偷排行为、利益博弈中的"公地悲剧"；正向运动是节能减排、清洁生产、循环经济、生态消费。二是政治领域。治国理政理念的新提升，人口、环境、资源的总体协调，环境政治规则的延展，新型生态治理模式创建。三是文化领域。马克思人与自然理论研究，中国传统的环境文化资源的传承，当代生态文化价值重建。第三，动力制衡。生态文明建设中存在无数力量的相互交错和相互作用。从内容上看是国际力量的压力（国际环境合作与中国政府的环境责任）、内部力量的"倒逼"（生态危机"倒逼"环境治理、公众要求"倒逼"政府作为、资源匮乏"倒逼""腾笼换鸟"）、各种力量的"博弈"（官员政绩与公民诉求的博弈、政府决策与企业利益的博弈、企业发展与民众生存的博弈）等三股力量共同作用。从结果看是两大动力相向制衡：

有"发动机"（包括人的需要、利益竞争、体制改革、对外开放、科技创新等），有"制衡器"（包括宗教、道德、教育、人文精神等），从而达到动态平衡。

3. 探寻社会主义生态文明建设的发展逻辑

中国的生态文明建设有着独特的发展逻辑。笔者主要研究三方面内容：第一，区域性发展逻辑。鉴于我国不同地域的自然禀赋各异，经济发展、人口分布、资源配置不均衡，各省市工业化城市化程度、产业特色和地方治理等各有特色，决定了不同区域生态文明建设的内容、方法、进程、模式、评估标准要有所不同，防止"统摄"。第二，阶段性发展逻辑。在发达国家要上百年才逐步出现、分阶段解决的环境问题，之所以在我国集中产生，并呈现出复合型、压缩型的特点，主要是超常规发展所带来的后遗症。唯物主义历史观认为，作为社会物质生活条件总和的社会存在，包括人口因素、地理环境和生产方式三大要素，其中，生产方式因为改变着社会的面貌、结构和性质，制约着人们的政治经济和精神生活等全部社会生活，决定着社会形态从低级向高级的更替和发展，所以是社会历史发展的决定力量；人口因素和地理环境是人类一切活动的首要前提，对社会发展起着制约和影响的作用。因此，现阶段要牢牢抓住两点：其一是转变经济发展方式，坚定不移地推进绿色发展，使之与国家科技战略相结合，与企业转型升级相结合。其二是平衡好人口、资源和环境的关系，研究人口红利消解时的经济发展对策以及老龄化过渡阶段经济形势的变化，研究经济发展压力与环境承载力的关系，慎提跨越。第三，方向性发展逻辑。我国生态文明始终围绕一条主线 —— 人与自然的关系，和两个轴心 —— 社会主义制度（制度的特殊性）与生态文明原则（原则的普遍性）来展开。有两个相互连接的目标：近期目标是构建资源节约型和环境友好型的"两型社会"，实现"两个百年"的奋斗目标，把我国建设成富强、民主、文明、和谐、美丽的社会主义现代化强国；长远目标是实现共产主义，使人与自然、人与人双重矛盾在更高层次上得到更好的解决。

"单一的发展是我国生态问题产生的原因之一，纠正发展偏差，倡导多重发展是实现科学发展和解决生态问题的有效途径。为此，我们试图提出一个多重发展维度的分析框架，来分析中国生态文明建设问题。第一，突出中国生态文明建设的时空二维性。坐标是自然科学中用于确定物体所在位置的数字标记，对不同物体的定位用的是不同的有序数组。我们用两个数组成的有序数组来描述平面点的位置，用三个数组成的有序数组来描述空间点的位置，用矢量或向量来描述既有大小又有方向的力和速度等物理量。自然科学的分析方法可以为社会研究领域所借鉴。找准我国生态文明建设提出的时间节点，关照全国各地所处环境的自然差异，多重发展就成了最佳的选择。第二，突出中国生态文明建设的自然系统性。自然生态系统是借助物质流、能量流、物种流和信息流等各种功能流，处于一定空间范围内的生物群落与周边环境组成的相对稳态系统，生态系统是一个'活的有机体'，具有一定的自我调节能力，但一旦外界压力加大到超过了其自我调节限度，即'生态阈限'时，结构破坏、功能受阻、系统崩溃、平衡失调就在所难免。十八届三中全会提出要建立国土空间开发保护制度，实施主体功能区制度，建立国家公园体制，建立资源环境承载能力监测预警机制，要划定生态保护红线，按照主体功能区定位推动发展，对水土资源、地下能源、大气空间容量、海洋资源超载区域实行限制性措施等等，都预示着要严格限制人类自身的活动方式和活动范围，促使社会系统与寄居于其中的自然系统达到完美的耦合。第三，突出中国生态文明建设的社会复杂性。生态文明是一个集人口控制、提高资源利用效率、治理污染、改善生态环境、可持续发展等关键词于一体的'统摄'概念，内容的复杂性决定了建设的艰巨性。中国特色社会主义建设，总任务是实现中华民族伟大复兴，总根据是社会主义初级阶段，总布局是'五位一体'。经济、政治、文化、社会和生态五大建设并举，既是中国到2020年实现全面建成小康社会的有力保障，也说明了生态文明建设不可能单兵突进，而必须与其他四大文明建设携手共行。这也是'多重发展'的含义之一。"[1]

---

[1] 林昆勇,任春晓.中国生态文明建设的多重发展维度探析[J].桂海论丛,2014（6）: 9-14.

4.构建社会主义生态文明的基本分析框架

本书的基本分析框架是以"矛盾－动力－发展"为线索,逻辑地再现我国生态文明建设的进程,采用纵横交叉的坐标定位法,研究不同历史阶段以及不同社会制度下解决人与自然矛盾方法的异同。整个研究的理论构建图式是将环境治理作为建设的实践起点,最后的目标是建设生态文明社会,使起点终点在体系中重合。

本书除去引言"中国社会主义生态文明建设的逻辑架构"和结言"中国社会主义生态文明建设的发展逻辑",共有 6 章 20 节。本书整个研究沿着两条轴线铺开:一是纵向的时间轴,分别研究了新中国成立以来我国环境保护和生态文明建设的历史发展、中国传统的生态智慧及其在现今的持存延续、新中国成立后历届领导人发展观的变化和"新发展理念"对今后发展的指导意义;二是横向的空间轴,分别探讨了中华生态智慧的特点和启示(文化角度)、生态文明制度建设(政治角度)、区域生态文明建设(经济角度)和生态文明建设中的公众参与(社会角度)四个方面。习近平生态文明思想既是中国传统生态智慧当代化的典范,又是马克思主义生态观中国化的楷模,既是中国生态文明建设的实践总结,又是中国经济社会未来发展的理论指导,具有独特的贡献和深远的意义。当今世界,社会主义依然生机勃勃,各社会主义国家也用自身独特的方法处理着本国的生态问题,本书主要研究的是中国生态文明建设问题,在研究中,又较多地选取了比较熟悉、比较能说明问题、比较具有实践探索性、比较有思想前沿性的浙江地区作为案例,使研究能够落地。当然,其中时间轴和空间轴的区分不是绝对的,两条线经常交错而行,相向而用。

三、研究后期的不足检视和创新

本书的意义主要有:从生态文明建设的内在矛盾入手,跳出工业社会混淆"增长"和"发展"、"物质消费"和"生活幸福"等问题的思维定式,科学地审视客观矛盾,正确地对待现实矛盾,创新地转变复杂矛盾,从而减弱矛盾的对抗性,通过矛盾的解决促进人与自然的和谐发展。从生态文明建设的动力机制着眼,考察生态系统诸要素、诸部分、诸环节在互动中形成的良性运行过程,让社会系统在认识、影响、改造自然生态时改变自身结构,达到最佳功能,通过动力的整合促进人与自然有序发展。从生态文明建设的发展逻辑深入,在理论上厘清生态文明建设的社会制度属性、阶段性建设重点、未来发展前景,使实践更具有针对性和计划性,通过对规律的把握促进人与自然科学发展。

本书的创新主要有:第一,对传统方法的新运用。我们知道,矛盾具有普遍性和特殊性、同一性和斗争性,有主要矛盾和次要矛盾之分,把矛盾看成事物运动、变化、发展的源泉和动力,是唯物辩证法的基本内涵和基本方法,本书运用矛盾原理来分析生态文明建设的本质和规律,在方法论上有所创新。在唯物辩证法指导下,本书运用了两个研究维度:首先是分领域维度,包括生态经济、生态政治、生态社会和生态文化等领域;其次是分层次维度,包括内在矛盾、动力机制和发展逻辑等层层递进、互为因果的层次。重新运用矛盾原理,打通不同学科壁垒,进行"异体合成"。从生态角度对社会主义进行综合研究和预测。跟踪现实发展,及时总结修正,提出新概念,建立中国社会主义生态文明的综合研究新体系。第二,对经典理论的新解读。国内学术界在研究马克思学说时较注重其人与自然关系的思想,强调马克思对资本主义生产方式之本根上反生态性的批判,强调马克思关于共产主义解决生态问题的设想;对生态社会主义或生态马克思主义研究时,则注重介绍其思想体系,最多研究了个别有特色的观点。对两者大都呈碎片式研究,具有浅表性。本书试图在中国特色的语境下对马克思生态文明思想进行全面的概述,并深入探讨中国社会主义生态文明与生态社会主义、马克思和生态马克思主义之间的区别和逻辑联系,及其对实现问题的解释力。第三,对当代实践的新概括。把人与自然的关系扩大到"自然 — 社会 — 人",从"社会"高度理解人与自然的关系,使人不仅在改造自然的角度去认识自然,而且从发现自然的美、保护自然、对自然尽责任和义务的角度去认识自然。把社会主义生态文明建设纳入人与自然矛盾解决的总体过程之中来认识，强调在不同社会形态中、在不同社会制度下人与自然关系的变化，强调科学技术、制度创新、公众参与的综合作用，创设一个共创共赢的合作系统。

本书的主要不足有：第一，研究用时较长。本书是在一项国家社科基金课题结题成果的基础上修改完善而成，这项研究从 2012 年开始到 2019 年正式结束，时间跨度有 7 年，这是我国生态文明建设有长足进步、巨大发展的 7 年，时间跨度长固然能使研究更加从容、更加深入，但随之而来的苦恼是，刚写出来的东西随着新提法、新政策、新思路的出现可能马上过时了，不得不经常修改和变动以适应形势的变化，从而耗费了不少精力。刚开始笔者的研究策略是从单个问题入手，写些热门的研究文章先期发表，使研究的前期成果较丰厚，但后来发现这些发表的东西突出的是单个问题，无法全部纳入最终成果之中，而把有些自己觉得不想舍弃的东西放入后，又使章节安排略显牵强，总没有一气呵成的顺畅之感。第二，内容有待充实。笔者的博士论文研究了马克思的地理环境理论，相应地研究了孟德斯鸠的"地理环境决定论"，黑格尔的世界历史的地理背景理论和普列汉诺夫、斯大林的地理环境思想，从地理环境角度研究人与自然的关系。因为它成稿于 2000 年，当时"生态文明"这个词只在个别理论文章中出现过，还没有在中国成为家喻户晓的概念。本书的成果可以看成是对博士阶段研究的继续，本想在马克思生态学和生态社会主义领域做个梳理，还想把现代生态伦理和生态文明的利益支撑作为动力机制的一部分，但由于时间和篇幅关系只能作罢，不过这样也为今后进一步研究留下了些许念想，标指了努力方向。第三，语言仍需锤炼。古人很重视文章语言的锤炼，有"吟安一个字，捻断数茎须"的说法，本来也试图字斟句酌去模仿古人，把本书做成思想与文采、实践与逻辑俱佳的精品，但囿于认知水平和语言能力上的局限，总觉得有的时候思不达理，言不达意。学问之路漫漫其修远兮，吾将上下而求索。

第一章

中国社会主义生态文明思想的
孕育萌发

新中国成立是中国从传统社会向现代社会主义社会跃升的转折点，社会性质和社会制度的激烈变革使人与自然的关系发生了一系列的嬗变。在新中国成立至今的 70 多年时间里，我国的地表面貌、生态平衡、资源消耗、土地产出等在人们越来越频繁的干扰下发生了巨大的变化。从三座大山下获得政治解放的中国人民，在共产党的领导下雄心勃勃地试图通过改造自然、提高生产力水平去赶英超美，使国家成为不再落后挨打、不再受人欺侮、自立于世界民族之林的中国特色社会主义现代化强国，因此在处理人与自然的关系时，我们大致走过了三个阶段：在新中国建立初期的建设高潮中，我们提出"向自然全面开战"的口号，围湖造田、大修梯田、开荒种粮、伐木炼钢，把自己当成能指挥天地万物的"玉皇""龙王"，把自己当成能支配和征服自然的一种外来力量。联合国第一次人类环境会议使我们得到了环境保护的思想启蒙。20 世纪 70 年代初，我国环境保护事业真正起步。而改革开放后由于乡镇企业到处上马、各级开发区遍地开花、工业化进入中后期、城镇化向纵深发展，不仅破坏了自然生态，还造成了严重的环境污染。在全国上下刮了若干次"环境风暴"，进行了多次大规模的"零点行动"依然达不到预期效果的情况下，我们认识到保护环境、治理污染不能头疼医头脚疼治脚，必须遵循生态发展自身的规律，从整体上长远上解决问题。于是，党的十七大提出建设社会主义生态文明的任务。生态文明怎么建，是一个全新的课题，党的十八大、十九大都提出转变经济发展方式、优化国土空间开发格局、全面促进资源节约、加大自然生态系统和环境保护力度、加强生态文明制度建设等措施，并把生态文明的体制改革放到重中之重的位置上加以顶层设计……全球性的生态危机时时提醒人类，若把自然当成索取和开战的对象，人类永远不可能赢得这场战争，只有倡导人与自然和谐共生，走向生态文明新时代，人类社会才能永续发展。

第一节　向自然界全面开战 —— 人定胜天的浪漫主义（1949—1972 年）

1949 年 10 月 1 日中华人民共和国成立时，国家的性质、政权的目标、经济发展的方向需要在探寻中形成共识，新生的人民政府需要在全面清除敌对势力的残余中巩固，连年战乱后留下的"一穷二白的烂摊子"需要在新的架构中重整旗鼓。中国在以毛泽东为核心的第一代领导集体努力下，对外于 1950 年 10 月至 1953 年 7 月打赢了抗美援朝战争，迫使美国签订了《朝鲜停战协定》，对内一是到 1952 年底基本完成国民经济的恢复工作，二是到 1953 年春，除新疆、西藏等少数民族地区以及台湾地区外，其他地区基本完成土地改革工作，全国 3 亿多农民无偿分得了约 7 亿亩土地和大批生产资料，三是 1953 年 6 月 15 日，毛泽东在中央政治局扩大会议上第一次提出以工业化为主体，对农业、手工业和资本主义工商业进行三大改造为两翼的过渡时期总路线，其特点是社会主义工业化和社会主义改造并举，其实质是变生产资料的私有制为社会主义的公有制，促使中国从新民主主义向社会主义过渡。正是在这样的国内和国际大背景下，毛泽东向全国发出号召："团结全国各族人民进行一场新的战争 —— 向自然界开战,发展我们的经济,发展我们的文化,使全体人民比较顺利地走过目前的过渡时期,巩固我们的新制度,建设我们的新国家。"[1]中国开始了第一个五年计划。

一、向自然开战的"三大战役"

由国家制定统一的经济计划,把国家的全部资源(如矿藏、水利、森林等)和生产资料(如土地、生产建筑物、机器设备等)有计划、按比例地运转起来,就是我们当时所理解的计划经济。社会主义试图通过计划经济来克服资本主义生产的无政府状态,克服生产社会化和生产资料私人占有制的矛盾。苏联是世界上第一个社会主义国家,1928年开始实施第一个五年计划,是第一个实行计划经济的国家。我国的第一个五年计划从1951年春开始由中央财经委员会着手试编,1952年8月编制了草案,到1954年基本定案,共编制了五次。实现国家工业化是近百年来中国仁人志士追求的目标,"一五"计划的中心任务是建立社会主义工业化的初步基础。实现社会主义工业化的关键一环是发展国家的重工业,以此建立国家现代化和国家工业化的基础。增加日用工业品的生产,实现农业机械化,以改善人民的生活。迅速建立和扩建电力工业、煤矿工业和石油工业,建立大型工作母机、冶金机械、汽车拖拉机飞机的机械制造工业,进行以重工业为主的工业基本建设。刚建立起来的新中国没有进行大规模经济建设的经验,在国内外局势不太稳定的前提下编制的"一五"规划,主要借鉴苏联的建设经验,同时注意中国当时的实际情况,是按照"边打、边稳、边建"的方针来考虑国家工业建设的投资、速度、重点、分布和比例,以重工业的发展为建设重点,集中有限的建设力量和建设资金首先保证重工业与国防工业基本建设,特别是确保那些能迅速增加国家工业基础、能迅速提升国家国防力量、对国家建设起决定作用的主要工程能按目标完成。"一五"计划的基本任务是集中主

[1] 毛泽东.毛泽东文选(第七卷)[M].北京:人民出版社,1999:216.

要力量和优势力量，以苏联援助我国设计的 156 个工业项目为中心、由 694 个限额以上的建设单位组成工业建设，以此建立起我国社会主义工业化的初步基础。这 156 个工业建设项目，苏联政府在勘测、设计、设备的供应和安装、技术力量的培训等方面给予了巨大的援助，中国也为苏联提供了其稀缺的廉价农产品、稀有矿产资源和国际通用货币。"一五"计划的主体是国防工业、机械工业、电子工业、化学工业、能源工业，实际建设的 150 个项目中，国防工业的 44 个项目大部分布置在中部和西部，其中四川和陕西安排了 21 个，而 106 个民用工业项目，中部地区布置了 32 个，东北地区 50 个。以此奠定了我国的工业基础，形成最初的工业布局。

农业担负着为全国人民供应粮食、布匹等生活用品的任务，同时，用农产品作原料的工业产品占当时全部工业产品产值的一半以上，进口工业设备和建设器材所需外汇绝大部分也是通过农产品出口换来的，因此农业的快速发展成为保证工业发展和整个计划完成的基本条件。新中国成立后的我国依然是一个农业国，依然保持着靠天吃饭的状况，小农经济是分散的落后的，简陋的农具无法对抗天灾，土地分成小块经营，不能很快扩大耕地面积和提高产量。随着工业建设的横向铺开和城市人口的迅速增加，传统的小农经济不能满足工业化的需求，对农业的社会主义改造势在必行。这个改造设想包括两个方面：一是改变农村生产关系，把个体农民组织起来，把分散的小农集中起来，从互助组到合作社到人民公社，把农业生产资料从个人所有制改造成集体所有制；二是改造农业生产设备，把传统一家一户的小生产改变为现代化的、机械化的、大规模的农业生产，实行机器耕耘、机器灌溉，施用化学肥料和杀虫药剂，运用现代化的水利设备和交通运输工具，用农业机械化来提高单位面积产量，大规模开垦荒地、扩大耕地面积，减少水、旱、病、虫等自然灾害，改变"靠天吃饭"的状况。1956 年 9 月，党的八大提出要调动一切积极因素，调动一切力量，进行大规模的经济建设，把我国建设成一个既有现代化工业又有现代化农业的社会主义强国。1958 年是我国第二个五年计划的开局之年，在党的八届二中全会上，毛泽东提出"鼓足干劲，力争上游，多快好省地建设社会主义"的总路线。在赶英超美、十五年建成社会主义强国的目标鼓舞下，社会主义建设高潮在全国各地掀起。正是在这个背景下，展开了对我国自然生态造成巨大影响的"三大战役"：

1. 清除"四害"误剿麻雀

由于 1952 年美国在朝鲜战争期间曾使用细菌武器，在朝鲜和我国东北、华北地区大量播撒带病毒、病菌的老鼠、苍蝇、蚊子等害虫，为保障人民健康，全国开展了以除害防病为中心的爱国卫生运动。在农村长大的毛泽东对麻雀啄食农作物，影响粮食生产有一定了解，他曾向有关部门问起，麻雀是害鸟，能不能消灭它们？当时任农业部副部长的刘瑞龙马上找到中科院动物所副所长钱燕文询问这一问题。而钱燕文副所长回答道：我们对麻雀的食性还没有做过系统的研究，是否应当消灭麻雀不敢肯定。1955 年 12 月，毛泽东在《征询对农业十七条的意见》中联系到他在农村调研时听到农民反映过麻雀成群、祸害庄稼，一起一落、粮食上万的情景，于是把麻雀与农业增收问题结合起来，提出"除四害，即在七年内基本上消灭老鼠（及其他害兽），麻雀（及其他害鸟，但乌鸦是否宜于消灭尚待研究），苍蝇，蚊子"[1]。1956 年 1 月 12 日《人民日报》发表了题为《除四害》的社论，号召全国人民行动起来消灭老鼠、麻雀、苍蝇、蚊子。1957 年，中共八届三中全会通过的《一九五六年到一九六七年全国农业发展纲要（草案）》的第 27 条是："从 1956 年起，在十二年内，在一切可能的地方，基本上消灭老鼠、麻雀、苍蝇、蚊子。"并且做了解释："打麻雀是为了保护庄稼，在城市里和林区的麻雀，可以不要消灭。"中共中央、国务院于 1958 年 2 月 12 日发出的"除四害"指示提出，除"四害"是我们消灭危害人类的害虫、害兽、害鸟和征服疾病的一个重要步骤，争取在十年或更短的时间内完成任务。同时给一些省市规定了相对明确的实现"四无"的时间：北京两年、河南三年、江苏四年、上海三至五年，山东、浙江、山西、福建、云南、广东、甘肃、辽宁和黑

[1]　毛泽东. 毛泽东选集（第五卷）[M]. 北京：人民出版社，1977：263.

龙江定的是五年，安徽则定为五至八年 …… 同年 3 月 14 日至 19 日，在北京举行了全国"除四害大跃进协议大会"，全国有 38 个医学院的代表，26 个省、市、自治区的代表参加会议并提出倡议："要全民动员、人人动手让麻雀上天无路，老鼠入地无门，蚊蝇断子绝孙 ……"[1] 于是各地开始了"麻雀战"：四川一马当先提出一个量化标准，要做到无麻雀窝、无麻雀飞、无麻雀叫，全天看到麻雀在 2 只以下。据 1958 年 4 月 20 日的《人民日报》报道，从 4 月 19 日至 21 日，北京市发动 300 万人连续奋战三天歼灭麻雀 401160 只；1958 年 4 月 29 日《人民日报》报道：上海人民大战一天消灭麻雀和掏雀蛋共 25 万只；广州市共消灭麻雀 31 万只（包括雀蛋 2.58 万个），共捣毁雀巢 3.9 万个，广州驻军也参加了这次战役。据不完全统计，1958 年全国共捕杀麻雀 2.1 亿余只。各地还纷纷"解放思想"发挥主观能动性，把老鹰、乌鸦、鹭鸶等鸟类，把老虎、黑熊、黄鼠狼、豹子等兽类，以及许多其他野生动物都当成害鸟害兽除尽杀绝。

经过一段时间的努力，围剿麻雀的人民战争取得了令人兴奋的"好成绩"。没想到，1959 年春，上海等一些大城市的树木发生了大面积的严重病虫害，究其原因在于害虫的天敌没有了。中国科学院生理研究所研究员张香桐、冯德培，中国科学院生物所所长朱洗等科学家强烈要求为麻雀"平反"。基层群众、领导和一些科学家提出麻雀会吃谷子，也会吃害虫，毛泽东接受大家的建议说："麻雀遭殃，现在我建议把麻雀恢复党籍，拿臭虫代替。"[2] 毛泽东为中共中央起草的关于卫生工作的指示（1960 年 3 月 16 日）中指出，"麻雀不要打了，代之以臭虫"，以后就把麻雀从害虫名单中除去。"除四害"是指从 1956 年起，在 12 年内，在一切可能的地方，基本上消灭老鼠、臭虫、苍蝇和蚊子。把麻雀从害虫的"黑名单"中删除，正式改为臭虫，人雀大战宣告结束。第 28 条提出，从 1956 年起，在 12 年内，在一切可能的地方，基本上消灭危害人民身体健康的最严重的疾病，例如：血吸虫病、鼠疫、天花、疟疾和性病等。上述工作在党中央及各级政府领导

---

[1] 郑光路.1958 年围剿麻雀的"人民战争"[J].百姓,2003（8）：39-42.
[2] 金冲及,逄先知.毛泽东传（1949—1976）[M].北京:中央文献出版社,2003：1370.

下，动员广大群众积极参加，同样收到立竿见影的效果。许多城乡清除了大量的垃圾和污物，"四害"大大减少，面貌焕然一新。全国涌现出许多除"四害"和卫生先进单位。如杭州小营巷、南京五老村、上海南翔镇、山西太阳村、江苏浒浦镇、广东水东镇、河北山海关等。20世纪五六十年代，除四害活动的经验教训是：注重突击活动多，而忽视持续的常规工作；注重检查评比多，而忽视日常宣传教育；注重发动群众多，而忽视技术化指导和科学化管理。

2. 大炼钢铁毁坏山林

在"落后就要挨打"的危机意识下，在与西方发达国家距离拉大的潜在压力下，1957年10月9日，毛泽东在中共八届三中全会的讲话中提出"反对右倾保守思想，加快建设速度"，要用十五年左右时间在钢铁等主要工业品的产量方面全面"超英赶美"。《人民日报》在1957年11月13日《发动全民，讨论四十条纲要，掀起农业生产的新高潮》的社论中提出"在生产战线上来一个大的跃进"，第一次喊出"大跃进"的口号。1958年8月17日至30日，中共中央政治局在北戴河举行的扩大会议，通过了《全党全民为生产1070万吨钢而奋斗》的决议，在"以钢为纲，全面跃进"的口号下，把1958年的钢铁生产指标提高到比1957年的535万吨翻一番，一场以大炼钢铁为重要内容的"大跃进"运动在城乡迅速开展起来。全国大搞"小（小高炉）、土（土法炼钢铁）、群（群众运动）"，各地普遍组织"大兵团作战"，工人、农民、商店职工、学校师生、机关干部齐上阵，全国参加大炼钢铁的人数短时间里达上百万，高峰时达到9000万。为了让"钢铁元帅"早日升帐，各地是"高炉遍地建，快把生铁炼"。"小、土、群"的遍地开花使得钢铁"产量"急剧上升，但由于是数以千万计的"门外汉"赤膊上阵，冶炼技术水平十分低下，炼钢炉子寿命短、原料耗费多，产品大多不合格，根本无法保障质量，加上工地劳动条件差，导致经常发生瓦斯爆炸和中毒等事故。

据报道，在大炼钢铁运动中，旅大（现大连）市下属的金县，"全县组织起号称10万人的炼铁大军，建起小土炉1162座，采矿石32440吨。两年中仅有部分小高炉炼出等外铁共9728吨，产值4.4万元，但造成的直接经济损失达657

万元"[1]。1958年12月19日国家冶金工业部宣布，全国提前12天完成钢产量翻番任务，钢产量为1108万吨，生铁产量为1369万吨。实际上，"这批土钢质量差而成本高，每吨成本高出国家调拨价格100—154元，致使12月7日国家财政部不得不为此向党中央提出报告，建议对这批亏损生铁实行财政补贴。仅此一项，全国就亏损15亿元。"[2] 土法炼钢、砍树挖煤、找矿炼铁，致使大片山林被毁，损失难以估算。如，当时广东炼铁缺乏焦煤就用普通煤炭代替，煤炭不够就上山伐木烧成木炭代替，极大地破坏了全省森林资源，"据统计，在1958—1960年的三年中，广东每年消耗森林资源800万立方米左右，三年的砍伐量约占当时全省森林可伐量的1/4。由于森林被人为地破坏，水土流失严重，造成了难以恢复的生态平衡的破坏"[3]。在这股热潮中，人们清仓查库、大拆铁闸铁门，"觉悟"群众不惜把自家铁锅、铁门、铁床等铁器用具砸碎，回炉炼铁，终于把这些本来有用的铁器炼成了废品。狂热的"小、土、群"运动，经过几次降温，于1959年4月上海会议后悄然结束。

3. 学习大寨大造梯田

早在20世纪50年代，陈永贵和他领导的大寨，就以"坚持集体化道路，改造穷山恶水"而名扬山西。全国"农业学大寨"的起点是1964年12月21日，周恩来总理向三届全国人大一次会议做政府工作报告时介绍到大寨大队的事迹。大寨原来是一个全部耕地散落在七沟八梁一面坡，穷山恶水土地薄的生产条件和生活条件都十分艰苦的地方，十几年来，在陈永贵为书记的村党组织带领下，综合运用"八字宪法"，充分调动群众的积极性，完全依靠集体力量，经过以加工改造耕地为中心的农田建设，硬是把过去四千七百多块土地连成了两千九百块，建设成旱涝保收、稳产高产的农田，实现了农业生产高速度发展、粮食亩产量年年增长的奇迹：1952年为273斤，1962年增加到774斤，1963年在遇到严重水灾的

[1] 毕克冬.钢铁是怎样"炼"出来的——记金县大炼钢铁群众运动[J].党史纵横,1999（2）：40-41.
[2] 史柏年.1958年大炼钢铁运动述评[J].中国经济史研究,1990（2）：124-133.
[3] 彭建新.广东省1958年大炼钢铁的情况及后果[J].广东史志,1994（5）：39-44.

情况下，仍保持在 700 斤以上。从 1953 年到 1963 年的 11 年中，大寨大队在逐步改善社员生活的同时，共向国家交售了 1758000 斤粮食，每户每年平均交售两千斤，为国家作了大贡献。所以周恩来在讲话中表扬大寨"是一个依靠人民公社集体力量，自力更生地进行农业建设、发展农业生产的先进典型"[1]。"大寨大队所坚持的政治挂帅、思想领先的原则，自力更生、艰苦奋斗的精神，爱国家爱集体的共产主义风格，都是值得大家提倡的。"[2]党中央、国务院从此拉开了全国农业学大寨运动的序幕。1965 年 11 月 1 日"大寨式农业典型展览"在北京举行，运动被推向全国，并迅速掀起高潮。

大寨群众不畏艰难战天斗地的精神确实值得全国农业战线学习，但运动式的"农业学大寨"把"大寨经验"绝对化而引入了偏门。让全国各地不分南北东西、山区平原，不仅要学大寨的"基本经验"，而且要全面推广大寨的"一整套具体经验"，不仅要"原原本本""老老实实""念大寨一本经"，按大寨办法行事，而且要做到"不走过场""不变样"。"建设大寨县""普及大寨县"成为全国 2000 多个县唯一的政治选择和重要的政治任务，以至于谁要讲从当地实际出发，就会被戴上"假学大寨""不学大寨""反学大寨"的政治帽子。[3]全国学大寨一刀切的结果是，连年农田基本建设、大量平调生产队的劳力和钱粮，把社队搞空了、搞穷了，不顾人身体承受能力的高强度的"大会战"，把社员搞垮了、搞怕了。学大寨期间，全国"大搞农田基本建设""大搞人造小平原""大搞水利""大搞围湖造田"，有搞得好的，也有搞不好的，还有甚至根本不该搞的。我国幅员辽阔，地形、土壤、气候、植被、水利等自然条件千差万别、各不相同，发展农业生产本来应该鼓励各个地区发挥各自的特长优势，因地制宜，做到农林牧副渔"五业"并举，各有所长。搞农田基本建设也应该从各地区各省市的实际情况出发，扬长避短，取长补短，把人力、物力、财力用到最有效益、最能发挥作用的地方。可是，"在过去很长的

[1] 中共中央文献研究室.建国以来重要文献选编（第 19 册）［C］.北京:中央文献出版社，1998：468.
[2] 中共中央文献研究室.建国以来重要文献选编（第 19 册）［C］.北京:中央文献出版社，1998：469.
[3] 陈大斌.大寨寓言:农业学大寨的历史警示［M］.北京:新华出版社，2008：6.

一段时间里，由于不问土质、地势、生产习惯、技术条件等具体情况，统统强调抓粮食，弄得宜林不林，宜牧不牧，宜果不果，宜渔不渔，不但不能扬其所长，反而强人所难，趋其所短，结果是'以粮为纲，全面砍光'"[1]，破坏了生态平衡，贻害了子孙后代。1980年11月23日，中央批转了山西省委《关于农业学大寨运动中经验教训的检查报告》（中发〔1980〕83号文件），并加了按语。这象征着历时16年的"农业学大寨"运动全面终止。

二、向自然开战的后果及反思

在新中国成立之初，我国的人口总量不大，加上工业基础薄弱、生产规模有限，人口、资源、环境、建设之间矛盾并不尖锐，工业不发达、技术水平落后、控制自然和改造自然的能力不强，境内几无工业污染，农产品是绿色纯天然的。为了早日赶英超美，我国提出了工业化的目标，随着社会主义建设事业凯歌行进，我国1958年下半年在工业领域，全国动员数千万农民大办"五小工业"、大炼钢铁，建成60多万个简陋的炼铁炼钢炉、4000多个小电站、5900多个小炉窑、8万多个农具修造厂、9000多个小水泥厂，工业企业由1957年的十七万个猛增到1959年的六十多万个。[2]在农业领域，片面推行"以粮为纲"，盲目鼓励"农业学大寨"，在全国范围内出现填湖开荒、大修梯田、砍树毁林、弃牧种粮现象，自然生态环境遭到严重破坏。人灾互制、害利互变是灾害经济学的基本原理或规律，工农业短期内的迅猛扩张，导致各类矛盾纷纷出现，随之而来的是1959年到1961年三年的严重自然灾害：发生了全国性、持续性的干旱、洪涝，发生了多年未遇的蝗灾、黏虫灾和鼠灾，粮食大面积减产绝产。在人民公社体制下，推行的是"一大二公三纯""平均主义大锅饭""割资本主义尾巴""办公共食堂吃饭不要钱"等强制集体化的措施，农民个体抗灾能力的不足演变为农村粮食存量

---

[1]　社论.再也不要干"西水东调"式的蠢事了[N].人民日报,1980 – 6 – 15（1）.
[2]　《中国环境保护行政二十年》编委会.中国环境保护行政二十年[M].北京:中国环境科学出版社,1994：4.

大减前提下的集体救灾无力的缺陷,导致全国各地大量人口因得不到充足的食物而生病或死亡。1961 年 1 月,中共八届九中全会通过"调整、巩固、充实、提高"的八字方针,从此,国民经济进入调整阶段,重新按农、轻、重的次序安排经济,以农业为基础,适当缩小基本建设的规模,适当提高农业和轻工业发展速度,适当控制重工业特别是钢铁工业的发展速度。

　　这个阶段我国处理人与自然关系有三个特点:第一,社会中改造人的政治运动向改造自然领域延伸。如中央指示要"除四害",于是 1958 年初,各地各级的"爱国卫生运动委员会"改为"除四害办公室",全国各地都成立"除四害指挥部"。中央提出要剿麻雀,于是从中央到地方,从省市到村队,层层级级召开誓师会、报告会、座谈会、展览会,大力发动广播、报纸等官方媒体,采用黑板报、墙报、大字报、标语、漫画等多种手段,大作舆论宣传,大讲"四害"的危害。有人写科普文章,创作山歌、快板等作品来丑化麻雀、列举麻雀罪状;有些报纸副刊的生活小知识专栏里,还专门开辟栏目介绍红烧、干炸、清炖等烹制麻雀的方法,鼓励人们把麻雀作为菜肴和补品以"废物"利用。《人民日报》等报纸报道了北京广泛发动群众,组织青年突击队到树林、城墙、房檐等处捉麻雀、掏鸟窝的事迹,首都高校的师生、中国科学院的科学家和工作人员也被动员起来参加战斗;四川抽调赤脚医生、卫技人员作为精兵强将,按市、区、公社、生产大队逐步逐级进行技术培训,市、区、公社指挥部均成立技术指导小组研究打老鼠的战略战术;成都、重庆等地方号称发动了 95% 以上的群众,下至几岁的小娃娃上至 105 岁的老寿星都严阵以待奋勇上阵消灭耗子,一时被传为佳话。[1] 新中国成立后的很长一段时间,我们对社会和经济的组织管理都延续了革命战争年代的作风,干什么都是大兵团作战,动不动就来个红旗招展、锣鼓喧天,动不动就来个全国动员、轰轰烈烈,使一切活动都带上强烈的政治色彩。第二,决策较随意,政策变动大。袁小荣在《毛泽东离京巡视纪实 1949—1976》一书中描绘过一个细节,毛泽东在南下的专列上与周小舟、周惠、孙云英、华国锋等湖南的省、地委

---

[1]　郑光路 .1958 年围剿麻雀的"人民战争"[J]. 百姓,2003(8):39 -42.

书记座谈讨论农业十七条,讨论到"除四害"时,毛泽东问:乌鸦要不要消灭,麻雀要不要消灭?狗要不要消灭?周小舟说:狗有两重性,一是看家,二是咬人。消灭它,群众会有意见。毛泽东同意这个看法,在草稿上将"狗"字删去了。经过热烈争论后,毛泽东说,乌鸦有害有益,可以将功折罪。麻雀嘛,意见不一,它吃谷子有人说是害鸟,它吃虫子有人说是益鸟,有保护庄稼作用,在座的都没有解剖过麻雀,难于说服人,但可以保留意见,真理往往在少数人手里嘛!老鼠、苍蝇、蚊子,是世间公认的百害无益的害虫,消灭它们,众所赞成。农业发展纲要草案提出三年消灭这些东西,参加座谈者都觉得操之过急,难于实现,甚至是一种幻想。孙云英爽直地说:"洞庭湖水面大,蚊子多,三年消灭不了。"毛泽东当即在草稿上,改为"基本消灭"。[1] 无形中,当时的政治领导者成了某个物种能否留存的最高裁定者,是否对人类有好处成为某个物种能否留存的唯一标准。第三,强调拼革命干劲,不太讲科学技术。大炼钢铁时期,"小、土、群"高炉遍布城乡,炼钢高炉所需的设备、材料、技术和资金都依靠各人民公社、当地手工业生产社、供销合作社抽调解决。经过层层动员、宣传、教育,参加炼钢的"战士",喊着"为了支援前线,刀山火海也要攀"的口号,轻伤不下火线,喊着"一不怕苦,二不怕死"的口号,夜以继日大干快上。炼钢大军来自各行各业,有些人从没见过什么高炉和矿石,分不清焦炭和煤炭,自然不知道如何炼钢炼铁,但他们宣称咱们人老粗就是不信邪,一无设备,二无图纸,三无技术也要炼出"争气钢",硬是一切从头开始学习,边摸索边干,在小高炉上种"试验田",结果是劳民伤财、得不偿失。

在向自然开战中,人们获得了"天上没有玉皇,地上没有龙王。我就是玉皇,我就是龙王,喝令三山五岳开道,我来了"[2] 的气势,和"人定胜天"的盲目乐观。这是一个充满着理想和梦幻的浪漫主义情怀的年代,这是一个用夸张得离谱的语言和笔调编织着无数美丽神话的年代,这是一个人的主体性尽情挥洒,敢想敢干、敢作敢为的年代,这是一个改造着千百年传统封建政治体制,也破坏

---

[1] 袁小荣.毛泽东离京巡视纪实1949—1976[M].北京:人民日报出版社,2014.
[2] 周扬,郭沫若.红旗歌谣[M].北京:《红旗》杂志社出版社,1959:178.

着祖先遗留下来的山川河流、森林矿藏等自然生态资源的年代。当然，这个阶段也不是一无是处。毛泽东在《只有合作化才能抵抗天灾》一文按语中说道："一切劳动农民，不论是哪个阶层，除了组织起来集体生产，是无法抵抗灾荒的。"[1]毛泽东看到了分散的小农在当时低下的生产力条件下的种种无奈，鼓励大家"你们要组织起来走集体化道路，走共同富裕的道路，把荒山变果园，把荒地变粮田"[2]。在讨论修改"农业 22 条"时，毛泽东也警告人们："在垦荒的时候，必须同保持水土的规划相结合，避免水土流失的危险。"[3]费正清描述了当年留下的物质成果，"人的劳动力用在开挖建造运河、截住河流、利用水力灌溉农田方面当然是可以取得成果的。至今中国农村还可以到处看得见 1958—1959 年间靠人工挖的湖泊和水渠。你只要在一块新工地沿着一条人工开凿的石头隧道走上一里多路，就可以看见当年为了让泉水浸灌土壤而汲干的工程，那就是大跃进中大量运用人的劳力的成就"。[4]像削平 1250 座山头、架设 151 座渡槽、开凿 211 个隧洞、修建 12408 座各类建筑物、挖砌 2225 万方土石、总干渠全长 70.6 公里的"人工天河"红旗渠，就是那个时代的象征和丰碑。这条被称为世界水利第八大奇迹的"水长城"，结束了当地水贵如油、十年九旱的历史，给后人留下了"自力更生，艰苦创业，团结协作，无私奉献"的红旗渠精神。

● ●

第二节　向环境污染宣战 —— 环境保护的现实主义（1973—2006 年）

一方面，20 世纪五六十年代向自然开战时破坏自然生态的负面影响，随着时间的流逝缓缓地释放出来，人们开始尝到环境恶化的恶果。另一方面，1971

---

[1] 中共中央文献研究室 . 毛泽东年谱（第 2 卷）［M］. 北京:中央文献出版社,2013 : 488.
[2] 中共中央文献研究室 . 毛泽东年谱（第 2 卷）［M］. 北京:中央文献出版社,2013 : 510.
[3] 中共中央文献研究室 . 毛泽东年谱（第 2 卷）［M］. 北京:中央文献出版社,2013 : 507.
[4] 费正清著,刘尊棋译 . 伟大的中国革命（1800—1985 年）［M］. 北京:世界知识出版社,2000 : 357.

年 4 月,美国乒乓代表团访华,1971 年 10 月 25 日,中华人民共和国成为联合国安理会常任理事国,这是在中共领导下中国逐步强大起来的标志,也是中国能更多地与发达国家打交道、能深度参与国际事务的平台。1972 年尼克松总统访华,打破了新中国成立后 20 多年中美相互隔绝的局面。这也让中国能从全球发展的视角审视自身与环境问题,从而对污染治理和环境保护有一个全新的认识并开始加入其中。这个时期,可分四个小阶段。

一、环境思想启蒙和环保事业起步(1973—1982 年)

20 世纪六七十年代,整个世界都处在二战结束后的经济恢复和发展时期,领跑世界经济的发达国家最先遭遇工业对环境的污染和污染对人类的危害。1962 年,蕾切尔·卡逊(Rachel Carson)用一本《寂静的春天》(*Silent Spring*),将环境问题带入公众视野,开启了对人类环境意识的启蒙。1970 年 12 月,美国设立世界上最早的专门的环保机构即国家环境保护局(U.S. Environmental Protection Agency),不久后,德国、法国、英国等国家也设立环保局。1972 年 6 月 5 日,联合国在斯德哥尔摩召开了第一次人类环境会议,会议的目的是敦促各国人民和各国政府注意,人类的活动正在破坏自然环境,这种破坏反过来给人类自身的生存和发展带来严重的威胁。环境问题在当时整个世界都是一个新问题。在中国,不要说普通公众不了解什么是环境污染,就是各级政府的领导人也知之甚少。当时,在看到环境问题潜在威胁的周恩来的支持下,中国政府派出了由计划、外交、卫生、轻工、冶金核工业、石油化工、农业等部门以及科技界人士组成的 40 多人的庞大代表团出席这次人类环境会议,但由于阶级斗争的思维导向,我国代表团回国后向上级呈报的会议总结中,强调的是无产阶级与资产阶级的政治斗争,几乎对环境与发展问题只字未提。相反,我们还片面地认为,环境公害是西方国家的不治之症,"社会主义制度是不可能产生污染的。

谁要说有污染,有公害,谁就给社会主义抹黑"[1]。同时还认为,即使我国存在环境破坏和污染问题,那也可以完全、简单地通过政府的运动和人民的觉悟加以控制。但通过参加国际会议,通过与其他国家情况的相互对比,与会代表感受到了环境保护对国家发展的深刻影响,从中学到了许多环境保护知识,反观自身时,多少也意识到中国的城市和江河湖海的环境问题和自然生态的破坏问题是存在的。这为在我国把环境保护提到国家议事日程奠定了比较好的认识基础和思想基础。

世界环境大会一年后的1973年8月5日—20日,国务院委托国家计委在北京组织召开了第一次全国环境保护会议,国务院有关部委负责人,各省、市、自治区领导,工厂和科学界的代表共300多人出席了会议。由于当时交通不便、信息不灵,中央对各地环境状况的了解基本依靠地方向上的反映。各地代表在这次会议上反映了许多情况,如:官厅水库受污染威胁北京的饮水安全,长江、黄河、珠江、松花江、海河、辽河等主要江河大面积水质恶化,有些城市附近的河流和地下水遭到污染,鱼类品种和数量大幅度减少,有的甚至绝迹;1970年到1972年间,大连海湾因陆源污染关闭六处滩涂养殖场,渤海湾、上海港口、南京港口等海湾江湾污染严重;胶州湾石油大面积漂浮;有些城市烟雾弥漫,空气被污染,人们呼吸类疾病增多;卫生部报告说许多食品饮料因滥用化学添加剂,对人的健康造成严重危害;工业污染、农药污染使农作物大面积受害;森林、草原和珍稀野生动植物资源遭破坏的情况十分突出,草原退化面积惊人,水土流失加剧 …… 这些点滴情况一汇总,让人感到震惊。在会议行将结束时,周恩来总理又在人民大会堂主持召开了由党、政、军、民、学各界代表出席的万人大会,向全国发出了消除污染、保护环境的动员令,把环境保护的行动和理念推向整个社会。

第一次全国环境保护会议取得了四个主要成果。第一,认识到中国存在着严重的环境问题,用周恩来的话来说是"现在就抓,为时不晚",正式把环境保护

---

[1]　曲格平.我们需要一场变革[M].长春:吉林人民出版社,1997:2.

提到政府工作的议事日程中。第二，提出了我国第一个共 32 字的环境保护工作方针，即"全面规划、合理布局、综合利用、化害为利、依靠群众、大家动手、保护环境、造福人民"。第三，审议通过了我国第一部环境保护的法规性文件——《关于保护和改善环境的若干规定》，这个法规文件经国务院批转执行，促使我国环境保护工作逐步进入制度化、法治化的轨道。第四，提出环境保护措施，内容为：做好全面规划，既要从发展生产出发，又要注意环境保护和改善；工业要合理布局，建设城乡结合、工农结合、有利生产、方便生活的新型城镇和工矿区；逐步改善老城市的环境，保护水源、减少噪声、消烟除尘、处理垃圾，重点抓好北京、上海、天津等 18 个城市的环境保护；综合利用，除害兴利，减少工业废水、废气、废渣"三废"排放，实行"三同时"；加强对土壤和植物的保护，多用有机肥；加强水系和海域的管理，全国主要江河湖泊都要设立以流域为单位的环境保护管理机构；植树造林，绿化祖国，划定一定范围的自然保护区；认真开展环境监督工作，拟订和修订符合中国现状的污染物排放标准、卫生标准，设立监测机构；大力开展环境保护的科学研究和宣传教育工作；要安排落实好环境保护需要的投资、设备和材料。[1] 从此拉开了中国环境保护事业的序幕。

这个阶段的可贵之处是完成了"三个开始"：第一，开始环境启蒙。1970 年 6 月 26 日，周恩来接见卫生部军管会的负责同志时提醒他们注意："卫生系统要关心人民健康，特别是对水、空气，这两种容易污染。"针对美、英、日等发达国家已经发生的工业污染问题，总理指出："毛主席讲预防为主，要包括空气和水。要综合利用，把废气、废水都回收利用，资本主义国家不搞，我们社会主义国家要搞。"[2] 当时我们强调的是环境问题与社会制度的关系，批判了有些人认为的人口增长会造成贫穷落后、会带来环境的污染和破坏的观点，认为这是毫无根据的。认为环境污染是资本主义社会制度的必然结果，社会主义发展工业是为了造福人民，人民是社会主义国家的主人，对工业发展中带来的问题，是可以而

[1] 文件.关于保护和改善环境的若干规定[J].工业用水与废水,1974（2）：38-41.
[2] 顾明.周总理是我国环保事业的奠基人[N].李琦主编.在周恩来身边的日子—— 西花厅工作人员的回忆[M].北京:中央文献出版社,1998：332.

且必须解决的。1973 年 9 月 8 日，周恩来召集国家计委及各省、市、自治区负责人开了一次会，会上再次强调要对工业"三废"问题进行治理，他说："资本主义国家解决不了工业污染的公害，是因为他们的私有制，生产无政府主义和追逐最大利润。我们一定能够解决工业污染，因为我们是社会主义计划经济，是为人民服务的。我们在搞经济建设的同时，就应该抓紧解决这个问题，绝对不做贻害子孙后代的事。"[1] 承认中国存在环境问题，要尽早开始保护环境，这是环境意识的一次觉醒。第二，开始建章立制。1973 年 11 月 17 日，由国家计委、国家建委、卫生部联合颁布了以排放污染物的浓度为控制标准的《工业"三废"排放试行标准》，这是我国第一个环境标准，为环境保护机构的监管工作提供了依据，结束了我国环境监管无规可依、污染治理无章可循的历史。1974 年 10 月，经国务院批准，正式成立由余秋里任组长，谷牧任副组长，国家计委、工业、农业、交通、水利、卫生等部委领导人组成的国务院环境保护领导小组。这个全国性的环境保护领导机构的建立，促进了全国各地环境保护工作的顺利开展。随后，全国各地区逐级逐步都建立起相应的环境保护机构，从此我国的环保事业步入正轨。第三，开始环境整治。作为中国环境保护事业的先驱者和奠基人，周恩来提出过两个重要的观点：一是控制环境污染最有效的方法是"预防为主"，要有预见性，如果污染发生之后再去处理，危害就已经形成了；二是治理环境污染最有力的措施是开展综合利用，对工厂排出的废水、废渣、废气等，经过科学适当的处理后，可以变"三害"为"三利"，即"化害为利，变废为宝"。早在 1971 年 3 月，北京曾发生官厅水库水污染事件，由北京、河北、山西、内蒙古和国务院有关部门组成官厅水库污染治理领导小组，经过前后几年分批分期的艰苦治理，终于有效控制了官厅水库的污染。这是新中国历史上第一项大型综合水污染治理工程，为其他地方的环境治理提供了经验。此后，环保机构对全国重点区域的污染源进行了调查，对某些污染严重的工矿区、城市和江河进行了初步的治理和"三废"

---

[1]　中共中央文献研究室.周恩来年谱(1949—1976)(下卷)[M].北京:中央文献出版社,1997:624.

综合利用。与此同时，环境科学研究和环境宣传教育方面也开始起步。到 1978 年，中共中央批转国务院环保领导小组的工作汇报并指出，保护环境、消除污染是我国建设社会主义，实现四个现代化的重要组成部分，我们绝不能像西方发达国家那样，走先污染、后治理的老路、弯路。这是中国第一次以中央的名义对环境保护做出重要指示，表明中央治理环境问题的决心。

二、"环境保护是一项基本国策"（1983—1991 年）

1. 环境保护确立为基本国策

从第一次全国环境保护会议到 1983 年 12 月 31 日国务院召开第二次全国环境保护会议，时间过去了整整十年，这次会议是中国环保史上的又一个转折。会上提出了城乡建设、经济建设和环境建设同步规划、同步实施、同步发展，实现社会效益、经济效益、环境效益相统一的指导方针，并宣布将环境保护确定为基本国策。

2. 环境保护机构进一步健全

1982 年 3 月，国务院环境保护领导小组办公室与国家城建总局、国家建委、国家测绘总局、建工总局合并组建城乡建设环境保护部，环境保护局是其内设机构。1984 年 12 月，隶属城乡建设环境保护部的环境保护局升格为国家环境保护局，成为国务院环境保护委员会的办事机构，负责对全国的环保工作进行协调、规划、监督。1988 年的机构改革将国家环保局从建设部中分离出来，成为国务院直属的、独立行使环保监督管理权的部门，并通过"职位分析"解决了"管什么"和"怎么管"的问题。同时，提出因为环境保护工作的地方性很强，光靠部门抓不行，需要省长、市长、县长对本地区环境保护负责，要把环境保护作为各级人民政府的一项重要职责，国务院各有关部门和省、市、县都要设立专门的环境保护机构，区、乡、镇也要有专职或兼职的环境管理人员。[1]此举加强了环保

---

[1] 国家环境保护局.第三次全国环境保护会议文件汇编[C].北京:中国环境科学出版社，1989：6.

宣教,提高全民族的环境意识,特别是提高各级领导的环境意识。

3. 推行三大政策和八项制度

1989 年 4 月召开的第三次全国环境保护会议,提出了"谁污染,谁治理""预防为主,防治结合"和"强化环境管理"三大环境政策,把污染预防的关口前移,重在划清责任,加强政府的监督管理;制定环境影响评价制度、排污收费制度、"三同时"制度、城市环境综合整治定量考核制度、环境保护目标责任制度、污染期限治理制度、排污申报与排污许可证制度、污染集中控制制度等八项环境管理制度,各级政府对本辖区内环境质量负责,明确各级政府领导在任期内的环境责任。中国的环境保护工作从一开始就与国际接轨,当时全国普遍推行的三大政策和八项制度,大部分是从发达的市场经济国家借鉴、移植过来的,是"中西医"结合的产物。

4. 向环境污染宣战

宋键在第三次全国环境保护会议上发表"向环境污染宣战"的讲话,提到我国现在森林面积逐年减少、水土流失面积逐步增大、草原退化、天然水面急剧缩小、河流污染严重、水资源紧张。全国每年排放工业废水和生活污水 368 亿吨,80% 以上未经处理直接排放江河湖海,京杭大运河在江苏省内河段变成黑水河,安徽 33 条河有 25 条受污染,白洋淀处于危险中,上海黄浦江黑臭期达到 229 天,许多流经城市的河流成为污水河;183 个城市缺水,40 个城市成为供水危机城市;许多城市大气环境质量很差,其中 60 个大中城市烟尘和废气污染相当严重,北方有 1/4 的城市二氧化硫、飘尘浓度严重超标,南方特别是西南地区正受酸雨侵蚀。[1]"环境污染和部分生态破坏的经济损失每年达到 95 亿元以上,占同期工农业总产值的 14%。"[2] 环境问题有历史上长期积累的欠账、有经济技术水平的限制、有中小工业项目布局不当、有环保工作缺乏秩序和管理工作不力等问题,特别让人担心的是,一些城市和地区出现"老账未还,又欠新债"的情

---

[1] 国家环境保护局.第三次全国环境保护会议文件汇编[C].北京:中国环境科学出版社,1989:13.

[2] 曲格平.我们需要一场变革[M].吉林人民出版社,1997:9.

况,不少地方缺乏对乡镇工业发展的严格管理和有力引导,使环境污染由城市向农村蔓延,重大突发性污染事件时有发生,环境问题已构成对国民经济发展和人民健康的重大威胁。

三、实行可持续发展战略(1992—2002 年)

这个阶段,我们实现了经济体制和发展理念的双飞跃。在经济体制改革上,1992 年 10 月,党的十四大报告提出经济体制改革的目标是建立社会主义市场经济体制,充分发挥各地优势,加快地区经济发展,促进全国经济布局合理化,严格控制人口增长,加强环境保护。这个时期中国的环境保护开始从单纯的污染治理转变为全面的环境综合整治和自然生态建设。污染治理方面,在全国各地开展普遍治理的基础上,重点开展了淮河、辽河、海河、滇池、太湖和巢湖等大江大湖的污染治理,启动了渤海湾海域的污染治理和北京市大气污染治理,全国关停了 6 万多家污染严重的企业。许多城市按"退二进三"的方针进行产业布局调整,把有污染和噪音的工厂迁出市中心区,落户到工业开发区,让第三产业进入市中心区,并采用新技术、实行清洁生产,把烟尘总量控制在允许的范围内。在自然生态建设方面,实行了封山育林、退耕还湖、退耕还林、退耕还草、退耕还牧等政策措施,特别是 1998 年那场特大洪水灾害过后,国家决定在长江、黄河中上游停止砍伐天然林,启动天然林保护工程。为响应国家的号召,许多林业工人由砍树人摇身变为种树人。在资源保护方面,实施了严格的耕地保护措施,划出耕地保护红线,对耕地实行谁占用谁补偿制度,保证耕地总量不减少,质量达到动态平衡。在矿产资源保护方面,清理整顿了一大批采掘技术和设备落后,对资源利用能力薄弱,破坏却很严重的小矿山,积极开展废旧物资的回收利用和固体废物的综合利用。在近海海域普遍实行休渔制度,以保护海洋渔业资源的可持续利用。中国生态环境破坏的势头得到了初步遏制,一些地方的环境在涵养中得到恢复。

随着社会主义市场经济体制的确立,各行各业纷纷进入市场经济大潮,20世纪90年代开始探索把环境保护推向市场,加大市场调节的份额。"就是要把环境保护同样纳为经营行为,将其视作一种投入要素,一种资源,在市场进行等价交换,使经济主体在追求利润最大化的前提下,充分发挥市场调节的杠杆作用,将科研成果不断转化为产品,优化资源利用配置,提高环境保护效果,最终使环境保护成为一个相对独立的经营产业。"[1] 把环境保护推向市场,不仅是为了解决环境保护的"福利性"和政府单纯"公益性"的低效率、解决保护资金匮乏和保护设施利用率低下等问题,还旨在强化全社会的环境成本意识,把企业原来外化的环境成本内部化,把污染治理和监督内化为全社会的一种自觉行动。以前国家和政府在环境保护中占主导地位,现通过政府环保部门颁布技术政策、产业目录,推广科技成果,引导企业挖掘内部环保活力。

在发展理念上,1992年6月,联合国在巴西的里约热内卢召开环境与发展大会,也叫全球环境首脑会议。会议成功地通过了《里约环境发展宣言》《21世纪议程》等重要文件,签订了《气候变化框架公约》《生物多样性公约》和《森林公约》等重要公约,停滞多年的南北对话重新启动,环境保护与经济发展两者不可分割的观念被广泛接受,经济发展权、国家主权等重要原则得到维护,这是人类摒弃传统的旧的发展模式、走向可持续发展的转折点,是世界环境保护事业进程中新的里程碑。此外,环境与发展大会还提出"可持续发展"的新战略:人类应珍惜现有的资源环境,应尊重生活于其中的自然界,应与自然保持和谐一致,有限度有补偿地向大自然索取生活资料;人类应变革现有的生活方式和消费方式,建立新的"全球伙伴关系",在实现当代人发展的同时为后代保留良好的生存发展空间,实现人类之间的和平共处、人与自然和谐统一以及可持续发展。1992年8月,党中央和国务院批准了《中国环境与发展十大对策》。这个指导中国环境与发展的纲领性文件,第一条就是"实行可持续发展战略",后面分别是:防治工业污染,建立现代工业文明;深入开展城市环境综合整治,重点整

---

[1] 朱德明.把环境保护推向市场[J].中国环境管理,1993(1):11-12.

治城市污水、烟尘、交通噪音和生活垃圾；改善能源结构，提高能源效率，推广生态农业、植树造林、改良土壤和保护生物多样性；加强环境科学研究、推进环境科技进步，积极发展环保产业；善于运用经济手段保护环境；加强环境教育，使全民族的环境意识不断提高；强化环境管理，健全环境法制；在大会精神指导下制定我国的行动计划。1994 年 3 月，国务院第十六次常务会议审议通过了全球第一部国家级的 21 世纪议程——《中国 21 世纪议程》，它共分为可持续发展总体战略与政策、社会可持续发展、经济可持续发展、资源的合理利用与环境保护等四个部分，把可持续发展原则贯穿到经济社会各个领域。1996 年 3 月，《关于国民经济与社会发展"九五"计划和 2010 年远景目标纲要的报告》由八届全国人大四次会议审议通过，明确提出要实行经济增长方式和经济体制两个根本性转变，把可持续发展和科教兴国作为两项基本战略，优先发展教育，加快科技进步，合理开发利用资源，保护生态环境，控制人口增长，基本改变生态环境恶化的状况，明显改善城乡环境，使部分城市和地区的环境质量有所改善，实现经济社会相互协调和可持续发展。

四、环境保护是政府的一项重要职能（2002—2006 年）

2002 年 1 月 8 日，国务院在北京召开第五次全国环境保护会议。这次会议提出环境保护是政府的一项重要职能，要动员全社会的力量，按照社会主义市场经济的要求做好这项工作。会议的主题是贯彻落实国务院批准的《国家环境保护"十五"计划》，"十五"期间，环境保护既是扩大内需的投资重点之一，又是经济结构调整的重要方面。继续推进重点地区的环境综合整治，有效控制污染物排放总量，强调新建项目必须执行环境保护、污染治理设施与主体工程"三同时"的规定，坚持新建和技改项目的环境影响评价制度，强调保护好城市和农村的饮用水源。

2006 年 4 月 17 至 18 日，国务院在北京召开第六次全国环境保护大会，温家宝总理发表讲话并强调，保护环境是造福当代、惠及子孙的事业，关系到我国现代化建设的全局和长远发展，一定要把环境保护摆在更加重要的战略位置，切实做好环境保护工作。会议提出实现"三个转变"：一是从过去重经济增长轻环境保护转变为经济增长与保护环境并重，坚持以保护环境来优化和促进经济增长，坚决摒弃以牺牲环境换取经济增长的做法，在保护环境中求得发展；二是从过去的环境保护滞后于经济发展转变为经济发展和环境保护并驾齐驱齐头并进，努力做到多还旧账、不欠新账，改变边治理边破坏、先污染后治理的状况；三是从过去主要用行政手段保护环境转变为综合运用法律、科技、经济手段，辅之以必要的行政办法，更加自觉地遵循自然规律、经济规律和社会规律，提高环境保护工作水平。"三个转变"的核心就是要促进环境与经济相互协调、辩证统一，它根本性地调整了我国现存的环境与经济关系，是优化资源配置的重大改革，是环境保护路线和方法的重大创新，无论是从人与自然的关系，还是从环境保护的发展模式来看，都具有历史性的转折意义。

政府在承担环境保护职能时开始重视把经济工作渗透其中，把各级各类环境保护规划与国土规划、城市总体规划和各类开发区规划相协调，把环境保护计划工作纳入各级政府国民经济与社会发展中长期计划和年度计划，把环境保护战略思路和政策方案与产业政策和重大经济决策相配合，力争尽早把环境和自然资源核算纳入国民经济核算体系，促使市场价格能够准确反映经济活动造成的环境代价。正视环境和经济发展的关系，优越的生态环境是一个地区持续发展的前提，环境优则发展快，环境劣则发展慢。事实证明，我国592个贫困县中80%以上在山区，这些地区除了交通不便、信息不灵、村民文化素质低下等客观原因，还有毁林开荒或过度放牧导致了水土流失，土地生产力下降，最后陷入"越垦越穷，越穷越垦"的恶性循环之中。

重视树立全民的环境意识。曲格平认为，"环境保护，我国在经济支持力度上、技术保障上和公众的环境意识上都存在困难。如北京为了在3年内使大气质量有所改善，要投入340亿人民币，负担很重。但是比较起来看，公众的环境意识特别是各级政府决策人的环境意识更加重要。由于环境意识不高,一些可以防止的环境问题不能防止,一些可以治理的环境污染不能治理。因此,努力提高全民族的环境意识,特别是各级决策人的环境意识仍然是当务之急"[1]。进入 21 世纪后,从省到市、县,甚至到乡村,每年都会在"地球日""世界环境日"等搞宣传活动,参加的人数逐年上升,公众的环保意识明显提高。同时,除了重视向公众进行环境教育,还着重抓了学生的环境教育,把环保教学内容纳入从小学、中学到大学的普通教育课程,充分利用新闻舆论监督和群众监督的力量,保障公众参与权利、提供参与机会、完善参与机制。

第三节　走向生态文明新时代 —— 美丽中国的理想主义 （2007 年至今）

"地理环境"理论是马克思主义哲学的重要概念,新中国成立后,我国在历史唯物主义哲学领域集中研究的是"地理环境决定论"是唯心的还是唯物的,地理环境即自然条件对社会发展起着什么作用等问题。代表性的观点是,"自然条件对于人类社会的影响无论什么时代都不能直接地表现出来。它对人类社会经济的价值是受着社会技术水平和社会生活条件的限制的。任何国家中,仅有合适的自然条件是不够的,必须有优越的社会制度才能利用其自然条件"[2],"地理环境过去是、现在是,而且将来也必然是社会物质生活经常必要的条件之一。不管社会的发展程度如何,人类总是必须在一定的地理环境中生活,必须不断地和自然进行斗争,从而取得生活的物质资料。因此,地理环境不仅是人类社会的经常条件,而且也是人类社会得以生存的必要条件,但是,决不因为这样,地理环境就成为人类社会发展的决定因素"[3]。直到 2007 年 10

[1]　曲格平.梦想与期待:中国环境保护的过去与未来[M].北京:中国环境科学出版社,2004:54.
[2]　魏宏运.地理环境论是属于唯心论还是唯物论[J].历史教学,1954(1):42-43.
[3]　刘清泉等.地理环境决定论的实质和根源[J].西南师范学院学报,1959(2):47-50.

月，党的十七大报告提出实现全面建设小康社会的奋斗目标，"生态文明"概念首次写进了党代会的政治报告，生态文明成为党的执政理念和治国理政的重要内容，从而在学术上获得了新的研究视野，在实践上开辟了新的工作领域。"美丽中国"作为对生态危机的总回应，给生态问题的化解带来了新的视角和契机。

一、"生态文明"是对生态问题的回应和化解

1. 我国环境矛盾一度异常尖锐

2006 年以前，我国的环境状况可以用一张表来直观地说明：

项目 ＼ 年份	1995 年	2000 年	2001 年	2002 年	2003 年	2004 年	2005 年	2006 年
废水排放总量（亿吨）	373	415.2	428.4	439.5	460.0	482.4	524.5	536.8
工业废水排放总量（亿吨）	222	194.2	200.7	207.2	212.4	221.1	243.1	240.2
城镇生活污水排放量（亿吨）	222	194.2	227.7	232.3	247.6	261.3	281.4	296.6
二氧化硫排放总量（万吨）	1891	1995.1	1947.8	1926.6	2158.7	2254.9	2549.3	2588.8
烟尘排放总量（万吨）	838	1165.4	1059.1	1012.7	1048.7	1095.0	1182.5	1088.8
工业粉尘排放量（万吨）	639	1092.0	990.6	941.0	1021.0	904.8	911.2	808.4
工业固体废物产生量（万吨）	64474	81607.7	88745.7	94509.4	100428.4	120030.0	134448.9	151541.4
自然保护区数（个）	799（国家级98）	1227（国家级155）	1551（国家级171）	1757（国家级188）	1999（国家级226）	2194（国家级233）	2349（国家级243）	2395（国家级265）
环境污染与破坏事故情况	1966 次	2411 次	1842 次	1921 次	1843 次	1441 次	1406 次	842 次

续表

项目 \ 年份	1995 年	2000 年	2001 年	2002 年	2003 年	2004 年	2005 年	2006 年
信访来信数（个）	58678	247741	367402	435020	525988	595852	608245	616122
各级人大、政协环保议案、提案数（个）		11467	10577	11665	11791	12532	12343	10295
各级环保系统机构数（个）		11115	11090	11798	11654	11555	11528	11321
各级环境监测站数（个）		2268 个	2229	2356	2305	2289	2289	2322

注：数据来源于中华人民共和国环境保护部历年环境统计公报

从国家环保总局发布的环境统计公报看，2006 年在能源消费总量比上年增长 9.3%、国内生产总值比上年增长 10.7% 的状况下，全国环境质量状况能总体保持稳定实属不易，但环境形势依然相当严峻。首先，几个主要的污染物排放总量在增加。2006 年，我国废水排放总量为 536.8 亿吨，比 1995 年增加 163.8 亿吨，比 2000 年增加 121.6 亿吨；被监测断面中全国七大水系受到污染的比例占 62%，流经城市河段受到污染的比例占 90%。二氧化硫排放总量为 2588.8 万吨，分别比 1995 年和 2000 年增加 697.8 和 593.7 万吨；烟尘排放总量为 1088.8 万吨，比 1995 年增加 250.8 万吨；工业粉尘排放量为 808.4 万吨，比 1995 年增加 169.4 万吨；工业固体废物产生量 151541.4 万吨，比 1995 年增加 87067.4 万吨，比 2000 年增加 69933.7 万吨。同时，全国水土流失面积共有 356 万平方公里，占国土总面积的 37.08%。中国近海海域污染日趋严重，辽东湾、渤海湾、长江口、杭州湾、江苏近岸、珠江口和部分大中城市近岸局部水域几乎全被污染，大部分河口、海湾、滨海湿地等生态系统的健康状况在恶化，基本处于亚健康或不健康状态，主要表现在水体富营养化及营养盐失衡、河口产卵场退化、生态功能丧失或改变、生物群落结构异常等。经过各方努力，环保系统能力建设在提高，如建立了从国家、省、地市、县至乡镇的五级环保机构，根据需要设立了 2322 个各级环境监测站，还建立了各级环境监理所、环境科研院（所），环保系统的工作人员数量也在增加。截至 2006 年底，全国共有自然保护区 2395 个，其中国家级有 265 个，总面积 15153.50 万公顷。

从 1978 年到 2006 年改革开放的 28 年间，中国创造了许多世界第一，其中三个对环境影响至深。首先，增长速度。经济增长速度世界第一、外汇储备世界第一、外资引进世界第一，创造了不少奇迹，国力明显提升，但拉动 GDP 增长的如建材、造纸、化工、电力、冶金等几乎都是高污染高耗能的产业。其次，能源消耗。在传统工业的发展模式下，中国的自然资源面临枯竭，传统工业所需的水、土地、矿产资源三大自然要素在中国耗损极大，难以为继，中国 45 个主要矿种在 14 年后将只剩下 6 个，石油、木材、铁矿等原料的进口依赖越来越大，煤炭、石油、建材、钢材等资源消耗世界第一，原材料进口世界第一，石油进口世界第二。中国生产出占世界 4% 的 GDP，是以消耗全球 26% 的钢、47% 的水泥、37% 的棉花换来的，"单位 GDP 能耗是发达国家的 8—10 倍，污染是发达国家的 30 倍，劳动生产率是发达国家的 1/30"[1]。最后，污染排放。改革开放到党的十七大前，整个污染物排放都处于上升态势，过去国内只监测二氧化硫、烟尘、粉尘等指标，现在氮氧化物、颗粒物等污染物纳入监测并定时公开，受到公众关注；我国的化学需氧量（COD）和二氧化硫排放世界第一，碳排放世界第二，当时世界空气污染最严重的 20 个城市，中国占了 16 个。1/3 的国土表面被空气严重污染导致的酸雨覆盖，"逢水必污、逢河必干、逢雨必酸"是真实的写照，加上工业污水、城市生活污水处理率普遍不高，致使我国的江河水系中 70% 受到污染，其中严重污染的占比达 40%，流经城市的河流河段几乎百分之百受到污染。除了老的污染形式，废旧电子电器、机动车尾气、室内建材污染、进口洋垃圾污染、土壤重金属污染等新污染形式出现，还有争论不休的核能核电利用、转基因食品安全问题和正在影响人类但至今尚未定性的新化学物质环境风险问题正在显现。三个方面加在一起，远远超过了我国的环境容量和环境承载力，环境治理理念、方式、体制的改变势在必行、刻不容缓。环境污染、生态破坏、气候变化

[1] 潘岳.在第一次全国环境政法工作会上的讲话[J].环境保护,2006（24）:15-23.

成为压在中国头上的三座环境大山。

2. 环境问题带来的社会后果

1987 年，党的十三大提出了党在社会主义初级阶段的基本路线是"一个中心、两个基本点"，提出"以经济建设为中心"，纠正了"文革"期间以"阶级斗争为中心"，只搞革命不搞生产的倾向。但在往后 20 多年的建设中，我们却撞入了另一个认识误区，就是把发展等同于单纯的经济发展，又把经济发展等同于单纯的 GDP 增长。以为只要 GDP 增长了，人民的物质文化需要就能得到满足；只要 GDP 增长了，国家实力和国际地位就能提升；有了充足的物质条件，人口、资源、环境、政治、文化等问题都能迎刃而解。而在建设和发展过程中，人们对经济与环境的关系长期缺乏正确的科学的认识，普遍重经济轻环境。我国各省市"十五"计划中的 GDP 指标全都超额完成，但是环保主要指标和能耗指标没有一项完成。比如碳排放，当时中国的火电每年投资增长 50% 以上，能源结构中煤炭能源占比 85%，90% 的大气污染来自工业，70% 的工业大气污染来自火电，但全国相当部分的火电厂没有安装或者没有运行脱硫设施，地方为了增加本地企业和地区经济的竞争力而放任不管，环保部门由于体制机制问题根本管不了，环境污染积累后，治理成本很可能抵消取得的经济成果。

环境污染与破坏事故居高不下，使环境问题的社会关注率提高。从 2000 年到 2006 年的六年间共发生环境事件 11706 次，平均每天 5.35 次。2005 年 11 月，松花江的重大水环境污染事件导致当时的国家环保总局局长引咎辞职。2006 年 5 月，太湖蓝藻事件使 200 万人的生活用水中断，引起周边居民的恐慌。全国环保部门的信访来信数从 1995 年的 58678 封增加到 2006 年的 616122 封，12 年间增加了约 9.5 倍。由于环境问题层出不穷，严重影响到国人的身体健康和财产安全，社会各界对环境治理的呼吁逐步强烈。1996 年开始统计各级人大、政协关于环保的议案和提案数，当年共有 6177 件，从 2000 年到 2006 年则一直稳定在每年 11000 件左右，环境问题成为超过教育、医疗、征地拆迁、公共安全等问题的社会热点问题。在国际关系上，能源和环境两个大项在某种程度上成为中国外交的重要议题和主轴之一,直接影响到中国推动"和谐世界"建设的走向。

　　3."环境"与"生态"概念的区别和联系

　　"环境"和"生态"两个概念是既相区别又相联系的。于2015年1月1日起实施的《中华人民共和国环境保护法》,把"环境"定义为"影响人类生存和发展的各种天然的和经过人工改造的自然因素的总体,包括大气、水、海洋、土地、矿藏、森林、草原、湿地、野生生物、自然遗迹、人文遗迹、自然保护区、风景名胜区、城市和乡村等"[1]。而"生态"一词通常指在一定的自然环境下所有生物的生存和发展状态,以及生物与生物、生物与环境之间相互作用、环环相扣的关系。二者的区别在于主体不同,"环境"的主体是人类,"生态"的主体是所有生物,从外延说来后者包含前者,人是自然生态的一部分,不过是具有主观能动性、能改造包括自身在内的客体的生物;二者的相同在于对象重合,作为人类生存的环境和作为生物状态的生态对象是一致的,因为人与其他生物一样都生存于同一个地球村之中,就此而言,地位是同等重要的,破坏了生物的生态环境,人类也无可生存。讲环境保护,偏重于强调人类要限制自身的行为,在从事经济活动时尽量少地干扰自然的秩序;讲生态文明,偏重于强调人类要尊重其他物种的权利,防止打破物种平衡造成生物链断裂,导致系统功能的失调。生态文明把人类自身纳入自然之中进行"生态系统管理"。20世纪60年代产生于美国的"生态系统管理"概念最初来源于传统的林业资源管理,有感于环境危机的日益严重,人们开始用生态的、综合的、系统的视角来思考和应对环境问题,经过深入的理论研究和不断的实践应用后,逐渐形成"系统的理论 — 适用的方法 — 实操的模式"为内容和环节的、更为完整和领先的综合生态系统管理(integrated ecosystem management, IEM)体系。综合生态系统管理把人类及人类社会和经济需求作为生态系统密不可分的部分,运用物理、化学和生物等多学科知识和方法,利用生态学、社会学和管理学原理和手段,采用行政的、市场的和社会的

――――――――――

[1]　中华人民共和国环境保护法[N].人民日报,2014－07－25(8).

机制和政策,将整个生态环境考虑在内统一进行管理,综合解决生态保护和资源利用的问题,综合考虑自然、经济、社会的需要和价值,综合对待生态系统的各组成成分,以恢复和保持包括人类在内的自然生态系统的完整性、持续性、长期性,以创造和实现经济的、社会的和环境的多元互惠,实现人与自然的和谐共处。[1] 不断健全环境管理体制,我国的环境管理体制可以总结为三条:环境保护部门统一监督管理,各有关部门分工负责,地方环境质量由地方政府负责。

4.“生态文明”概念提出的意义

由于人类世界的大部分经济产出取决于自然系统的活力,环境退化不仅给人类带来各种自然灾害,也降低了经济的活力与发展的可持续性,其对人类和经济产生的负面影响几乎立马显现出来。把“生态”和“文明”相结合是20世纪80年代中期我国学者的创新,但在理论研究初期,我们大量引进国外的相关观点和原著,如生态马克思主义、生态伦理、生态经济、循环经济、低碳经济、可持续发展、增长方式转变等,经历了由“移植”到“改编”到“创新”,从“理念”到“实践”到“建设”,由“单一性”到“多样化”到“综合性”的过程,一批创新成果逐步出现。

在人与自然关系上,西方工业社会主要以“人类中心主义”价值观为主,它片面夸大了人的主观能动性,贬低客体的价值,放任人对大自然的索取和奴役,完全低估了环境对人类反戈一击的可能。随着环境问题的凸显,“非人类中心主义”“环境保护主义”“大地伦理”“生态伦理”等环保哲学纷纷出现,生态优先论或环境优先论在人们对工业社会的深刻反思中被提了出来并得到广泛认同。“优先”的字面含义是:当对两种或两种以上的事物和对象进行选择、取舍、排序时,会把它放在最前面加以考虑。改革开放后的一段时间里,我们要增强国家综合实力、要赶超发达国家、要维持较高的发展速度、要提振民族的自信心、要提高人民生活水平,“发展是硬道理”,必须以经济建设为中心,即“经济优

[1] 高晓露,梅宏.中国海洋环境立法的完善——以综合生态系统管理为视角[J].中国海商法研究,2013(4):16-21.

先"；当我们意识到，民族的生存和发展要有载体和背景，生态是生产力之父，教育科技是生产力之母，生态在生产力系统中占据举足轻重的元始地位时[1]，新的意识就呼之欲出。"环境优先"是指"在一些特殊区域或领域，把环境质量状况作为指导包括经济发展在内的各项工作的基本衡量标准之一，以环境承载能力为基础和底线来规划和约束各方面工作，使环境保护成为保障人民生存环境、优化经济发展方式的重要和首选的手段"[2]。进入 21 世纪后，我国一些经济比较发达、环境压力较大、环境承载力较弱、环境容量较有限、环境资源已有较多开发利用的地区最先提出了"建设低碳社会""既要金山银山，又要绿水青山"等口号，后来那些原来自然条件十分优渥、在大规模开发后自然遗产毁坏严重的地区，那些原来自然条件脆弱、难以承载大规模经济开发活动的地区，随之接受并实施环境优先战略。"环境优先"理念在 2006 年江苏省环保大会上具化为"十优先"要求，即：在制定法律法规时，优先进行环境立法；在编制发展规划时，优先编制环保规划；在做出发展决策时，优先考虑环境影响；在调整经济结构时，优先发展清洁产业；在利用有限资源时，优先节约环境资源；在新上投资项目时，优先进行环评；在增加公共财政支出时，优先增加环保开支；在建设公共设施时，优先安排环保设施；在进行技术改造时，优先采用环保型技术；在考核发展政绩时，优先考核环保指标。[3]

正是在这个历史背景下，党的十七大报告中提出："建设生态文明，基本形成节约能源资源和保护生态环境的产业结构、增长方式、消费模式。循环经济形成较大规模，可再生能源比重显著上升。主要污染物排放得到有效控制，生态环境质量明显改善。生态文明观念在全社会牢固树立。"[4] 第一次在党的文件中出现"生态文明"概念，这意味着各地相继萌发、认同度越来越高的环境保护理念上升到了"文明形态"的高度，上升到了"国家意志"和"国家行动"的高度。

[1] 刘长明. 生态是生产力之父 —— 兼论生态优先规律[J]. 文史哲,2000（3）: 107-114.
[2] 夏光. "十二五"环境保护规划的理念创新[J]. 中国经济时报,2010-05-19（1）.
[3] 李源潮,高杰. 环保优先是科学发展必然选择[N]. 中国环境报,2007-10-08（2）.
[4] 胡锦涛. 高举中国特色社会主义伟大旗帜 为夺取全面建设小康社会新胜利而奋斗[N]. 人民日报,2007-10-25（1）.

在科学发展观指导下,在党的统一领导下,我国的工业化有了全新的内涵,并正在推动两大转变,由"经济建设为中心"向"经济环境双赢"转变,由"以环境换增长"向"环境保护优先"转变。生态文明要求环境问题进入政治结构、法律体系,使全党纠正片面追求经济增长、不利于长远发展的错误执政理念,树立正确的政绩观;生态文明要求改造传统的物质生产,创造新的物质形式,形成诸如循环经济、绿色产业等新的产业体系;生态文明要求在认识领域摒弃人类中心主义的思想,树立尊重自然、保护环境的意识,加大环境教育的力度,讲求环境伦理和生态道德;生态文明以人与自然和谐相处、人与他类物种权利平等为行为准则,建立健全能保障自然生态健康生长、环境资源有序利用的社会机制,实现经济、社会的自然环境的可持续发展,真正达到"人与自然协调发展"的境界。

二、生态文明建设的具体内容和重点领域

中共十八大后,党中央抓住重要战略机遇期,把中国推入了新的发展阶段。在新的历史起点上,我们党坚持以人为本、全面协调可持续的科学发展观,把加快建设生态文明纳入中国特色社会主义事业总体布局,使总体布局从胡耀邦1982年9月1日在党的十二大报告中提出的作为"建设社会主义的一个战略方针问题"的努力"建设高度的社会主义精神文明"和"建设高度物质文明"相结合的"二位一体",发展到十八大提出的"经济建设、政治建设、文化建设、社会建设、生态文明建设"相统一的"五位一体"。十八大报告的第八部分用一整个部分的篇幅论述"大力推进生态文明建设"的主题,把建设社会主义生态文明提到"是关系人民福祉、关乎民族未来的长远大计"的高度,指出,面对资源约束趋紧、环境污染严重、土地承载能力下降、生态系统退化的严峻形势,全体国民都必须树立"尊重自然、顺应自然、保护自然"的生态文明理念,"努力建设美丽中国,实现中华民族永续发展",跨越工业文明走向社会主义生态文明新时代。生态文明从原来的着重于经济领域上升到"五位一体"的高度,生态文明从原来的

观念领域上升到实践操作领域的宽度。十八大审议通过《中国共产党章程(修正案)》,将"中国共产党领导人民建设社会主义生态文明"写入党章,作为党的行动纲领,同时提出了生态文明建设的现实路径和五大具体任务。

1. 转 —— 转变经济发展方式

使我们的经济增长方式从粗放型向集约型、从外延扩张型向内涵开发型、从资源配置型向资源再生型转变,从主要靠资源、产品、资产和资本运营来推动增长向主要靠知识、理念、思想运营推动增长的方式转变;坚持节约资源和保护环境的基本国策,形成节约资源和保护环境的生产方式和生活方式、产业结构和空间格局,构建"资源节约型""环境友好型"的"两型社会";着力推进以"绿色发展、循环发展、低碳发展"为形式的"三大发展",贯彻以"节约优先、保护优先、自然恢复为主"为内容的"三个方针";开展源头治理,从根本上扭转生态环境恶化的趋势,为人民创设一个优美的良好的生产生活环境,立足本国的生态安全,进而为全球生态安全做出贡献。

2. 优 —— 优化国土空间开发格局

在全面考虑全国各省市、各区域的区位特征、自然生态群落分布、环境容量和水土资源承载能力、现有经济结构和开发密度、人口集聚状况和参与国内国际分工的程度等因素基础上,调整空间结构,控制开发强度,按开发方式分为禁止开发区域、限制开发区域、重点开发区域和优化开发区域,在保持原有国土空间多种功能的基础上突出其主体功能,实现差异化发展,形成以"七区二十三带"为主体的农业发展战略格局、"两横三纵"为主体的城市化发展战略格局、"两屏三带"为主体的生态安全战略格局。按照生活空间宜居适度、生产空间集约高效、生态空间山清水秀的总体要求,减少工业用地,增加生活用地和居住用地,保护耕地、菜地、园地等农业空间,给自然生态留出更多生长空间,使生产、生活、生态空间的结构布局合理。推动各地区按照主体功能定位有序发展,促进生产空间集约高效,给自然生态留下更多修复空间。2013年12月,习近平在中央城镇化工作会议上的讲话中特别提到,自然空间是有限的,建设空间大了生产空间就会减少,绿色空间就会减少,要根据区域自然条件,科学设置开发强度,城市规划建设要考虑对自然的影响,保护好能涵养水源的林地、草地、湖泊、湿地,以更好地融入自然系统,要更多地建设有自然积存、自然渗透、自然净化能力的"海绵城市",以保持自然系统的自我循环和自我净化能力。[1]

3. 节 —— 全面促进资源节约

节约就是控制无尽占有的贪欲,有节制地根据自身的需要和自然的多少去获取。节约资源是保护生态环境的重要策略之一,目的是反对铺张浪费的恶习,推动资源利用方式的根本转变。资源是人与自然物质能量交换的来源和社会生产加工改造的对象,资源的丰富程度决定了发展的承载力和持续力,节约资源是通过科技创新和技术进步,通过内部整合和精细管理,挖掘提高资源利用效率,大幅降低石油、煤炭、能源、土地、水等资源消耗速度和强度,能够用更少的资源消耗生产相同数量或更多的产品,创造更多更高的价值。按照减量化、再利用、资源化原则,实行物品的资源化回收、再循环利用,发展循环经济是节约资源的有效形式和重要途径。

4. 保 —— 加大自然生态系统和环境保护力度

当今世界,实际上是人类社会系统和自然生态系统耦合成的一个动态大系统,人类社会系统寄居于自然生态系统中,后者的健康和续存,影响着前者的存在和命运。在人类活动范围相对有限的自然经济时代,还有大量未受人类干扰、人迹未至的自在自然,而在科学技术武装起来的人类的强力作用下,未受人类干扰的生态系统已经少之又少。人类的活动使自然生态系统发生了许多改变,如冰川融化、冻土融化、气候异常、海平面升高、中高纬植物生长季节延长、动植物分布范围向南北极区和高海拔区延伸、动植物数量减少、物种灭绝速度加快、厄尔尼诺现象、暴雨洪水、酷热严寒、干旱、沙尘暴等发生频率和强度在增加,反过来使人类生存环境变差,削弱自然生态系统的自我维持和自我调节能力,破坏长期以来形成的生态系统的相对稳定性。所以要树立"保护第一"的思想,加

---

[1] 中央城镇化工作会议在北京举行[N]. 人民日报,2013 –12 –15(1).

强防灾减灾体系建设,推进石漠化、荒漠化、水土流失综合治理,实施重大生态修复工程。我国在"保"字上下了大功夫,自 1956 年新中国建立第一个自然保护区——鼎湖山自然保护区至今,近 70 年过去了,全国有约 89% 的国家重点野生动植物保护种类,有超过 90% 的陆地自然生态系统类型,大多数重要和重点的自然遗迹在自然保护区内得到妥善保护,部分珍稀濒危物种种群已在逐步恢复。环境保护部、中国科学院联合发布的《中国生物物种名录(2018 版)》中记录物种从 4.9 万种增加到近 9.8 万种。初步形成布局基本合理、功能相对完善、类型比较齐全的体系,为保护生物多样性、筑牢生态安全屏障、维护生态系统安全稳定和改善生态环境质量做出重要贡献。"十三五"规划纲要明确要求"强化自然保护区建设和管理,加大典型生态系统、物种、基因和景观多样性保护力度",务必把"保"落到实处。

5. 建 —— 加强生态文明制度建设

没有规矩无以成方圆,没有制度的制定、完善和执行,就没有生态文明建设实践的发展和完成。制度建设能为生态文明建设提供监督、约束和规范的力量。社会行为很大程度上是制度安排的结果,保护生态环境必须依靠完善的体制机制来激励和约束人们的行为。十八大提出把反映资源节约、环境友好情况,反映节能减排约束性指标的完成情况,反映突出环境问题解决情况,反映生态环境和资源状况,反映公众参与环保和社会满意度情况的各项指标均纳入经济社会发展评价体系,建立体现生态文明要求的目标方向、考核办法、奖惩机制。提出要完善水资源管理制度、国土空间开发保护制度,严守 18 亿亩耕地保护红线,建立最严格的节约用地和耕地保护制度。提出深化资源性产品价格改革,建立既能反映环境品质、资源稀缺和市场供求状况,又能体现代际补偿和生态价值的资源有偿使用制度。提出建立以经济调节为主要手段,又能合理体现同一个生态系统范围内的对环境可能产生影响的生产经营者、开发利用者之间利益关系的生态补偿制度。提出加强环境监测监管监督,健全环境损害赔偿制度、环境违规惩罚制度和生态环境保护责任追究制度等,推动形成人与自然和谐发展的现代化建设新格局。

生态文明从无目标到有目标、从"缺位"到"有位"、从"低位"到"高位",最终成为贯穿中国特色社会主义政治、经济、文化、社会建设"五位一体"的总体部署的主线。生态文明是科学发展观的重要组成部分,是中国共产党对国际社会的"绿色宣言"和对国民的庄严承诺。生态文明体现了人与自然、人与人之间的共生共荣、互惠互利,促进着经济增长与人口、环境、资源的协调统一。

三、"美丽中国"是创造美好生活的切入点

"美丽中国"首次作为执政理念写入十八大报告,首次作为重要内容纳入我国国民经济"十三五"规划。作为全心全意为人民服务的政党,人民对美好生活的向往,就是我们的奋斗目标。"美丽"从个体修养角度可以理解为我们以前常说的形象美和心灵美,从国家职能角度则可以分为物质美和精神美两个层面,这里着重的是基础的物质和环境层面。将以创造优美的生态环境、优美的居住环境、优美的工作环境为切入口,让生活在其中的人们能感到身心愉悦。建设"美丽中国"就是建设天蓝水净地绿的"美丽家园"和"美丽环境",生态环境越来越好、生态环境质量实现根本好转是美丽中国目标的基本内容。经过十余载的生态文明建设,现在全国生态系统格局总体稳定,大气和水环境质量局部有所改善,土壤环境恶化势头得到遏制,人民群众深切感受到生态环境质量的积极变化。

1.水、气、土治理初见成效

2017年,全国深入实施《水污染防治行动计划》,有93%的省级及以上工业集聚区建成污水集中处理设施,97.7%的地级及以上城市集中式饮用水水源完成保护区标志设置,地表水优良水质断面比例在提升。大江大河干流水质稳步改善,Ⅰ类至Ⅲ类水体在全部水体中的占比上升至67.9%,劣Ⅴ类水体的占比

则下降至 8.3%。2017 年,《大气污染防治行动计划》中空气质量改善的重点工作和目标任务全面完成,京津冀区域细颗粒物(PM$_{2.5}$)平均浓度比 2013 年下降39.6%,长三角区域下降 34.3%,珠三角区域下降 27.7%。全国清理整治涉气"散、乱、污"企业共 6.2 万家,完成以气、以电代煤的年度工作任务。2017 年,加强了土壤污染防治,开展土壤污染防治法立法工作,印发《农用地土壤环境管理办法(试行)》,部署应用全国污染地块土壤环境管理信息系统,对已关闭和搬迁的重点行业企业用地再开发利用情况开展专项检查,江苏、河南、湖南启动耕地土壤环境质量类别划分试点,106 个产粮油大县制定土壤环境保护工作方案。

2.全域生态环境质量逐步改善

2016 年,全国 2591 个县域中,生态环境质量为优的有 534 个,良的有 924个,一般的有 766 个,较差的有 341 个,差的有 26 个。"优"和"良"的县域面积占国土面积的 42.0%,主要分布在东北大小兴安岭和长白山地区及秦岭 – 淮河以南地区;"较差"和"差"的县域占 33.5%,主要分布在西藏西部和新疆大部、内蒙古西部和甘肃中西部。2017 年,基于卫星遥感监测、环境质量监测,综合生态环境保护管理评价,80.9% 的县域环境状况保持基本稳定。截至 2017 年底,全国建成不同级别、各种类型的自然保护区 2750 个,国家湿地公园 898 处,经联合国教科文组织批准的世界地质公园 35 处,被联合国教科文组织列入《世界遗产名录》的国家级风景名胜区有 42 处,省级有 10 处;我国有森林、竹林、灌丛、草甸、荒漠等各种类型的地球陆地生态系统,有沼泽湿地、河滨湿地、湖泊湿地和近海海岸湿地等自然湿地和淡水生态系统,有黄海、东海、南海和黑潮流域 4个近海海域大海洋生态系统,还有由城市生态系统、农田生态系统、人工草地林地湿地生态系统等组成的人工生态系统。启动实施生物多样性保护重大工程,建立 440 余个生物多样性观测样区,对珍稀濒危、极小种群野生动植物开展野外救护和人工繁殖,生物多样性得到保护。

3.生态保护管理制度逐步落实完善

党的十九大报告中第九部分专题论述"加快生态文明体制改革,建设美丽中国"。体制是管理制度、管理机构、管理形式和管理规范的结合体或统一体。继中共中央、国务院 2015 年出台《关于加快推进生态文明建设的意见》《生态文明体制改革总体方案》等重要文件后,2017 年,为落实习近平关于"共抓大保护,不搞大开发"要求,中央全面深化改革领导小组审议通过了按流域设置环境监管和行政执法机构、设置跨地区环保机构试点方案,印发《长江经济带生态环境保护规划》,完成京津冀、长三角、珠三角区域战略环评。中共中央办公厅、国务院办公厅印发《生态环境损害赔偿制度改革方案》和《关于划定并严守生态保护红线的若干意见》,京津冀、长江经济带和宁夏等 15 个省(区、市)生态区域保护红线划定方案得到国务院批准。印发《关于深化环境监测改革提高环境监测数据质量的意见》,对人为干扰破坏环境监测活动的人员和行为予以严肃查处,全面实施"采测"分离,实现监测数据全国互联共享。建成全国排污许可证管理信息平台,基本完成火电、纺织印染、造纸、电镀、金属冶炼等 15 个行业的许可证核发。印发《"三线一单"编制技术指南(试行)》,对连云港、济南、承德、鄂尔多斯等 4 个城市开展生态保护红线、资源利用上线、环境质量底线和环境准入负面清单,即"三线一单"试点。实施重点生态功能区产业准入负面清单制度,完善主体功能区规划体系及配套政策,建立资源环境承载能力监测预警长效机制。积极应对气候变化,统筹推进低碳发展试点示范,顺利启动全国碳排放交易体系,首次将全国碳强度下降率纳入国民经济和社会发展统计公报,强化地方控制温室气体排放的责任,首次将各省(区、市)碳强度下降率纳入绿色发展评价指数。实施能效、水效领跑者制度,建立健全能源消耗总量和强度"双控"目标责任评价考核制度。国家发展改革委员会、国家统计局、环境保护部和中共中央组织部于 2017 年 12 月 26 日联合公布《2016 年生态文明建设年度评价结果公报》,这是中国首次公布绿色发展指数,首次开展生态文明建设年度评价工作,对树立科学发展观、正确政绩观具有重要的导向作用,对改进和完善经济社会发展评价体系具有探索价值。《环境保护税法》是我国第一部推进生态文明建设的单行税法,该税种于 2018 年 1 月 1 日起开征。排污费改为环境保护税后,征收部门由原来的环保部门改为税务机关,在税收征管方面实行"企业申报、税务征收、环保监测、信息共享"的税收征管模式。费改税后,征收会更加规范,企业的纳税自觉性会增强,税法遵从意愿大幅提升。

4. 以美丽乡村建设扮靓美丽中国

2003 年 6 月,习近平在浙江工作期间,在浙江省实施了"千村整治、万村示范"工程,开启了以改善农业生产条件、提高农民生活质量、改变农村生态环境为重点的村庄整治建设大行动。近 20 年来,浙江省一任接着一任干,久久为功,从美丽生态、美丽经济到美好生活,完成了"三美融合",多样化打造出各具特色的现代版"富春山居图",带动浙江乡村人居环境整体提高,造就了大量率先振兴的"全面小康建设示范村"。纽约时间 2018 年 9 月 26 日,联合国把最高环境荣誉——"地球卫士奖"中的"激励与行动奖"授予浙江省"千村示范、万村整治"工程,肯定了这项工程取得的成绩。现在美丽乡村建设推向全国,2017 年,全国完成 2.8 万个村庄环境整治任务,农村生活垃圾得到处理的行政村比例达 74%,脏乱差现象得到根本改观。在 96 个畜牧家禽养殖大县整县整乡推进畜禽粪污资源化利用,化肥使用量提前三年实现零增长,农药使用量连续三年实现负增长,农业生产中的面源污染、点源污染得到了有效控制。农村公共文化服务体系得到构建,农村文化生活发展繁荣,优质文化产品和服务供给力度加大,乡土文化和农耕文明的保护意识提高,农民的生活正"美丽"起来。[1]

四、"和谐共生"是人与自然新型关系的重建

十九大报告首次提出的习近平新时代中国特色社会主义思想是全党全国人民为实现中华民族伟大复兴而奋斗的行动指南,作为其中主要内容的十四条基本方略的第九条是"坚持人与自然和谐共生"。

---

[1] 国家生态环境部 .2017 年中国生态环境状况公报［N］. 生态环境部官网 http：//www.mee.gov.cn/hjzl/zghjzkgb/lnzghjzkgb/201805/P020180531534645032372.pdf

第一,"坚持人与自然和谐共生"命题是对工业文明内在缺陷的反思。工业文明相对原始文明和农业文明而言是一种历史进步,它大大提高了劳动生产力,创造了比以往高得多的物质财富和精神财富,但工业文明有其与生俱来的缺陷,主要表现在:在生产和消费上,它是线性的单向度的生产,是"资源 — 产品 — 废弃物"的单向直线过程,产品的生产越多,消耗的资源越多,消费后产生的废弃物就越多,结果是大量索取生产资料而耗竭了自然资源,生产过程和废弃物品污染了周边环境,资源综合利用效率低、废品回收利用机会少;在价值观上,认为人是自然界的主宰,丧失了对人赖以生存的自然的敬畏,否定自然界的内在价值,剥夺了同样在自然中生存的其他生命体的生存条件和权利,创造出单一的物质繁荣,使人在舒适的物质生活中丧失了思想的自由和理性的批判力;在认识上主张主客二分,把物质和意识、主体和客体割裂开,对立起来,提出"人是万物的尺度""我思故我在""人为自然立法",虽然这些命题高度赞扬了人的主体性,表征了主体的能动性,在一定限度和范围内有其合理性,但由此走向征服自然、漠视规律之路,把自然视为随意摆弄的对象,让自然屈从人的需要,必然会受到自然的惩罚。和谐共生思想是对主客二分的反思,生态文明是超越传统工业文明的高级社会阶段和新型文明形态。

第二,"坚持人与自然和谐共生"命题是对马克思人与自然思想的继承。马克思从历史唯物主义角度认识到,所谓人类历史的第一前提就是有生命的人类个体的存在,第一个简单事实是人们必须首先满足衣食住行等基本生理需要,才能从事政治、哲学、科学、宗教等精神创造活动,因此,人类历史"第一个需要确定的具体事实就是这些个人的肉体组织,以及受肉体组织制约的他们与自然界的关系"[1]。人的身体来自自然,是自然界的一个组成部分。人要生存必须通过劳动获取生产资料、生活资料,但这种获取必须是在自然能承受的范围之内,无节制地砍伐森林、开荒种地,自然都用自己的方法惩罚了人类。当自然环境优越时,人们可以比较容易地生存,当自然环境严酷时,则要付出更大的代价,

[1] 马克思,恩格斯.马克思恩格斯选集(第1卷)[M].北京:人民出版社,1985:24.

所以,我们要敬畏自然、保护自然、尊重自然、遵循生态规律、维持生态系统的多样性,在人与自然的和谐统一中实现人的自由全面发展。马克思主义关于人与自然和谐的思想为中国社会主义生态文明建设提供了理论指导。

第三,"坚持人与自然和谐共生"命题是人与自然关系在新时代的重构。在领导中国人民全面建成小康社会的征程中,习近平深刻地体会到,人与自然是生命共同体,人类只有顺应自然运行、遵循自然规律、主动保护自然,才能防止因为伤害了大自然而危及人类自身的安全,防止在开发利用自然时遭损失、走弯路。我们要满足的需要,既有通过创造更多的物质财富和精神财富以满足人们对幸福美好生活的追求,也有提供更多优质生态产品以满足人们对优美休闲生态环境的需要。我们要建设的中国特色社会主义现代化是包含富强、民主、文明、和谐、美丽五方面在内的现代化,是人与自然和谐共生的现代化。我们要像对待生命一样对待生态环境,把生态文明建设提升到战略高度,纳入社会主义现代化建设"五位一体"的总体布局之中,形成绿色发展方式和生活方式,实行最严格的生态环境保护制度,统筹山水林田湖草系统治理,还自然以宁静、和谐、美丽。中国会承担并履行好作为发展中大国的国际责任,加强与世界各国政府、国际组织在环境治理领域的交流合作,继续深度参与环境国际公约谈判、落实减排承诺,推动生态文明理念走向国际,为保障国家环境安全、解决全球性环境问题、构建人类命运共同体提供中国智慧和中国方案。

第二章

中国社会主义生态文明智慧的历史传承

中华民族向来热爱、尊重、敬畏自然，源远流长的中华文明孕育和积淀了丰富的生态智慧和生态文化。中国传统的儒佛道文化中包含着丰富的环境思想和生态智慧，其中的"天人合一""和实生物""民胞物与""自然无为"等许多命题对当今世界仍然具有启发意义。中国传统环境思想是以农业文明为基础、以农耕生活为背景，较少提及人应该认识自然、积极回应自然和改造自然，更多的是要求人们去顺应自然、服从自然；以日常生活为目的、以感性直观为出发点，对一些问题的解释充满着通俗易解、简洁朴素的生活智慧，却缺少科学的、理论的分析，缺少例证的说明和逻辑的思辨。一个民族传统的思想理念归根到底会在民族日常生活和生产活动中体现出来，生态智慧更是如此。

第一节　仁成即物成的儒家生态思想

儒家认为，天道是人道的基础，人道以天道为规范，其本质即"仁"。《易经·贲卦·象辞》指出："刚柔交错，天文也；文明以止，人文也。观乎天文以察时变，观乎人文以化成天下。"为人者当观天道以察人道，以天道指导人世的行为，方为合理的生存方式。这种"天人合一"的思维范式主导着哲学家们的思维世界。就儒家而言，《中庸》一文开篇就讲："天命之谓性，率性之谓道，修道之谓教。"该篇作者认为，上天所赋予人的自然禀赋叫作"性"，率性而为就是"道"，按照"道"的原则修养就是"教"。孟子讲："尽其心者，知其性也；知其性，则知天矣。"[1] 在他看来，人与天的合一，一方面是由天下贯到人，另一方面是由人而及天，正所谓"尽心知性知天"和"万物皆备于我矣。反身而诚，乐莫大焉。强恕而行，求仁莫近焉。"[2] 人与万物本来就是一体而无隔，万物都在主体的关照之中，这便是"万物皆备于我"。由此可以推之，在天人合一的世界中，人与自身、人与他人、人与社会、人与国家，乃至人与天地万物都是和谐共处的，每一个达到此境界的人都具备崇高的生态文明思想和生态实践。

那么，人体察天道，把握天道，贯穿天人的途径是什么呢？在儒家看来，"天命""性""仁"等范畴都至关重要，尤其是"仁"，被看成是贯穿天人的中介。从孔子开始，"仁"就是儒家哲学中最为核心的一个概念，有学者将儒家哲学直接定义为"仁道哲学"，即儒家哲学之本为"仁"。这样的观点有其合理之处，我们从历代儒家学者对"仁"的态度来看，不管是作为儒家创始人的孔孟还是作为宋明新儒家代表的程朱陆王，都将"仁"作为最高的道德准则，是人安身立命、修齐治平的宗旨和根本，是学者"下学而上达"的基础，是儒家之所以为儒家的集中体现。可以说，整个儒家的生态哲学也是围绕"仁"而展开的。

在儒家看来，"仁"虽然为个体与生俱来的善端，但只有在行为主体自发、自觉的扩充过程中，才能不断得以弘扬与彰显，而且在这一扩充的过程中还具有先后缓急之别，具有不同的次第。孟子曰："知者无不知也，当务之为急；仁者无不爱也，急亲贤之为务。尧、舜之知而不遍物，急先务也；尧、舜之仁不遍爱人，急亲贤也。"[3] 由此可见，强调等差之爱的儒家要求个体在"仁"的践行过程中要

[1] 《孟子·尽心上》。
[2] 《孟子·尽心上》。
[3] 《孟子·尽心上》。

注意先后缓急之别，主张由近及远，由内而外。正如孟子所言："仁者以其所爱及其所不爱，不仁者以其所不爱及其所爱。"[1]仁者与不仁者的区别在于，仁者是爱屋及乌，走的是一条通过爱己、爱亲、爱家，乃至爱国、爱天下的推广之路。具体而言如下。

一、普通个体：人能成"仁"，故能泛爱物

"仁"作为儒家哲学中体察天道、贯通天人的核心，是个体修行的基础和根本，为此，个体只有在仁爱之心的指引下，丰富仁爱的品质，在事上多多磨炼，才有可能在不断实践的过程中超越小我，成就大我，进而把握天道。孟子作为儒家性善论的首创者，他通过人天生具有仁、义、礼、智四端来论证人性本善，指出仁爱是人天生的本性，而且强调恶是人性的丧失。他说："恻隐之心，仁之端也；羞恶之心，义之端也；辞让之心，礼之端也；是非之心，智之端也。人之有是四端也，犹其有四体也。"[2]孟子还说："人之所以异于禽兽者几希，庶民去之，君子存之。舜明于庶物，察于人伦，由仁义行，非行仁义也。"[3]在他看来，人与禽兽之间最本质的区别即在于是否有"仁爱之心"。孟子一方面通过性善论的提出赋予个体为仁行善的原动力；另一方面，他还通过人禽之辩，赋予个体道德羞耻感，促使个体自觉地以仁义为指导，端正自身行为。在这二者的双重影响下，开启个体的成仁之路。

在儒家看来，个体成仁之路上所要具备的第一条品质就是"自爱"。在《论语》中记载有："颜渊入，子曰：'回！知者若何？仁者若何？'颜渊对曰：'知者自知，仁者自爱。'子曰：'可谓明君子矣。'"[4]在儒家看来，明智的人有自知之明，仁德的人能自尊自爱，并通过"自爱"而能"自觉成仁"。由此可见，仁者天然表

---

[1]《孟子·尽心下》。
[2]《孟子·公孙丑上》。
[3]《孟子·离娄下》。
[4]《荀子·子道》。

现出"爱"的品格和对"恶"的排斥，正如孔子所言："苟志于仁矣，无恶也。"[1] 个体一旦脱离了这种品格，其行为就会缺乏约束，而不得长久的安乐。子曰："不仁者不可以久处约，不可以长处乐。仁者安仁，知者利仁。"[2]

既然具体的个人能"自爱"（自觉成仁），那么，他对所有的事物都应该是实行"仁"道的，即不但对人行"仁"道，对天地万物也要行"仁"道。孔子说："仁者人也，亲亲为大。"[3] 即仁者要将"亲亲"放在首要的位置，具体表现为对父母要尽孝，对兄长要有义。不仅如此，"仁"者还应将"亲亲"的情感传递到对万物的爱，呈现出对万物的爱惜之情，如《论语·述而》载，孔子"钓而不纲，弋不射宿"。又据《礼记·祭义》载，曾子曰："树木以时伐焉，禽兽以时杀焉。"孔子曰："断一树，杀一兽，不以其时，非孝也。"在孔子看来，万事万物都有其自身的生长规律，尊重规律不仅仅是保护动植物，更是人间"孝道"的一种体现，是内在仁爱之心的彰显。相反，违背规律，滥砍滥伐之人即为"不孝"。另据《孔子家语·曲礼·子夏问》记载："孔子之守狗死，谓子贡曰：'路马死则藏之以帷，狗则藏之以盖。汝往埋之。吾闻弊帷不弃，为埋马也；弊盖不弃，为埋狗也。今吾贫，无盖。于其封也，与之席，无使其首陷于土焉。'"由此可见，孔子做到了知行合一。

孔子还进一步提出了"己欲立而立人，己欲达而达人"，"己所不欲，勿施于人"的原则，以温、良、恭、俭、让，恭、宽、信、敏、惠等原则处理好人与社会之间的关系。他还主张："四海之内，皆兄弟也。"[4]"泛爱众，而亲仁。"[5] 将四海之内的人都当成自己的兄弟，而且要爱护广大民众。从社会层面推广至治国安邦层面时，儒家认为："古之为政，爱人为大；不能爱人，不能有其身；不能有其身，不能安土；不能安土，不能乐天；不能乐天，不能成身。"[6] 儒家把"爱人"放在为政的第一位，因为"爱人"关乎"有身""安土""乐天""成身"等一系列问题。所以，

[1] 《论语·里仁》。
[2] 《论语·里仁》。
[3] 《礼记·中庸》。
[4] 《论语·颜渊》。
[5] 《论语·学而》。
[6] 《礼记·哀公问》。

孔子要求统治者"道千乘之国,敬事而信,节用而爱人,使民以时。"[1]另据《大戴礼记·卫将军文子》载:"齐人高柴'开蛰不杀,方长不折',孔子曰:'开蛰不杀则天道也,方长不折则恕也,恕则仁也。'"可见,儒家特别强调时令,把惜生、不随意杀生的"时禁"与其所主张的孝、恕、仁、天道等道德理念紧密关联,将个体对自然的态度纳入人性的框架之中进行审视,这也就是儒家的成贤成圣之道所在。为此,"子贡曰:'如有博施于民而能济众,何如? 可谓仁乎?'子曰:'何事于仁! 必也圣乎? 尧、舜其犹病诸! 夫仁者,己欲立而立人,己欲达而达人。能近取譬,可谓仁之方也已。'"[2]

二、统治阶级:"仁民"必扩延为"爱物"

在儒家哲学中,如果说自爱是个体修身的前提,亲亲是个体齐家的基础,那么仁民就是个体治国的保障。那么,统治者怎样才能治理好国家呢? 治国的原则仍然是"仁",表现为爱人,而且要做到"泛爱众",即要爱万事万物。

在儒家看来,"仁民"的品格可以在对人与对物之间相互转化,如《孟子》中就记载有这样一个故事:

曰:"臣闻之胡龁曰:'王坐于堂上,有牵牛而过堂下者。王见之,曰:"牛何之?"对曰:"将以衅钟。"王曰:"舍之! 吾不忍其觳觫,若无罪而就死地。"对曰:"然则废衅钟与?"曰:'何可废也? 以羊易之。'不识有诸?"

曰:"有之。"

曰:"是心足以王矣。百姓皆以王为爱也,臣固知王之不忍也。"

王曰:"然,诚有百姓者。齐国虽褊小,吾何爱一牛? 即不忍其觳觫,若无罪而就死地,故以羊易之也。"

---

[1] 《论语·学而》。
[2] 《论语·雍也》。

曰：“王无异于百姓之以王为爱也。以小易大，彼恶知之？王若隐其无罪而就死地，则牛羊何择焉？”

王笑曰：“是诚何心哉？我非爱其财而易之以羊也，宜乎百姓之谓我爱也。”

曰：“无伤也，是乃仁术也，见牛未见羊也。君子之于禽兽也：见其生，不忍见其死；闻其声，不忍食其肉。是以君子远庖厨也。”[1]

齐宣王看见被赶去祭祀之牛可怜兮兮的样子就动了恻隐之心，下令“以羊易之”。孟子由此看到了齐宣王并不是因为吝啬，而是因为其仁爱之心的发显，所以孟子说有道德的人看见活着的飞禽走兽，便不忍心看它们死，听到它们哀鸣的声音，便不忍心吃它们的肉。孟子进一步指出，如果君王能够将此仁爱之心推及百姓，那么何愁国家得不到很好的治理呢？因此他发问道：“今恩足以及禽兽，而功不至于百姓者，独何与？”显然，孟子此番言论的着力点仍然是在治国的层面上。譬如他在阐述其仁政思想时说：“不违农时，谷不可胜食也。数罟不入洿池，鱼鳖不可胜食也。斧斤以时入山林，材木不可胜用也。谷与鱼鳖不可胜食，材木不可胜用，是使民养生丧死无憾也。养生丧死无憾，王道之始也。”[2]

同理，儒家也主张必须将“仁民之心”推广到爱物。《孟子·尽心上》指出：“君子之于物也，爱之而弗仁；于民也，仁之而弗亲。亲亲而仁民，仁民而爱物。”汉赵岐对“仁民而爱物”注曰：“先亲其亲戚，然后仁民，仁民然后爱物，用恩之次者也。”董仲舒认为：“质于爱民，以下至于鸟兽昆虫莫不爱，不爱，奚足以为仁？”[3]强调“爱物”这样的记载在儒家典籍中可谓比比皆是。如“命祀山林川泽，牺牲毋用牝。禁止伐木，毋覆巢，毋杀孩虫、胎夭飞鸟，毋麛毋卵”[4]“天子不合围，诸侯不掩群……獭祭鱼，然后虞人入泽梁，豺祭兽，然后田猎，鸠化为鹰，然后设罻罗，草木零落，然后入山林。昆虫未蛰，不以火田，不麑，不卵，不杀胎，不殀夭，

---

[1]《孟子·梁惠王上》。
[2]《孟子·梁惠王上》。
[3]《春秋繁露·仁义法》。
[4]《礼记·月令》。

不覆巢"[1]。西汉贾谊撰《新书》中指出："礼,圣王之于禽兽也,见其生不忍见其死,闻其声不尝其肉,隐弗忍也。故远庖厨,仁之至也。不合围,不掩群,不射宿,不涸泽。豺不祭兽,不田猎;獭不祭鱼,不设网罟;鹰隼不鸷,睢而不逮,不出植罗;草木不零落,斧斤不入山林;昆虫不蛰,不以火田;不麛,不卵,不刳胎,不殀夭,鱼肉不入庙门,鸟兽不成毫毛,不登庖厨。取之有时,用之有节,则物蓄多。"

通过上述的分析我们可以得知,儒家在探讨生态时更多的是从现实利益考虑,为了满足个体生存的物质之需,因而表现出爱惜万物之情。在治国之道、发展农业生产中虽蕴含着"取之有时""用之有节"的思想,但爱护生态并非其首要之意。然而,儒家虽没有从正面强调爱物,但是儒家学者从"仁民爱物"的角度出发,尤其是从治国安邦和个体修身的角度出发,看到了"天时不如地利,地利不如人和"[2]的社会现状,因而主张统治者要以爱人为行政的基础,行仁政,王天下,就能达到"仁者无敌"之境。正是在这一思想的影响之下,儒家从侧面起到了爱护生态和保护自然环境的功效,也就是说,爱物,成了儒家仁民思想中的题中应有之义,是仁民的必要举措,仁民则成了爱物的保障。

三、人类总体:"仁"的本根是万物一体

在儒家哲学中,"内圣外王"是儒者的最终目标,"天人合一"是这一状态下的最终境界。儒家认为人与人之间要将心比心,推己及人;人与物之间要以道比道,推人及物。北宋时期的张载就提出了中国哲学史上非常著名的"民吾同胞,物吾与也"的观点,认为天底下的人都是我的同胞,天底下的万物都是我的朋友。后期儒者基本延续了这一主张,如程子说:"医书言手足痿痹为不仁,此言最善名状。仁者以天地万物为一体,莫非己也。认得为己,何所不至?若不有诸己,自不与己相干。如手足不仁,气已不贯,皆不属己。故'博施济众',乃圣

---

[1]《礼记·王制》。
[2]《孟子·公孙丑下》。

之功用。"[1] 心学的集大成者王阳明也认为："夫圣人之心，以天地万物为一体，其视天下之人，无外内远近，凡有血气，皆其昆弟赤子之亲，莫不欲安全而教养之，以遂其万物一体之念。天下之人心，其始亦非有异于圣人也，特其间于有我之私，隔于物欲之蔽，大者以小，通者以塞，人各有心，至有视其父子兄弟如仇雠者。圣人有忧之，是以推其天地万物一体之仁以教天下，使之皆有以克其私，去其蔽，以复其心体之同然。"[2] 儒家这种贯通天人、视万物为一体的仁者之境超越了人与物的隔阂，真正做到了人与万物和谐相处的模式，不仅是个体修行的最高状态，同时也是治国安邦能达到的理想状态。

通过这些论述我们可以得知，儒家这种由近及远、由内而外的修行次第，正好和《大学》中"修身、齐家、治国、平天下"的步骤相统一。这也说明，儒家的生态哲学是与其成仁思想和治国理念协调一致的，成仁的实现，即是治国安邦理想的实现，也是人与自然万物和谐局面的实现。"仁者与天地万物为一体"所达到的正是一种天人合一的境界，在此境界中，人与自身、人与他人、人与国家、人与天地万物都处于高度的和谐状态之中，儒家的生态思想也在此境界中得到升华和最终完成。

"天人合一""以仁为本""以民为本"和"下学上达"的哲学特质注定了儒家虽不以关注生态为其哲学的中心，但它以对人的关注，尤其是对个体生命境界的关注为重点，从而走上了一条以修身、齐家、治国、平天下为纵轴的政治路线和以自爱、亲亲、仁民、仁政、万物为一体为横轴的生命成长之路和关爱生态之路。对于儒家"仁爱"思想的实质，颜元在其《颜元集·存性编》中有精妙的概括，他说："性之未发则仁，既发则恻隐顺其自然而出。父母则爱之，次有兄弟，又次有夫妻、子孙则爱之，又次有宗族、戚党、乡里、朋友则爱之。其爱兄弟、夫妻、子孙，视父母有别矣，爱宗族、戚党、乡里，视兄弟、夫妻、子孙又有别矣，至于爱百姓又别，爱鸟兽、草木又别矣。此乃天地间自然有此伦类，自然有此仁，自

[1]　王孝鱼点校.二程集（上）［M］.北京：中华书局，1981：15.
[2]　吴光，等编校.王阳明全集（上）［M］.上海：上海古籍出版社，1992：54.

然有此差等,不由人造作,不由人意见。推之义、礼、智,无不皆然,故曰'浑天地间一性善也',故曰'无性外之物也'。但气质偏驳者易流,见妻子可爱,反以爱父母者爱之,父母反不爱焉;见鸟兽、草木可爱,反以爱人者爱之,人反不爱焉;是谓贪营、鄙吝。以至贪所爱而弑父弑君,吝所爱而杀身丧国,皆非其爱之罪,误爱之罪也。又不特不仁而已也;至于爱不获宜而为不义,爱无节文而为无礼,爱昏其明而为不智,皆一误为之也,固非仁之罪也,亦岂恻隐之罪哉?使笃爱于父母,则爱妻子非恶也;使笃爱于人,则爱物非恶也。"

《中庸》说:"中也者,天下之大本也;和也者,天下之达道者也。致中和,天地位,万物育。""中"是天下之根本,"和"为最高的道,是天下普遍的基本准则。只有做到"中和",才能顺天应地,万物才能生生不息,在人与自然的关系上,才能达到"万物皆得其宜,六畜皆得其长,群生皆得其命"的和谐境界。儒家主张在成仁的路上要从自爱出发,通过亲亲,推向仁民,再推向爱物。也就是说,在儒家生态哲学思想中,自爱是爱物的前提,亲亲是爱物的基础,仁民是爱物的保障,仁者与万物为一体则是爱物的最终完成。总之,以儒家为代表的中国传统生态伦理思想,可以为当前我国生态文明建设提供丰富的思想资源和理论基础。

●●

第二节　物成即道成的道家生态思想

道家以"道"为其哲学的最高范畴,"道"既是宇宙万物的本源和本根,又是宇宙的最高法则。老子说:"道生一,一生二,二生三,三生万物,万物负阴而抱阳,冲气以为和。"[1]指出了"道"产生万物的过程,而且这个过程本身是阴阳和合的自然而然的衍化过程。

---

[1]《老子·第四十二章》。

一、道、物之关系

"道"是自然的化生万物，人作为万物中的一类独特的群体，虽有其特殊性，但本身也是万物中的一部分，是"道"自然化生的产物。根据道家"天人合一"的思维模式，人本于道，最终还要回归道。庄子明确指出："无受天损易，无受人益难。无始而非卒也，人与天一也。"[1] 在道家看来，人与万物的"归根""复命"，不仅是常态化的过程，是必要的，而且是现实可能的。老子说："夫物芸芸，各复归其根。归根曰静，是曰复命，复命曰常。"[2] 庄子也认为："万物皆出于机，皆入于机。"[3] 世间万物，不管是人也好，天地也罢，都必须遵从自然之道，主动效法自然。唯其如此，才能达到如庄子所说的"至德之世，同与禽兽居，族与万物并"[4]，才能真正达到"天人合一"的境界，才能实现最终的回归。

值得指出的一点是，道家所谓"人与天一也"，既不是要人合于天（即以人的意志主动改变天，让天服从人意），也不是要以天合于人（即以天的意志来改变人，让人与天相合），而是在各自保持原本差异性的基础上自然而然地合，所以这种融合，是人在自我修为基础上的合。任何破坏自然的"人为"，曲意的迎合，都无法实现真正的"合"。"合"是一个动态的过程，是天与人、物与我相互融合、相互协调的过程。老庄提出的"天地与我并生，万物与我为一"就是达到了"合"的境界下所提出的生命状态，是人与万物相处时最自然、最本真的状态，这成为道家的一种基本理念。为了帮助学道者顺利实现这种"合"，老子强调"物"的重要性，他指出要"人法地，地法天，天法道，道法自然。[5]"就是要学道之人应主动向天地万物学习，懂得任其自然的生存方式，以大道之智慧去观察外物、体认万物、效法万物，在修行中自觉地把"他物"化为"己物"，并在此过程中善于发挥每一物的独特作用，以成就自己的修行。为此，老子还告诫说："善行，无辙迹；善

---

[1]《庄子·山木》。
[2]《老子·第十六章》。
[3]《庄子·至乐》。
[4]《庄子·马蹄》。
[5]《老子·第十六章》。

言，无瑕谪；善数，不用筹策；善闭，无关楗而不可开；善结，无绳约而不可解。是以圣人常善救人，故无弃人；常善救物，故无弃物。是谓袭明。"[1]告诫修道者要自觉放弃"自我"高高在上的主体地位，不仅无"弃人"，更无"弃物"，服从于自然万物，发挥自然万物的价值，最终实现"物""我""道"三者的高度合一。

二、人、物之关系

道学认为，人与道的关系和万物一样，都是源于道并复归于道的。《管子·内业》说："天出其精，地出其形，合此以为人，和乃生，不和不生。"这就是说，人与世间万物都是在自然的大化流行中形成的，人的形体、本性均源于自然，可以说，离开了天地之造化、自然之养育，人就失去了存在的基础。人与万物也都要顺应自然而为，但就人而言，与物相比，因为人的独特性，因为人的有欲，因为人的失道，因为人的无德等，都让顺应自然变得尤为艰难，甚至离"大道"越来越远，成为破坏自然和谐秩序的无道者。为此，道家认为，人在回归大道的路上，要智慧地借"物"的作用，树立正确的人、物关系。

1. 物无贵贱

《庄子·秋水》篇中说："以道观之，物无贵贱。以物观之，自贵而相贱。以俗观之，贵贱不在己。"在道家看来，观物的视角不同，得到的结果也不相同，在诸多的观法当中，唯有以道观物才是最正确的方式，基于以道观物的视角，道家指出万物在具体的形态等方面虽存在显著的差异性，但是其自然本性上是平等的，就万物的道性而言，是本来圆满自足的。这种平等观念在《列子》一书中也有详细的阐发："齐田氏祖于庭，食客千人。中坐有献鱼雁者，田氏视之，乃叹曰：'天之于民厚矣！殖五谷，生鱼鸟，以为之用。'众客和之如响。鲍氏之子年十二，预于次，进曰：'不如君言。天地万物与我并生，类也。类无贵贱，徒以小大智力而相制，迭相食；非相为而生之。人取可食者而食之，岂天本为人生之？

---

[1]《老子·第二十七章》。

且蚊蚋嘬肤，虎狼食肉，非天本为蚊蚋生人、虎狼生肉者哉？'"天地万物与人本是并列而生，是同样的存在者，万物并不是因人而生，也不是为人而生，人与万物之间本就没有高低贵贱之分，只是因为人的"有为"和造作强行的违逆自然，让人类成了掠夺者和强盗。人只有改变这种错误的想法，才能进入"道"。

2. 知常曰明

老子说："夫物芸芸，各复归其根。归根曰静，是谓复命。复命曰常，知常曰明。不知常，妄作凶。"[1] 老子认为，"道"作为世间万物的最根本、原始的创生者，是万物所以产生的根源，也是万物所要回归的必然居所，世间存在的万物，从其产生之日起，都不可避免地要走向这条回归之路，这就是"常"。"知常"就是要知"自然"，就是人与万物都要因循自己的本源状态而存在着。因此，"知常"要求人们在面对自然万物的时候首先要做到尊重，即人应当顺从万物之自然本性，尊重万物的差异性，不对自然强加主宰与评论。尤其是修道者，要通达万物的"性命之情"，深知万物存在的多样性与合理性，避免以主观的"成心"观万物，才能达到"明"。正如《庄子·在宥》所言："汝徒处无为，而物自化。堕尔形体，吐尔聪明，伦与物忘，大同乎涬溟。解心释神，莫然无魂。万物云云，各复其根，各复其根而不知。"切不可将人类的"无明"强加于万物的自化过程，而要在万物自化的过程中"知常"，才能"明"。

3. 辅万物之自然而不敢为

在人与物的关系上，道家首先肯定了"物无贵贱"的道性存在，树立起了"知常曰明"的自然之态，同时，在处理人与物的具体实践过程中，提出了"天与人不相胜"[2] 的观点，反对人为地干预与强行改变万物之自然本性。如《庄子·秋水》中指出："牛马四足是谓天；落马首，穿牛鼻，是谓人。""牛马四足"本是物之常情，马不需要套上笼头，牛也不需要穿透鼻子，这本是天性自然，是自由的存在，而人为了自身私利，出现了"落马首，穿牛鼻"的造作，以主观人

---

[1]《老子·第十六章》。
[2]《庄子·山木》。

为的方式强行违背了事物的自然本性。《庄子·马蹄》中还说:"夫马陆居则食草饮水,喜则交颈相靡,怒则分背相踶。马知已此矣!夫加之以衡扼,齐之以月题,而马知介倪阐扼鸷曼诡衔窃辔。故马之知而能至盗者,伯乐之罪也。"《庄子·达生》中也指出:"昔者有鸟止于鲁郊,鲁君说之,为具太牢以飨之,奏九韶以乐之。鸟乃始忧悲眩视,不敢饮食。此之谓以己养养鸟也。若夫以鸟养养鸟者,宜栖之深林,浮之江湖,食之以委蛇,则平陆而已矣。"为此,庄子提出了"无以人灭天"[1]的观点,强调人类在自然面前,应当秉持"不开人之天,而开天之天"[2]的原则,以自然的方式对待自然。老子也特别告诫修道者,要做到"欲不欲,不贵难得之货,学不学,复众人之所过,以辅万物之自然而不敢为"[3]。遵循万物的自然本性而不妄加干预,自觉地扮演自然助手的角色,而不把自己当成自然的主人。只有做到了以上三点,即"物无贵贱""知常曰明""辅万物之自然而不敢为",才能正确处理人、物之关系,才是符合"大道"的规律。这样一来,既爱护了自然万物,实现了生态的文明,同时又有可能真正实现物我的合一、天人的合一。

三、道家生态思想的实践路径

应当指出的是,在道家哲学体系中,并不直接存在着当前所谓的生态思想,然而在道家思想体系中又实实在在地存在着丰富的生态智慧,对后人有深刻的教育和启示意义。只是道家的生态智慧是基于对学习道法之人而言的,并没有普世的价值,要完全按照道家的思维方式和规律来处理人与物的关系,按照道家的生活方式,体会道家的规则来深入实践,而不是仅仅停留在言语的层面上,否则永远也做不到"赞天地之化育""曲成万物""复归于道",道家思想中丰富的生态智慧也只能沦为一纸空文。

---

[1]《庄子·秋水》。
[2]《庄子·达生》。
[3]《老子·第六十四章》。

1.少私寡欲

老子指出,过度的物质享受不仅不利于身心的健康,还会走向其对立面,给人带来意想不到的恶劣影响:"五色令人目盲,五音令人耳聋,五味令人口爽,驰骋畋猎,令人心发狂,难得之货令人行妨。是以圣人,为腹不为目,故去彼取此。"[1]五色、五音、五味等物质享乐在带给人快感的同时,也给人带来负面的影响,如目盲、耳聋、口爽、心狂、行妨等伤害。因此,老子主张采取一种本能的生存方式,提出"去虚就实"的生活模式,即"为腹不为目""去彼取此"。在此基础上,老子提出了"啬"与"俭"的哲学。老子讲:"治人事天莫若啬。"[2]"啬"的本义是收藏,引申为爱而不用,保养珍惜。表示爱惜精力,减少耗费。奚侗曰:"啬以治民,则民不劳;啬以治身,则精不亏。"世人如果能行节俭精神,减少志欲,顺乎自然之性,就能保持内心不驰,外欲不张,故能厚积其德,行于大道。老子还说:"我有三宝持而保之:一曰慈,二曰俭,三曰不敢为天下先。慈,故能勇,俭,故能广,不敢为天下先,故能成器长。"[3]对于老子持"俭"的哲学,王弼认为:"节俭爱费,天下不匮,故能广。"正所谓"俭于物则民安而国家富足,啬于身则精固而长生久视"。由此我们可以看出,老子希望世人在面对功利时以平淡清静之心待之,保持素朴之心,做到"见素抱朴,少私寡欲"[4]。此外,老子不仅主张"寡欲",还提倡"无欲",主张"欲无欲"。对于老子的"无欲"观,世人多有误解,其实,老子并不是决然地否定"欲"和"利",而是否定"贪欲"。判断是否是"贪欲"的标准就在于其是否合乎自然之性。正如有的学者所说:"老子所谓'无欲',并非要彻底灭除人欲。他所谓'无欲',是要人们安于自然赐予的生活,在道家所追求的'小国寡民'的理想社会里,'甘其食,美其服,乐其俗,安其居',而不能在意念上去追求物欲的满足,当然也反对统治者穷奢极欲的生活。"[5]统治者也好,老百姓也好,都要遵守自然至上的法则。正如《庄子》在书中所描述的那样:"鹪

---

[1]　《老子·第十二章》。
[2]　《老子·第五十九章》。
[3]　《老子·第六十七章》。
[4]　《老子·第十九章》。
[5]　沈善洪,王凤贤.伦理思想史(上卷)[M].北京:人民出版社,2005:194.

鹪巢林,不过一枝;偃鼠饮河,不过满腹。"[1] 鹪鹩要筑巢,偃鼠要饮水,这本是自然之需求,但因为这种需求很小,并没有超出欲求之外别的欲望,所以就很容易满足,也不会对环境造成浪费与破坏。这大概就是道家"少私寡欲"与"欲无欲"所描述的状态。

2. 知足之足

老子肯定世间万物的自然诉求,也呼吁统治者治理国家应当像上天一样"损有余而补不足",满足人们的正常利益需要。但是,就人类社会而言,绝大多数人往往会超出自我的自然诉求,转而任由贪欲膨胀,导致现实社会中普遍存在着各种求利之心、争名之心,并在此影响下,造成人世间的种种苦果。为此,老子给世人提出了"知足之足"的哲学。老子说:"持而盈之,不知其已;揣而锐之,不可长保;金玉满堂,莫之能守;富贵而骄,自遗其咎。功成名遂身退,天之道。"[2] 他又说:"祸莫大于不知足,咎莫大于欲得。"人类总是在寻求"好"的结果,对于其行为所带来的后果虽然害怕、忌惮,但因内心存在着的侥幸心理,往往来不及细细思考,在利益的诱惑下,不顾一切。老子则在总结历史经验和天道规律的基础上告诉世人,如果私欲旺盛,骄奢过度,不仅不能保长久,反而会招致祸害,一切的镜花水月只能是一场空。只有退身隐藏于后,柔弱处下,才能合于天道,才能保全自我。

《庄子·胠箧》篇中也指出:"夫弓、弩、毕、弋、机变之知多,则鸟乱于上矣;钩饵、罔罟、罾笱之知多,则鱼乱于水矣;削格、罗落、罝罘之知多,则兽乱于泽矣。"人类用自己的小智慧,生产出诸多器具,一方面帮助人类可以更加简单,也能够更加高效地获取丰富的食物,另一方面如庄子所言"有机械者必有机事,有机事者必有机心","机心存于胸中,则纯白不备;纯白不备,则神生不定;神生不定者,道之所不载也。吾非不知,羞而不为也"[3]。这不仅会扰乱生物的正常繁殖,而且会失道。因此,庄子强调"养形忘利""弃名全生"的观点。他认为,只

[1] 《庄子·逍遥游》。
[2] 《老子·第九章》。
[3] 《庄子·天地》。

有超越了外在的形与名,才有可能体悟大道。他说:"为善无近名,为恶无近刑。缘督以为经,可以保身,可以全生,可以养亲,可以尽年。"[1]老子认为,真正的富裕、强大并不在于外在之物的多少,而在于个体的内心是否知足。他说:"知人者智,自知者明。胜人者有力,自胜者强。知足者富。强行者有志。不失其所者久。死而不亡者,寿。"[2]无私无欲之人,不探求外物,不志在必得,其心满意足,故最为富有。诚如老子向世人所言的那样:"名与身孰亲? 身与货孰多? 得与亡孰病? 是故甚爱必大费,多藏必厚亡。知足不辱,知止不殆,可以长久。"[3]要想保身、全身,就必须从名利与财货的诱惑中超越出来。"知足"方能"不辱",在思想上知足了,行为上知止了,才不会遭遇来自自然的"报复"。这样,人与生态的关系就能"长久",也才能实现人类社会的可持续发展。

3. 圣人不利

在老庄道家的学说中,对每一个问题的探讨其前提必然是源于"道",其归宿必然是归于道,与道合一,成为至人、圣人。因此,道家在有关"物"的看法上,虽提出了"寡欲""知足"等方针,但这都仅仅是由外而内的思维灌输,尚未进入人内在的本心自然之情境。因此,老庄有必要站在"圣人"这一类人当中出类拔萃者的高度上,就圣人是如何对待外在之"物"进行一番阐述。比如,在《庄子·齐物论》中,他指出:"瞿鹊子问乎长梧子曰:'吾闻诸夫子,圣人不从事于务,不就利,不违害,不喜求,不缘道;无谓有谓,有谓无谓,而游乎尘垢之外。夫子以为孟浪之言,而我以为妙道之行也。吾子以为奚若?'长梧子曰:'是黄帝之所听荧也,而丘也何足以知之! 且汝亦大早计,见卵而求时夜,见弹而求鸮炙。'"圣人不去营谋那些世俗的事,不贪图利益,不躲避危害,不喜欢妄求,不拘泥于道,没有说话好像说了,说了话又好像没有说,而心神遨游于世俗世界之外。他还说"啮缺曰:'子不知利害,则至人固不知利害乎?'王倪曰:'至人神矣! 大泽焚而不能热,河汉冱而不能寒,疾雷破山、飘风振海而不能惊。若然者,乘云气,骑

[1] 《庄子·养生主》。
[2] 《老子·第三十三章》。
[3] 《老子·第四十四章》。

日月,而游乎四海之外。死生无变于己,而况利害之端乎!'"[1]在庄子看来,死生的变化都对圣人没有影响,何况利害的观念。当世人还沉迷在物欲的束缚当中时,圣人已经能够超越人类群体的有限性,进入自由的境界,试问,到底哪个才是真正的"利害"呢?

对于世俗之"利",老庄持超越的态度。在老子看来,"利"与"害"是相互依存、相互转化的,重利必遭致灾害,正所谓"甚爱必大费,多藏必厚亡,知足不辱,知止不殆,可以长久"[2],"金玉满堂,莫之能守。富贵而骄,自遗其咎"[3]。在老子看来,唯有知足者方能常乐,方能常保,方能立身长久。人类应当效法道"大道泛兮,其可左右。万物恃之以生而不辞,功成而不名有,衣养万物而不为主。"[4]道创生万物,却没有占有欲,没有自恃己能,不去主宰它们。正是在与物无争的心态中,人才真正达到了逍遥自由,是谓"乘物以游心"[5]。

4.无为不争

老子站在大道的立场上,向世人阐发了这样一个道理,即世间的一切混乱皆源于人与人之间、人与自然万物之间,乃至人与人自身之间的争斗,因此他提出了无为、不争的观点。老子说:"天之道不争而善胜,不言而善应,不召而自来。"[6]不争是天之道,因为天不争却永远高高在上,没有谁能打败它,同时,不争即是无为。老子还从社会层面的角度阐发了无为的重要作用,为"不争而善胜"做解释。他说:"曲则全,枉则直,洼则盈,敝则新,少则得,多则惑。是以圣人抱一为天下式。不自见故明,不自是故彰,不自伐故有功,不自矜故长。夫唯不争,故天下莫能与之争。古之所谓:曲则全者,岂虚言哉!诚全而归之。"[7]陈鼓应先生在《老子注释及评介》中说:"求全之道,莫过于不争。不争之道,莫过于不自见,不自是,不自伐,不自矜。而本章开头所说的曲、枉、洼、敝也都具有不争

---

[1]《庄子·齐物论》。
[2]《老子·第四十四章》。
[3]《老子·第九章》。
[4]《老子·第三十四章》。
[5]《庄子·人间世》。
[6]《老子·第七十三章》。
[7]《老子·第二十二章》。

的内涵。"[1] 现实中的人在探求事物时,往往因为急功近利、目光短浅,只看到事物的表面现象,而忽视更深层次的另一面,导致引起世道混乱,纷争不断。如果能以不争的心态处世,就能达到"天下莫能与之争"的效果。

如果说"不争"是一种境界,"不争"是一种德行的话,那么,如何做到"不争",如何将"不争"之德贯穿到生活的方方面面呢?老子意识到,现实中的每一个个体都是一个"有欲"的存在,因而有必要使个体从"有欲"复归"无欲",以无为用,无为处世。老子说:"三十辐共一毂,当其无,有车之用。埏埴以为器,当其无,有器之用。凿户牖以为室,当其无,有室之用。故有之以为利,无之以为用。"[2] 老子在此章用三个实例说出了有和无之间的关系,即事物存在的意义不仅仅依赖实体的有,"无"正是事物价值的关键,"有"离开了"无"只是一个没有意义的实体存在。"有",给人以方便,而"无"使"有"真正发挥作用,因此,"有"与"无"相辅相成,相互依存。不仅如此,道家主张"不争",而且倡导超越功利的立场来对待自然,主张要自觉弘扬人类内在的仁爱之心。《庄子·天地》有言,"爱人利物之谓仁",号召世人不仅要将内在的仁爱之心施于人类,还要对万物怀有相同的爱的情感。人如果能够因循这种仁爱之心,遵循天道自然本性的原则,过顺乎自然的生活,"以辅万物之自然而弗敢为",以达到对万物"为而不争""利而不害"[3],就接近达到了"无为"的境界,接近"道法自然"的最高法则。

道家以道观万物,不仅看到在自然界的大化流行中,道创生了万物,万物因道而生,同时也看到了道、物、人三者之间本无贵贱的道性存在,而且,道家还指出了万物要复归于道的这一必然。基于这样的认识基础,道家还具体提出了人在回归大道时应该要走的路,即"人法地,地法天,天法道,道法自然"。自然万物的存在不仅不是因人而生,更不是为人的欲求而生,相反,自然万物都是人类的老师,是人类在回归大道的过程中应该效法的对象。为此,人类对自然万物

---

[1]　陈鼓应.老子注释及评介[M].北京:中华书局,1988:156.
[2]　《老子·第十一章》。
[3]　《老子·第八十一章》。

除了要有感恩、爱护、珍惜之情，还要时刻告诫自己要以少私寡欲、知足之足、无为不争的心态，向自然学习，最终实现人与自然同乐（即"天乐"）的境界。至此，人类的行为方能既顺应了自然，又成就了自己，既超脱人世的纷纷扰扰，又实现物我合一、道我合一的逍遥境界，道家的生态保护也就水到渠成地实现了。所以，道家的生态观可以用"物成即道成"来概括。

● ●

第三节 物成即佛成的佛家生态思想

佛教起源于印度，以三学、四谛、八正道、十二因等为基本理论基础，于东汉时期传入我国。随着南北朝时期大规模译经运动的兴起和早期格义佛教运动的共同催化，尤其是在封建帝王的信仰与推动之下，佛教思想迅速成为中国人的主流意识形态，所传播的缘起理论、因果报应学说、平等观念等也逐渐为中国人所接受，影响了一代又一代中国人的思维方式和生活习惯。在对待人与自然万物关系时，佛教呈现出极大的慈悲性和圆融性特征，体现了丰富的生态思想智慧。

一、佛教生态思想的理论基础

1.缘起性空的思维方式

"缘起论"被认为是整个佛法的理论基石，在谈到佛教的生态思想时，我们自然也少不了对缘起论进行分析。《杂阿含经》中说："此有故彼有，此生故彼生…… 此无故彼无，此灭故彼灭。"在原始佛教看来，宇宙间存在的万事万物，无不处于各种因缘交错的关系网之中，一个事物的存在总是依赖于与之相关联的别的事物的存在，一个事物的消亡也总是因为与之相关的别的事物的消亡，任何一个事物都不可能完全独立地存在。这种种的相互依赖的关系，就是佛教所讲的因缘,万事万物成、住、异、灭的过程就叫作缘起。就人与自然环境的关系而言,"缘起论"揭示出人与自然界是一种相互依存、互为前提的关系,不能够也没办法将自己凌驾于自然之上,人与自然就是一个有机的统一整体,自然是人类生活中的重要组成部分。能够顺应这种因缘关系,保持人与自然之间的和谐与平衡就符合生存之道,相反,如果破坏自然界因缘关系中的其他生命和事物,最终受伤的只会是人类自身。

显然,如果佛教讲的"缘起"仅仅停留在上述层面,很容易带来的是人与自然的"执着",这显然不是佛教所要宣扬的正道。事实上,"缘起"可以展现为时、空两个方面。从时间上看是万事万物的生灭过程,所以讲"诸行无常";从空间上看则是一种有无的空性状态,所以佛教讲"诸法无我"。在佛学看来,世界万法都是随缘而起,缺乏独立的自性,从万事万物的本性上讲是"假有",所以"性空"。《中论》中说:"众因缘生法,我说即是无,亦为是假名,亦是中道义。未曾有一法,不从因缘生。是故一切法,无不是空者。"也因此,万物没有不变的自性,也就没有必要执着。从表面上看,世间万物是真实的存在者,但从佛法来看,这种存在只是"无常"下的假象,只是名有世间万物,并非真有世间万物。

佛教的这种缘起性空理论,一方面从世间法的角度告诫了世人,世间万物是彼此相互依存的存在,谁也离不开谁,所以人与自然万物要和谐相处,才会有善因缘的存续;另一方面,因为万物是因缘所生,故没有不变的主体,是"空",所以人也不必执着于对万物的贪、嗔、痴,不着相,也就真正懂得放下的真谛。用现代的话来说,人类在面对大自然时,不仅要知晓人的存在离不开大自然的滋养,所以要爱护自然,还要明白的是,大自然的存在也只是一种假象,所以也不必贪恋大自然的种种美好,也不必嫉恨种种不好,一切随缘方能欢喜自在。

2. 众生平等、无情有性的价值观念

在佛教的话语体系中,时常出现"众生"二字。细分起来,佛教话语中的众生不仅指有生命特征、有情感的生命存在体(即佛教所谓有情众生),还存在着与之相对应的没有生命特征、没有情感的存在体(即佛教所谓无情众生),如山河大地、草木瓦市、日月星辰等。与世间法对有情众生和无情众生的态度不同，佛教提出了"众生平等"和"无情有性"的观点，认为无情众生也有佛性，也能成佛，这就从佛法的高度肯定了世间万物的平等性和无差别性。《法华经》中指出"十界皆成"，认为众生都能成佛。天台宗大师湛然说："无情有性。"三论宗的吉藏大师说："若于无所得人，不但空为佛性，一切草木并是佛性也。"中国禅宗则在"众生皆有佛性"的道路上走得更远，禅宗从性空观念出发，把无情众生作为佛性的体现，世间万物都成了禅师开悟的载体。关于这方面的思想，在禅宗最为重要的经典《金刚经》中就有系统的论证。后期很多著名禅师都主张此说，如牛头宗人宣称"青青翠竹，尽是法身；郁郁黄花，无非般若"[1]。杨岐方会说："雾锁长空，风生大野，百草树木作大狮子吼，演说摩诃大般若，三世诸佛，在尔诸人脚跟下转大法轮，若也会得，功不浪施。"[2]

总之，中国佛教这种"众生皆有佛性"观点，不仅影响着人与人、人与社会的交往，更影响着人类对无情众生的认识，使人类树立起对世间万物的敬畏之心和悲悯之情。这种"众生皆有佛性说"无疑对保护自然、维持生态平衡、调和人与自然的关系有着积极的指导意义。

3.业报轮回的约束机制

如果说"缘起性空"解决了众生从哪里来的问题，"众生平等""无情有性"解决了众生该如何看待世间万物的问题，那么，"业报轮回"则解决了众生未来要向哪里去的问题。为了充分论证众生要到哪里去这个终极问题，早期佛教提出了"因果论"。"因"指个体种下的因，"果"指个体所承受的果报。佛教讲有因必有果，有果必有因，宇宙万物都受"因果"的支配。《瑜伽师地论》卷第三十八说："已作不失，未作不得。"有"因"必有"果"，没有种下"因"，自然也不会结果，反之，亦然。佛教同时强调，善因必得善果，恶因必得恶果。《佛说无量寿经》卷下说："天地之间，五道分明。恢廓窈冥，浩浩茫茫。善恶报应，祸福相承。"在

[1]《景德传灯录》卷28。
[2]《杨岐方会禅师语录》。

佛教看来,个体无时无刻不处在"因果"的循环中,身、口、意三者,也无时无刻不处于身体力行、起心动念的造作当中,其中有善念,也有恶念,恶念的产生,"业"也随着种下了,有业因自然会有业果。佛教在阐明个体因果循环的"个业"基础上,还从更广泛的角度,提出了"共业"的概念。"共业",顾名思义,是社会集体共同造下的业,其受报的主体不仅包括个体,同时也包括社会大众。事实上,每一个个体都在"个业"和"共业"的共同作用下生活。

在"业报"说的基础上,佛教还提出了"六道轮回"说,六道即天道、人道、阿修罗道、地狱道、畜牲道、饿鬼道,每一个生命的主体,因三世两重因果的生命轮回,根据果报的不同,在来世转世的过程中,成为六道中一道的生命体。人类今生所面对的有情众生,和无情众生,如畜牲、草木等或许就是前世自己的亲戚朋友,因此,人类更没有理由去无端地糟践与破坏,而应爱惜,惜福,积德行善。

二、佛教生态思想的修悟体验

佛教的理论给世人提供了一个解释世界的观法,而要将众生从娑婆世界的苦难中超脱出来,妥善对待人与自然的关系,成就自我生命的超越与圆满,就离不开修行与开悟。就佛教生态智慧而言,以下几个方面显得尤为重要。

1. 六根清净的生活方式

中国佛教常讲一句话:"菩萨畏因, 众生畏果。"虽然有情和无情众生都有佛性,但成佛者毕竟是少数,绝大部分的众生仍在娑婆世界中受苦。究其原因,在于众生在"因"上的耕耘不够。所以,佛家的八万四千法门总结起来就一句话,即通过不同法门,帮助不同根器、不同因缘的人在"因"上下功夫,得般若智,开悟解脱。从中国佛教历史来看,处于末法时代的当下,众生在找"因"的路上,也变得极其艰难,归根结底,原因在于众生的"无明"。

在佛教中,"无明"是一切造作、恶业种下的根本原因,因为"无明",缺少智慧,所以众生的种种行为当中,种善因者少,种恶因者众,只能在个业与共业的交互作用下，越发沉沦于苦海而难以自拔。贪欲与无明成为众生不断轮回流转痛苦的根本原因。从早期佛教教义来看，为克服众生无始以来的无明与贪欲，提出了"诸行无常""诸法无我"的精深智慧，指出了世间的无常与假有，告诫世人不可执着，而应放下。指导人们以六根（眼、耳、鼻、舌、身、意）清净的状态来面对生活中的一切，推崇自然无为、清心寡欲，过一种身心平和的生活，广积善缘、少结恶缘、明心见性，以证得般若智慧，早日脱离"六道轮回"之苦，超凡入圣。

在佛教看来，在众生的诸多"无明"显现中，最大的"恶"在于"贪、嗔、痴"的毒害，将外物执着为实有，贪婪于对假有的迷恋，进而种下种种恶因。为此，佛门为实现六根清净，首先要破的就是我执、贪欲。破除对实我的执着，将"我执"在心理上表现出来的"贪著之心"及"执取之欲"，将这万恶之本、谬误之源决然斩去。比如在饮食上，大乘佛教强调要素食，《大乘入楞伽经》卷六中说："凡杀生者，多为人食。人若不食，亦无杀事，是故食肉与杀同罪。"大乘佛教素食的主观动机是培养修行者的清静心、慈悲心。从生活中力所能及的点滴做起，做到六根清净。

2. 慈悲为怀的处世理念

佛家主张"众生平等""无情有性"，因此佛教出家人有着强烈的"慈悲"情怀，这种慈悲不仅超越了一般意义上的爱，表现为一种没有边界的大爱，而且还体现出"无缘大慈，同体大悲"的境界。《大智度论》中说："慈悲是佛道之根本。""慈悲"作为佛教的根本，慈，是如父母之爱护子女那样给予快乐幸福；悲，是以同情怜悯之心拔除众生的苦难。慈悲就是要给予一切众生欢乐，救拔一切众生的苦难，如《大智度论》中说："大慈与一切众生乐，大悲拔一切众生苦。"佛家将这种慈悲的情感扩展至无限广大的时空当中，故有"大慈大悲"之说。由此可见，佛教的"慈悲"，一方面是涵盖宇宙一切众生的大慈悲，另一方面则体现了无分别心的平等的爱，如《涅槃经·高贵德王品》所谓"视诸众生犹如一子"，是没有亲疏远近之别的平等的慈悲。当然，佛教的"慈悲"首先是一种慈爱、怜悯他人及一切生命的情感，是佛教德性修养的根本之一。这种情感，不仅要发自个体内在情怀，更要外化于实际的实践过程当中，让佛教这种"大慈大悲"的关爱，不仅仅局限于人与人之间，而是适用于人与自然万物之间。在《僧伽罗刹所集佛行经卷第一》中就有这样的记载："是时菩萨长夜之中有此慈心，诸法解脱于彼人民无所触娆。于彼端坐思惟不移动，鸟巢顶上，觉知鸟在顶上乳，恒怀恐怖惧卵堕落，身不移动。是时便观察便舍身而行彼处不动，善殷勤力生乐摄彼。是时鸟已生翅，已生翅未能飞终不舍去，今行此慈竟有何奇亦不恐怖。"再比如，在《金刚经》中也指出："佛告须菩提，诸菩萨摩诃萨，应如是降伏其心。所有一切众生之类，若卵生，若胎生，若湿生，若化生，若有色，若无色，若有想，若无想，若非有想，非无想，我皆令入无余涅槃而灭度之。如是灭度无量，无数，无边众生，实无众生得灭度者。何以故？须菩提，若菩萨有我相，人相，众生相，寿者相，即非菩萨。"佛陀所倡导的慈悲度人，是令一切众生得入无余涅槃，超越了卵生，胎生，湿生，化生，有色，无色，有想，无想，非有想，非无想等一切区别，是一种真正意义上的普度众生。

如果说佛教的慈悲理念还带有几分给予众生关爱的味道，《金刚经》中则还传递出另外的一层意思，佛陀讲："若菩萨有我相，人相，众生相，寿者相，即非菩萨。"言外之意是说，正是因为有了众生的苦难，才有菩萨度化众生行为的发生，正是因为菩萨度化了众生，所以才成就菩萨的果报。用现代的话语来说，没有苦难的众生，也就不会有菩萨的出现，因此，菩萨不仅要常存慈悲之心度化众生，同时也要感恩众生成就了自己的修为与果报，两者互为因果，共同成就。在佛经《普贤行愿品》中也指出："若令一切众生欢喜者，则令诸佛欢喜。""若能以大悲水饶益众生，则能成就诸佛菩萨智慧华果。"传递出同样的深意，即世间万物的相互成就与相互感恩。为了将这一思想贯彻到学佛者修行的方方面面，佛教以戒律的形式明确了"不杀生戒"。《大智度论》卷十三说："诸余罪中，杀罪最重。诸功德中，不杀第一。世间中惜命为第一。"

基于佛教的种种理论前提，佛教提出了"不杀生"的戒律，成为约束佛教徒行为、增长修行的第一大戒,彰显了万物的平等性和佛教的"慈悲"精神,体现了佛教对世间万物的尊重与爱护,为人与自然环境之间的和谐相处、共同成就、彼此感恩提供了制度保障。在此基础上,佛教还由"不杀生"戒衍化出"护生"和"放生"的传统,即学佛者在慈悲心的感召下,广积善缘,让更多的生命体得以重获生命自由,在此生有限的生命时空中获得更多的修行解脱的可能性。

3.清静国土的庄严发心

如果说上述二者的行为更多的还是停留在个体的层面上,影响力毕竟有限,尚未上升到更高的如国家层面和天下层面的话,清静国土的庄严发心则可以说是从全天下的角度,为生态环境的保护提供保障。为此,中国佛教从修行的根本处入手,突出"心"的极端重要性,如《大乘起信论》所谓"三界虚伪,唯心所作,离心则无六尘境界""心生则种种法生,心灭则种种法灭""诸佛心第一",要求"菩提只向心觅,何劳向外求玄"[1]。在《维摩诘所说经》中也记载道:"菩萨随其直心,则能发行;随其发行,则得深心;随其深心,则意调伏;随意调伏,则如说行;随如说行,则能回向;随其回向,则有方便;随其方便,则成就众生;随成就众生,则佛土净;随佛土净,则说法净;随说法净,则智慧净;随智慧净,则其心净;随其心净,则一切功德净。是故宝积,若菩萨欲得净土,当净其心;随其心净,则佛土净。"佛教的这些经典不仅从个体层面,还从国家层面描述了佛国净土的实现方式和途径。佛教这种"心净则佛土净"的理念的确对佛教的方方面面都产生了巨大影响。这一理念对当前生态文明建设而言,其指导意义也是巨大的。一方面,佛教强调了净化人心对于清静国土的意义,提醒了人们要自觉地克制物欲,转变自我观念。另一方面,指出了"佛土净"必须建立在"众生净"基础上,需要全社会集体的共同努力。

明清以来,随着中国佛教的衰落,近代佛教大师们提倡"人生佛教"和"人间佛教"。太虚大师曾说:"仰止唯佛陀,完成在人格。人成即佛成,是名真现实。"

---

[1] 《坛经》。

强调学佛之人要立足现实人生以及生存的地球环境，从做人开始，尽一份社会责任。积极加入到环境保护的大潮当中，从食素、戒杀、放生等方面入手，对自然的保护尽一分力量，共同努力以求世界和平。自觉地"知恩报恩"，尤其是要报"天下恩"和"国土恩"，要为天下和国土的永续和谐多做贡献。就当前中国佛教的实践来看，越来越多的佛教信众在佛法的指引下，积极参与环境保护事业，共同促进人与自然的和谐相处。

在长期以来占主导地位的儒佛道思想背景和价值取向的共同影响下，我国历代在天人关系上基本是和谐的。当然，"这种和谐是以牺牲人的发展去曲意迎合自然的盲目必然性为代价的，是以扼制人的正当物质需求去融入自然的循环过程为代价的，是以停滞对未知领域的探索最后得到'绝圣弃智'的结果为代价的，是以周而复始地延绵着农业文明的封建王朝而迟迟未能产生工业文明的现代社会为代价的。可见，中国古代和谐思想的精华与糟粕同在，对古人的现代超越必须通过思维的转向和意识的升华来完成"[1]。荀子认为，"大天而思之，孰与物畜而制之；从天而颂之，孰与制天命而用之；望时而待之，孰与应时而使之……"[2] 荀子是中国历史上为数不多的提出过"明于天人之分""制天命而用之"的实用主义思想的哲学家，他还提出过要区分"天"和"人"的不同关系，要利用人自身的力量、发挥人的主观能动性去改造自然。马克思曾把工业看成是人的本质力量的公开展示，赞美工业文明给人类社会带来的巨大进步，认为"通过工业——尽管以异化的形式——形成的自然界，是真正的人类学的自然界"[3]。说到底，人类是在改造自然中发展起来的，只是不同的阶段改造的深度和广度不同罢了。农业文明主要是对地球表层的改造，从事种植、放牧或最多兴修水利让河流改道等，而工业文明使人的活动深入地球的内部或进入外太空，深入物质结构、分子结构或细胞、基因层面，自在的自然越来越少，自为的自然越来越多，以至于我们可以说是完全生活在一个被人所改

[1]　任春晓.论中国传统环境思想的特点[J].浙江万里学院学报,2006（6）：53-55.
[2]　《荀子·天论》。
[3]　马克思,恩格斯.马克思恩格斯全集（第42卷）[M].北京：人民出版社,1979：128.

变的人化世界上，无论是整齐划一的城市风景、大批量生产的日常生活用具，抑或灵活别致的机械装置和人工智能机器人，人在一定程度上始终与自己的产品相遇，始终与自己相遇。工业文明是历史进步的标志，在工业文明发展到一定阶段后必须推进到新的阶段也是历史进步的趋势。自然辩证法中存在着从肯定到否定再到否定之否定的规律。如果说工业文明是对农业文明的否定，那生态文明则是对工业文明的否定之否定，它在更高的形态上保留了农业文明中重视人与自然和谐相处的许多做法，又在新的条件下继承和扬弃着传统的生态文化理念。

第三章

中国社会主义生态文明制度的
建立完善

　　制度是一个具有广泛涵括力，包括正式制度和非正式制度在内的，对人的行为、对人与人之间的关系具有规范和调节作用的哲学概念。制度建设是我国推进生态文明建设的重中之重，它是有根据管根本、有长度管长远的。本章主要从哲学、政治学和社会学角度研究我国生态文明制度建设的原因、进展、体系、特质，研究社会主义生态文明制度建设的作用、目标、问题和方向。首先，我国在生态文明制度建设上对西方发达国家，特别是美国的环境制度是有借鉴和扬弃的。美国是一个善于运用法律和制度来表明政府治理意图、调整社会各界关系的国度，在其环境保护和治理中，制度同样起到了至关重要的作用。美国的历史相对我们国家5000多年的历史而言很短，但美国却给全世界提供了一个从几乎原始未开垦状态经历短短200多年开发建成发达国家的独一无二的样本，也给世界展示了原始的自然是如何被打上人类印记的，自然破坏给人类带来了什么恶果，人类怎样通过努力制定制度重新调整人与自然关系，如何通过发展理念的改变和环境公平正义思想的树立，在发展经济的同时尽可能保护环境的典型案例。其次，我国的环境保护制度有一个从无到有、从零散到完整、从表面到深层、从单一到多样的过程，这正是我国社会越来越意识到人生存的

"地理背景"的重要性，全体国民越来越提升生态文明的自觉性，我国政府在环境治理实践中越来越提高环境保护科学性的过程。也是在这个过程中，我们坚定了保护自然生态的整体价值，促进人与自然和谐的、可持续的发展，建设富强、民主、文明、和谐、美丽的社会主义强国的生态文明制度建设的目标。最后，无论是环境也好生态也罢，都有一个共同的特性就是地方性，不同地域都有其特殊性。国家宏观的生态文明制度必须要与地方性环境治理制度结合起来才能发挥应有的效应，制度上的无差别克隆和措施上的一刀切强制在生态建设上往往是无效的，甚至会适得其反。我们选取华东地区重化工业基地，经济特别是工业经济比较发达，在社会主义生态文明建设中环境治理、美丽乡村建设都有建树、走在前列的宁波作为对象，研究它是如何通过地方性环境制度的构建来影响政府、企业和市民的思想和行动，如何通过制度的实施达到规范地治理环境的目的的。

第一节　美国环境制度的历史脉络与批判反思

北美大陆原本是一个只有 150 万左右印第安人居住，动植物种类繁多、生长旺盛的地方，自 17 世纪初开始，由于来自欧洲源源不断的移民和随之而来的大开发，北美的原生态自然环境遭到了巨大的破坏。进入 20 世纪以后，由于化学用品的大量使用和工业的长足发展，环境污染问题日益突出。美国是一个善于运用法律和制度来表明政府治理意图、调整社会各界关系的国度，在环境保护和治理中，制度起到了至关重要的作用。之所以选取美国作为国外环境制度研究的唯一对象，原因有四：首先，美国的国土面积与中国相差不多，气候状况、自然条件也具有相似性；其次，美国的历史相对于我国 5000 年的文明历史而言虽然很短，但它给我们提供了一个全球独一无二的、从几乎原始的未开垦状况，经历短短 200 多年的开发，一下跃进到发达国家的案例；再次，通过对美国的考察研究，我们可以看到原始的自然是如何被打上人类印记的，可以看到对自然破坏后人类尝到的恶果，可以看到人类是怎样做出努力通过制定制度来调整人与人的关系从而改造人与自然关系的，可以看到人如何从极端的人类中心主义生发出环境公平和环境正义思想的；最后，从 20 世纪末开始，以美国为代表的西方发达国家在环境法的理念方法和基本内容上发生了巨大变化，从过去侧重污染防治转向了自然生态保护，集中表现为保护江河、湿地、土壤、旷野、生物多样性等，国外学者将这一进程描述为从"第一代环境法"向"第二代环境法"的转变。这些给我们提供了反思和批判的例子和材料。

一、破坏后的挽救 —— 美国环境制度的缘起

乘着五月花号船踏上北美大陆的欧洲移民所面对的自然图景是广阔无垠的、由森林覆盖的荒野，那里有水牛游荡、小鸟飞翔，还有快乐的小鹿和羚羊，但这时的移民们无暇感受旷野的诗情画意，而是拿起斧子、镰刀，毫不犹豫地砍去了树木，种起了玉米和烟草。经过艰苦的拓荒，他们在荒野上建立了家园，让寂静的空中升起了炊烟。在美国人当时的观念里，自然资源是用之不竭取之不尽的，联邦政府也通过向公众开放土地，吸引越来越多的人在那里定居，从事耕种、放牧、渔猎、采矿等活动。除了农业生产毁坏动植物家园，人们还以打猎为乐，最有代表性的是对旅鸽的狩猎。美国曾有多达大约 50 亿只旅鸽，它们结群飞行时最大的鸟群覆盖面积长达 500 公里，宽达 1.6 公里，需要数天时间才能穿过一个地区。由于人们的不断猎杀，旅鸽数量骤减，于 1914 年 9 月 1 日彻底灭绝。新英格兰草原松鸡、弗吉尼亚州皮毛珍贵的河狸、大量出没于西部山区的白尾鹿、驰骋原野的北美野牛等如今也已十分罕见或几近绝迹。

美国最早的法律和制度的中心指向是通过法律形式合法地赋予北欧移民们土地，鼓励和吸引更多的人来开发这片处女地，以发展国家经济。美国最先制订颁布的是土地制度和法令，如 1784 年由杰斐逊起草的《关于弗吉尼亚让出

的西部土地组建方案》《土地条例》(1785 年)《宅地法》(*Homestead Act*)(1862年)。依据这些法令和政策,政府通过无偿分配、垦荒或购买的方式,把公有土地迅速转让给私人或私营企业来激励移民开发边疆。大量农民取得了国有土地所有权,为早期的农业开发提供了制度和政策保障,使美国快速成为世界农业大国。《采矿法》(*Mining Law*)(1872 年)允许在公共土地上发现矿产的任何人提出采矿申请,允许免费在该地进行开采或开发活动。这种粗放型农业经营方式和矿山资源无序的开采开发,使森林、草原遭到极大破坏,加上移民数量增加,公路铁路修建和扩展,导致水土流失严重、动物种群分割,一段时间后,其恶果逐步显现出来。于是人们开始理性思考人与自然的关系。1854 年,梭罗(H.D.Thoreau)的《瓦尔登湖》用宁静恬淡的文笔描述了大自然的美好,体现对生态环境的关怀,向往同大自然和谐相处,追求原生态的简朴的生活方式,对人们贪婪、疯狂、过度地霸占、攫取自然资源,破坏环境的行为进行了反思。1864年,乔治·普尔金·马什(G.P.Marsh)的《人与自然》提出人和自然是相互影响的,森林是具有重要生态功能的珍贵而有限的资源,人们应为自身以及子孙后代的利益考虑,进行科学管理和合理开发而停止对自然的过度破坏。马什的著作被誉为"环境保护主义的源泉",他本人被誉为现代环境保护主义之父。

19 世纪下半叶,联邦政府通过一系列法律政策,形成一种新的环境管理模式,建立各种国家公园、森林保护区、鸟禽保护区、鱼类保护区、野生动物保护区。其主要内容有三条。第一,森林保护。如 1897 年,美国森林协会和美国科学促进协会说服国会通过《森林管理法》,内政部设立管理森林保护区专门机构,在数百万英亩的土地上建立了森林保护区。第二,自然保留。发起自然保留运动,建立国家公园。黄石公园成为自然保留运动的第一个重要成果。1872年 3 月,格兰特总统签署《黄石公园法》,建立了美国历史上,也是世界历史上第一个国家公园。1890 年 9 月,哈里逊总统签署一项法案,设立了美国第一个荒野保护区以及红巨杉、约塞米蒂山谷两个国家公园,这里被视为现代自然保护运动的发祥地。1891 年,国会制定了《森林保护法》和《国家公园管理法》,规定森林保护区不再转让给私人开发,任何人和组织机构不准砍伐国家森林公园中的一草一木。1899 年,麦金莱总统签署《雷尼尔山国家公园法》保护休眠火山和冰川雪景。1908 年,西奥多·罗斯福主持召开了美国第一次全国自然资源保护大会。西奥多·罗斯福在任期内建立了 118 个森林保护区,5 个国家公园,4 个大野生动物保护地,51 个禽鸟保护地和 15 个国家纪念馆。1905 年 2 月 6 日,美国国会通过《保护公共森林保留地和国家公园法》,正式授权森林保留地和国家公园的管理人员逮捕那些违反森林保留地和国家公园法律和条例的人。1916 年 8 月,美国国会颁布《国家公园法》,建立起隶属于内政部的国家公园管理局并规定了管理部门的基本职责。第三,动物保护。1897 年 12 月,国会通过《禁止在北太平洋捕杀海豹法》,禁止在任何时间,以任何方式捕杀、捕获、捕猎白令海峡的美国领土范围内的海豹。1889 年 3 月,国会通过《关于保护阿拉斯加鲑鱼的法案》,规定在阿拉斯加设立的大坝或其他工程,只要妨碍了鲑鱼或其他逆流产卵鱼类往返产卵地就属于非法;1906 年 6 月,国会通过《在狩猎中保护幼鸟、蛋以及鸟类保护区法》,规定在法定的鸟类繁殖地猎捕、打扰、杀死鸟或破坏鸟蛋的行为构成违法。1908 年,通过建立蒙大拿国家动物禁猎地的法案。同年,美国政府通过建立布拉斯加鸟禽保护区的条例。从 1903 年到 1909 年,美国政府在 17 个州及属地共建立 513 个国家鸟禽保护地。

19 世纪到 20 世纪的世纪之交,被称为美国的"进步时代",环境保护运动是进步主义运动的一个组成部分,当时的西奥多·罗斯福是美国历史上第一位对环境保护有长远考量的总统。他认识到,国家经济的发展与永久性财富的资源保护有密切的关系,自然资源应被有效地使用以避免浪费。他发起自然资源保护运动和自然保留运动,发起保护自然资源的"社会诊治工业文化综合征"运动,收到明显效果。他建立一系列法律、法规、政策,将水资源和大面积的公共土地、森林等划归联邦政府,在很大程度上限制了人们或各种利益集团对资源的劫掠和浪费,使美丽的荒野和独特的景观得以保留。他通过国会立法、颁布行政法令等形式,建立起一系列环境管理部门,委派专业人士进行管理，创设了一种专家治理的全新环境管理模式。"进步时代结束时，美国环境管理模式已完成这一转变，即由早期的以议会为主导，以法案等抽象政策为主要形式的粗放式管理模式转变为以联邦政府行政管理机构为主导，以日常执法管理为主要形式的精细化管理模式。这种管理模式为解决现代环境问题提供了相应的机制，成为以后美国环境政策发展的基础。"[1] 此后，美国人的思想意识发生了重要转变，越来越多的人开始重视环境问题、关注环境问题、参与环境保护运动。

二、发展中的约束 —— 美国环境制度的完善

20 世纪 60 年代后，在相对和平的国际关系中，发达国家的科学技术高速发展，带动经济快速腾飞，随之而来的是人口数量猛增、能源危机、土地空气水质污染、自然资源全面枯竭 …… 这一系列问题促使人类重新审视人和环境的关系问题，改变着人对环境的态度。当时，有关环境问题的文章经常登上《时代》《生活》《财富》《新闻周刊》《华盛顿邮报》《纽约时报》等重要报刊的封面要目或头版栏目，"河流富营养化""资源枯竭""环境代价""环境冲突""生态学""环境保护主义"等名词十分流行。得益于大众传媒的持续关注和社会公众的广泛讨论，"环境的概念被大大拓宽，环境不仅包括荒野和自然资源，还包括影响人类健康和生存的一切外部因素，诸如空气质量、水质、职业健康与安全、工业污染、城市污染等"[2]。1970 年 4 月 22 日，由哈佛大学学生丹尼斯·海斯组织的世界上最早的大规模群众性环境保护运动，在美国国内得到了 2000 多万人的响应，参与者包括了从政治家到科学家、从商业精英到普通市民、从嬉皮士到失业者的社会各阶层，他们通过集会演讲、游行示威等多种形式开展环保宣传活动。这次行动开启了人类现代环境保护运动的序章，催生了 1972

[1] 徐再荣 .20 世纪美国环保运动与环境政策研究［M］.北京:中国社会科学出版社,2013：98.
[2] 徐再荣 .20 世纪美国环保运动与环境政策研究［M］.北京:中国社会科学出版社,2013：174.

年联合国第一次人类环境会议,加速了环境保护立法的进程,"活动的成功开展,标志着环保运动与社会运动的结合,环保运动也由此超越了传统的资源保护运动,完成了从主要关心自然到关心人类的思想转变,并由此拓展了环保运动的社会基础,扩大了环保运动的社会影响"[1]。如果说以前阶段主要侧重于自然和资源保护,这个阶段则更多关注环境污染治理问题;如果说以前以州和地方政府为主导,现在则更多的是以联邦政府为主导;如果说以前以政府管制为中心,现在则转向把政府管制与市场调节相结合。

1969 年通过的《国家环境政策法》是一部从宏观视角调整国家环境保护基本政策的法律,它把环境保护法律化常规化,成为联邦政府的新增职能,标志着美国环境管理新时代的到来。以环境保护局为主导的政府监管机构建立,联邦政府全面介入环境事务,国会在 20 世纪 70 年代通过的环境法规成倍增加,达到新的高潮,奠定了现代美国环境政策体系的法律基础。20 世纪 70 年代被称为美国的"环境十年"(environmental decade),这十年里,美国通过了27 部环境保护法律和数百个环境管理条例。[2] 之后,环境保护成为民主党和共和党两党的共识,全国在环境保护方式和理念上的根本改变在环境制度上得到了体现。

1. 完善法律体系

依据技术进步程度、经济发展阶段、环境变化特点和国民环境观念状况,经过一届届政府的共同努力,或制定实施或修订完善或修改补充了一系列环保法律、法案、法规和政策、制度、规章,构建了一个以联邦政府为主体主导的配套完备的现代环境保护政策与法律法规体系。美国的环保法律制度具有层阶性,除联邦政府和国会外,各州和地方分别制定适用于本州和地方的环保法规条例,许多联邦的环境法律法规都明确规定,在环保事务中州和地方政府负有主要责任,联邦政府在环保的主要领域(尤其在污染控制领域)享有监督权,保持环境

---

[1] 徐再荣.20 世纪美国环保运动与环境政策研究[M].北京:中国社会科学出版社,2013:172.
[2] Nancy K.Kubasek, Gary S. Silverman, Environmental Law(Fourth Edition 影印版)[M].北京:清华大学出版社,2003:115.

法规执行方面的优越地位,以防止州出于地方保护主义而宽容污染者。有些规定州和地方政府不得制订或执行比联邦环境标准更低的标准,有些规定州法必须与联邦法相同,如《清洁空气法》中关于臭氧层的保护条款。美国的环保法律制度具有系统性,以美国环境保护根本大法《国家环境政策法》为统领,由实体性环保法律法规和解释性条例两部分构成。实体性环保立法包括资源与自然保护立法、污染预防和治理立法、气候政策立法和食品药品质量安全保护立法等,还出台了与之相配套的解释性条例和措施,使制度与时事相适应,确保制度行之有效。

2. 突出污染治理

美国污染治理的重点领域是与居民的生活密切相关的水、气、土,特点是根据实际的环境状况和保证居民身体健康的客观要求定期对环境标准进行修改。1956 年的《联邦水污染控制法》(*Water Pollution Control Act*) 于 1965,1966,1970,1972 年进行了修订,制订水质标准,增加联邦基金来资助州和地方政府解决水质问题;1972 年出台了《清洁水法》(*Clean Water Act*) (1977,1987 年修订),它的目标是使所有地表水体和水质都要达到"可以养鱼与游泳"的标准,这是联邦水法中最严格的一部法律;1974 年制订《安全饮用水法》(*Safe Drinking Water Act*),规定每个社区供水的最低安全标准,限制诸如细菌、铅、汞、银、砷、硝酸盐和杀虫剂等污染物含量。1955 年《空气污染控制法》(*Air Pollution Control Act*) 明确州和地方政府对控制空气污染负有主要责任,迈出了联邦干预的第一步;《清洁空气法》(*Clean Air Act*) (1963 年、1970 年修订)进一步扩大联邦政府的权力,是美国控制空气污染的核心法律;1967 年国会通过《空气质量法》(*Air Quality Act*),设立一个地区性权力机构对污染源进行调研,确立了全国范围的控制空气污染计划的框架,给发电站、工厂、家庭和汽车等重要的污染源制定一个共同的空气质量标准,在污染治理上通过联邦干预和州际合作的方法突破了州和地方的范围,使目标污染物如沙尘、煤烟、二氧化硫等减少,空气质量得到改善。

3. 保护海洋资源

除依然重视自然资源保护，出台了诸如《东部旷野法》（*Easten Wilderness Act*）（1975 年）、《非狩猎野生动物法》（*Nongame Wildlife Act*）（1980 年）等法规，随着人类活动向海洋延伸，这时期的海洋资源保护提上了议事日程。1972 年，美国出台了三个与"海"有关的法律：首先是《海岸带管理法》（*Coastal Zone Management*），建立联邦计划，帮助各州对沿海地区的开发和保护进行规划管理；其次是《海洋哺乳动物保护法》（*Marine Mammal Protection Act*），提出保护海洋哺乳动物并鼓励对它们进行研究，对侵扰、捕杀和进口海洋哺乳动物制定了停止偿付政策（因纽特人为生存而进行的狩猎行为除外）；最后是《海洋保护、研究与保护区法》（*Marine Protection*，*Research and Sanctuaries Act*），授权进行海洋污染研究并建立地区海洋研究规划，对向海洋倾倒废物行为实施管制，建立一套用于设定具有重要生态、美学、历史或娱乐价值的海洋动物保护区的程序；1991 年修订了《禁止海洋倾倒法》，确定同年 12 月 31 日后，生活污水和工业废物均被禁止倾倒入海洋。随着湿地的价值和"绿肺"功能被认知，湿地保护制度和措施在边实施边完善中：1983 年美国鱼类和野生动物局设立了第一湿地补偿银行；1986 年出台《紧急湿地资源法》（*Emergency Wetlands Resources Act*），建立一项国家湿地优先保护计划，允许土地与水保护基金购买湿地，并把武器和军火征收的进口税额转入候鸟保护基金中；1989 年颁布《北美湿地保护法》（*North American Wetland Conservation Act*），1990 年颁布《海岸湿地规划、保护和恢复法》（*Coastal Wetlands Planning*，*Protection and Restoration*）；1991 年，农业部对湿地实行土地津贴，增加湿地保护区项目；2004 年，小布什进一步提出全面增加湿地数量和改善湿地质量的"总体增长"计划；2008 年，美国环保局和陆军工程兵部颁布对《联邦控制水污染法》第 404 条申请许可和湿地补偿银行的修改条例，运用市场化运作程度较高的激励性管制形式调动民间积极性以实现湿地保护目标。

4. 注意制度衔接

1973 年 2 月 28 日，由尼克松总统签署生效的《濒危物种法》（*Endangered*

Species Act）经过 40 多年的立法完善、执法以及司法实践，成为美国生物多样性保护法律体系中最重要的法律。为了防止商业贸易物品买卖导致受保护的野生动植物被过度利用而导致物种破坏或灭绝，1973 年 3 月 3 日，全世界共有 21 个成员国在华盛顿签署了定于 1975 年 7 月 1 日正式实施的《濒危野生动植物物种国际贸易公约》（CITES）。这个法律的完整性表现在几个方面：第一，明确立法的目的是作为国际社会主权国家履行国际条约，为濒危物种提供赖以生存的栖息地和完整的生态系统。公约明确规定了相应的实施机构——联邦农业部负责陆地植物的进出口管理，隶属于内政部的渔业和野生生物署负责陆上动物和淡水鱼类的保护，隶属于商业部的国家海洋渔业署负责海洋哺乳动物和鱼类的保护。第二，根据物种生存的状况，列出"濒临灭绝物种""受威胁物种"的名单，并标明其生存的"关键栖息地"，明确界定什么是危及濒危物种的"危险"行为、什么是"夺取"其栖息地，以避免歧义。第三，通过现实的案例加深公众对法律的理解，表明政府的决心，如 20 世纪 70 年代田纳西流域管理局诉希尔一案涉及政府前期投资巨大的泰利库大坝是否应该让位于濒危小鱼——蜗牛鱼的争论，20 世纪 90 年代的帕利拉案涉及夏威夷土地与自然资源管理局引进绵羊、野山羊等哺乳动物导致帕利拉鸟栖息地破坏应如何处置的问题等。第四，条款第七条规定联邦机构的任何行为都不得危及濒危物种保护，强调政府机构对濒危物种保护的法律义务，第十一条"惩罚和实施"则给了公民诉讼权，规定任何人都有权代表自己对涉嫌违法的任何机构和不履行该法的政府主管官员提起民事诉讼，强化了公众参与和司法实施。第五，法律的及时修改和合理配套，如 1978 年修订时创设了包括 7 名成员的被称为"上帝小组"的"美国濒危物种委员会"，有权提议对联邦行为予以豁免；1982 年修改了第九条"伴随的夺取"规定，如果土地所有者在自己私人土地上从事合法活动，但这个活动可能危及濒危物种生存时，应当取得从事该行动的许可证；1988 年修改时增加了对候选物种和已恢复物种的监测规定等；同时，执法机构及时制定了执法各个环节的行动方案和相关政策措施，使法案的内容更完整，措施更科学。

此外，国会于 1900 年通过的美国历史上第一个也是美国最古老的野生生物保护的联邦法律《莱西法案》(*Lacey Act*) 也一直在有效运行，它规定野生动物的州际转运如果触犯了州的法律，将受到联邦的指控，以打击野生动物、植物、鱼类、鸟类的"非法"贩卖。1981 年，该项法案有过一次重要的修改，2008 年再次修订并扩大保护范围，将更多植物和植物产品列入其中。它规定自 2008 年 5 月 22 日起，在美国各州之间或美国对外贸易中，要进口、出口、销售、运输、接收、获得或者购买某些植物和植物产品时都需提交申报表，如果对任何该法案涵盖的植物提供虚假的标签、鉴定、记录或说明，都属于违法行为；与此相关的《国家森林管理法》和《联邦土地政策和管理法 (1976)》《超级基金法 (1980)》，以及 1990 年以后所颁布的几十项保护野生资源的法律，再加上最高法院和各州各级法院对环境诉讼案件的裁决，这些形成了一个体系，使得美国野生生物资源得到了较好的保护。经过上百年的努力，弗吉尼亚州野生资源急剧下降的趋势得到遏制，河狸重回弗吉尼亚落户，大蓝鹭种群恢复，某些野生动物如野鹿需要定期猎杀以控制种群数量。这个法律对 1992 年《生物多样性公约》等一系列国际公约，和世界性的野生动植物保护工作具有重要的影响。

三、全方位的推进 —— 美国环境制度的调整

环境治理的实质不过是用更加理性的行为来弥补以前不理性行为导致的后果。由于 20 世纪 80 年代美国经济处于滞胀状态，引起了国内对严苛的环境政策是否会严重阻碍经济发展的争论，使美国环境政策有较大的调整。

1. 探求运用市场工具

原来的环境制度一般以"命令 – 控制"型的简单行政管理模式为主，此后以市场为导向、以效率为基础的环境政策工具扮演着越来越重要的角色，联邦政府加强了对环境管制政府的"成本 – 收益"分析，标志着环境制度朝着规范化和效率化方向迈进。克林顿把可持续发展思想融入政府的环境决策之中，强调环

境保护与经济发展不矛盾，两者可以相互协调，积极促进市场化工具的运用，对联邦项目实施"成本－效益"分析和风险评估制度，加强对环境管制的审核和监督，在环保中利用市场机制，如排污权交易、排污收费制度和私有化政策，通过发展环保技术和环保产业来实现环境保护和经济发展的双赢。如1990年的《清洁空气法》修正案吸纳了关于"排污权交易"的新做法，在长达400多页的法律条款中，授权环保局负责具体实施和管理，列出了必须参加交易体系的电厂清单，详细规定了设立审批许可的程序规则、许可证的分配原则、许可证拍卖的数量、各企业数量配额的计算公式、受限制电厂的监测方法和数据、超配额超证排放的惩罚措施等。"排污权交易"引导一些效率较高的公司和企业把排放量减少到规定的排放指标之下，通过出售剩余的排放许可来获利，另一些公司和企业则得到了更多的选择权，可以通过内部改造减少排放、避免罚款，也可以通过比较，在购买排放许可比更换陈旧设备更为划算的前提下选择购买许可。美国的排污权交易历经20多年的实践，形成了排污信用交易和总量控制型排污权交易等多种不同类型的排污权交易体系。到2000年春，美国达到了国家环保局关于降低二氧化硫排放量的要求，排放许可的交易金额已达到30亿美元，许多企业只用了预算的1/10就完成了减排的目标，通过排污权交易政策实现了二氧化硫总量控制的目的。

2. 倒逼企业履行责任

环境制度和政策无疑对企业的生产行为和发展定位有影响，而公众的环境理念和消费偏好同样能有效地通过市场引导企业的清洁生产和绿色生产。例如，关于丁酰肼（Alar）这种化学物质安全性的争论在美国国家环保局内部已持续15年之久，由于缺少确凿的证据，政府迟迟没有做出禁止或限制在苹果储存中使用丁酰肼的决定。1989年，自然资源保护委员会首次在媒体公开披露广泛用于苹果保鲜的丁酰肼有致癌的风险。事件通过电视曝光后引起消费者不满，一时间超市不再进货和销售，消费者不再购买和食用经丁酰肼处理过的苹果。用丁酰肼处理过的苹果大量滞销，首先迫使果农不敢再使用丁酰肼，销量急剧减少迫使生产丁酰肼的公司减少生产，有些企业随之宣布停产破产，绿色消费倒逼绿色生产。"环保运动在一定程度上促进了企业生产方式的转变，绿色生产和绿色消费成为社会时尚。在绿色产品越来越受消费者青睐之后，许多公司开始引进清洁生产技术，树立环保形象，并从中获得了显著的经济效益。"[1] 再例如，旨在减少消耗臭氧层物质排放的《蒙特利尔议定书》于1989年签订生效后，占世界氯氟烃（CFCs）生产总量1/4市场份额的杜邦公司（Du Pont）承诺在1996年之前逐步停止生产。1999年，杜邦公司又承诺削减能源用量和气体排量。到2010年，公司能源使用总量与1990年持平，而且其中可再生能源比例占14%，温室气体排放量将在1990年的基础上减少65 %。2003年，杜邦公司被美国环保局授予"绿色化企业奖"。杜邦公司高管承认，环境问题能否列入公司的议事日程主要取决于民众的态度，任何公司的产品终究都依靠民众的购买和消费，任何公司都不可能无视普通民众对产品的态度。

3. 树立环境正义思想

美国的环境正义思想主要从两个方面体现出来：第一是人与动物的公平。1822年，英国"马丁法令"获得通过，成为世界上第一部反虐待动物的法案。英国社会学家索尔特（Henry S.Salt）于1892年发表《动物的权利：与社会进步的关系》，首次提出了"动物权利"的概念。美国1958年出台的《人道屠宰法》（*Humane Slaughter Act*）规定在屠宰动物时要降低其痛苦，《联邦动物福利法》（*Animal Welfare Act*）（1966年）要求美国农业部对用于生物医药研究的温血动物与其他动物进行人道主义关怀与合理处理，确保有足够的食物和住所。同年出台的《实验室动物福利法》（*Laboratory Animal Welfare*）对医药和商业研究中的动物使用进行管制。2002年6月21日，德国首次将动物权利写入宪法，成为第一个确定动物宪法权利的欧盟国家，动物的"权利"和"感受"得到人类的尊重。2008年，美国加州居民投票通过提高工厂式农场养殖动物生活条件标准的"2号提案"，包括禁止使用层架式鸡笼、组合式母猪分娩栏和狭

---

[1] 　徐再荣 .20世纪美国环保运动与环境政策研究［M］.北京:中国社会科学出版社,2013 : 260.

窄的小牛栏等。在美国人道对待动物协会（HSUS）推动下，2009年，全美各州共通过121条新的动物保护法案。第二是人与人的公平。20世纪七八十年代，一场底层民众为主力，要求政府为民众提供健康安全的工作和生活环境、保护居民社区免受污染、争取环境权益平等的群众运动在美国开展起来，典型的案例有拉夫运河事件。由于拉夫运河社区附近被用作市政垃圾和胡克化学公司的垃圾填埋场，社区居民的身体健康受到了危险化学垃圾的严重威胁，许多儿童身患各种怪病，人们不能在这里正常生活。1980年5月19日，500多名愤怒的业主在社区业主协会办公室扣押了两名国家环保局官员长达6小时，以此作为人质向政府施压，要求提供永久性的移民安置。卡特总统随之宣布它为紧急事件。后来卡特签署总统令，决定由政府出资1700万美元购买拉夫运河外围的住宅来安置受害者家庭。还有沃伦抗议。北卡罗来纳州沃伦县肖科镇（Shocco）为非裔和其他少数族裔聚居地，它的附近被州政府辟为含有多氯联苯（PCBs）的有害垃圾的填埋场，使个别地方多氯联苯的浓度高出国家环保局规定安全标准的200倍。1982年9月15日，大量非裔举标语喊口号示威游行，许多抗议者为阻挡卡车向这里运送和倾倒有毒垃圾横卧在马路中央，其间不断有人从全国各地赶来声援，声势十分浩大，还发生了警民冲突。沃伦抗议被视为以少数族裔及低收入阶层为主要力量、以居民社区为基础的环境正义运动的开端，是美国环境正义运动发展史上的标志性事件。[1]这些运动迫使美国政府关注环境公平公正问题，关注低收入人群和少数族裔的环境权利。依照美国国家环保局的规定，"在环境法律、法规和政策的制定、适用和执行方面，全体人民，不论其种族、民族、收入、原始国籍或教育程度，都应得到公平对待并有效参与"[2]，以实现环境正义。

4. 重视环境信息公开

第一，通过保障公众的环境知情权来降低危险物品对公众的危害。1966

---

[1] 〔美〕菲利普·沙别科夫.滚滚绿色浪潮：美国的环境保护运动[M].北京：中国环境科学出版社,1997：195.
[2] 徐再荣.20世纪美国环保运动与环境政策研究[M].北京：中国社会科学出版社,2013：266.

年,美国曾颁布《信息自由法》(*Freedom of Information Act*)并有两次修改,但政府的环境信息数量有限、公布范围有限,公民的知情权仅停留于查询和知晓的层面。1984 年,印度博帕尔毒气泄露事件后,作为对此事件的回应与反思,美国 1986 年通过《应急计划与社区知情权法》(*Emergency Planning and Right to Know Act*)。此法案是事故应急救援的最高法律依据,要求联邦、州和地方政府同产业部门一起制定规划,企业要主动向州和当地应急计划委员会提供危险物质的信息,告知重要化学物质运输、使用、储存和排放情况,形成一套独立的环境信息公开系统。第二,通过制定严格的标准来保证公众安全。1996 年的《安全饮用水法修正案》(*Safe Drinking Water Act*)制定现行饮用水水质标准,规定饮用水中污染物的最大浓度目标值和最大浓度值,制定强制性标准和非强制性标准,是目前公认的世界最安全的饮用水质标准之一,要求所有的社区饮用水供应方必须把有关水质、水中矿物质含量、水中污染物含量及健康影响的年度报告邮寄给每位消费者。第三,20 世纪 80 代后,美国环保工作的重心从末端治理移向源头控制,1990 年颁布的《污染预防法》(*Pollution Prevention Act*)授权国家环保局建立一个新的办公室来收集信息、协助进行技术转让、为各州的污染防治提供资金支持,建立一套国家污染预防制度,以帮助工业部门控制污染。试图通过信息搜集、技术转让和资金支持等方式,将环境治理与社会的可持续发展紧密地联系起来,以节能和再循环使用为重点,对水、大气、土壤、固废等实行全方位的管理,从资源减量和能源节约使用、促进废弃物循环使用、扩大清洁能源使用范围和效率及可持续农业四个方面入手,提出预防为主的新观念和源头治理的新政策。

四、多角度的契合 —— 美国环境制度的走向

制度的制定和实施是利益主体多方博弈的结果,它的走向也受多种因素的制约。

1. 与经济发展目标密切相关

环境保护与经济发展不是绝对对立的，但总存在一些矛盾的地方，环保制度也总会在产业发展、环境安全和人们健康之间取舍。比较典型的是在控制杀虫剂生产和使用上的各方较量。早在 1910 年，美国就有《杀虫剂法》，它的主要内容是禁止生产和销售假冒伪劣的杀虫剂；1947 年出台《联邦杀虫剂、杀菌剂、灭鼠剂法》规定政府部门如要禁止某杀虫剂生产（"抗议登记"制度），必须证明该产品有危险；1964 年修订后的法案规定，厂家必须证明产品安全性，否则不得上市销售，农业部可否决、注销、延长杀虫剂产品的登记。20 世纪 40 年代至 60 年代，美国农民为了增加和稳定粮食产量，杀虫剂品种和使用量急剧增长，结果不仅杀死了鸟类和益虫，对野生动植物和人体健康也造成极大危害，实施杀虫剂限制的声浪越来越高。在杀虫剂控制相关法律制定过程中，就存在着不同利益群体和不同价值导向间的矛盾和较量：一方面是从环境保护角度和公众健康角度考虑必须限制；另一方面控制杀虫剂意味着化工制造、农药生产行业的萎缩，意味着农业生产领域更多的投入和更少的产出，对农业和相关农药产业的打击都是巨大的。对农场主而言，当然不愿听到控制杀虫剂使用的意见，因为使用杀虫剂可产生 1∶4 的投资效益；而对消费者而言，则乐于看到减少杀虫剂等化学物品对农副产品和自然环境的影响，因为这使产品更加环保和安全。1972 年 10 月 21 日，尼克松总统签署了一项自 1947 年《联邦杀虫剂、除菌剂和灭鼠剂法》之后最重要的立法——《联邦环境杀虫剂控制法》，该法是美国杀虫剂立法史上的界标。新法弥补了旧法在保护公众健康和环境等方面的漏洞。一方面它回应了社会的呼声，规定将杀虫剂分常规使用、限制使用两类，每 5 年复查一次，增加了杀虫剂监管的法规条文，强调公众健康与环境保护，并把杀虫剂的监管权从农业部转归联邦环保局，提高了监管力度；另一方面它也考虑到国内提高粮食产量的需要和国际市场对粮食的需求受制于国内农场主势力和农药巨头的影响，但《杀虫剂控制法》将环保理念添加到立法中，使行业利益与公众利益、经济发展与环境保护达到一定的平衡，已经是一种进步。而高毒杀虫剂的禁用，迫使研究机构去研发对环境和鸟类没有影响的"绿色杀虫剂"，或研究对害虫的生物防治办法，或寻求更先进的"基因工程改造"等，从而开辟了新的产业领域。

2. 与决策理念变化密切相关

联邦政府与地方政府的关系处理。整个国家的政治制度对环境保护的制度制定有巨大的影响，美国在体制上经常遇到的是联邦政府与州和地方政府在环境方面的责任界定和划分、款项来源和使用、机构的管理权限和范围等问题，有些议员坚持相对独立性而顽固反对联邦政府介入州和地方政府的事务，包括环境保护领域的事务，从而形成一些障碍和阻力。比如美国工业化发展过程中一直伴随着水的污染。早在 1935 年，美国就有 8 个州制定了有效的水污染治理法律，1946 年增加到 21 个；1948 年，杜鲁门政府签署《水污染控制法》(Water Pollution Control Act)，虽然坚持强烈的州权观念，没有过多地干涉涉水的"地方事务"，没有对污染者实施处罚的规定，但规定给州和地方政府提供拨款和低息贷款，帮助它们建立垃圾处理系统，扩大了联邦对水污染问题的研究和控制；1965 年的《水质法》(Water Quality Act)中，联邦政府增加对地方建设污水处理设施拨款，把全国的河流和水道作为一个整体来处理，力图在源头上遏制污染而不是等它波及下游再来处理，通过强化联邦政府的干预权，突破狭隘的地方利益的限制。

公有土地管理和私有土地管理的关系。美国的环境制度对联邦土地管理和私有土地管理是有区别的，这从一个侧面反映了财产私有权神圣不可侵犯的观念。如《濒危物种法》最初的规定是"对濒危物种的任何危害或任何类似的尝试均属非法"，由于美国联邦政府只拥有全国约三分之一的土地，大量物种广泛存活于具有排他性产权的私人土地上，于是政府出台"栖息地保护方案"制度，针对第十条"伴随的夺取许可证"，鼓励非联邦土地所有者在自己的土地上从事合法活动时，通过提交详细的"栖息地保护方案"，来减轻或降低对濒危物种可能造成的伤害，以达到保护的目的。这个方案使大量私有土地因发现有濒危物种栖息而被限制土地产权或被限制土地用途。当时美国著名的反环保组织诸如"全国湿地联盟""明智地利用"在保护私有产权的旗帜下走到了一起。"明智地利用运动"主张对自然"明智地利用"而不是一味地保护,针对美国 30 年来所制定的环保政策,提出一系列主张:第一,要求国家在公共土地中开放商业性矿产和能源开发,要求在公共土地上签订放牧契约以保证私有财产权力;第二,允许对国家森林中的老林进行商业性开采,允许在国家公园内进行商业性开发;第三,修改《濒危物种法案》,限制濒危物种申报,允许在北极的国家野生动物保护区钻探石油等。直到 1995 年,国会的《私有财产权利法》法案还特别指出,不论在何种情况下,《濒危物种法》和其他国家法规都不适用于私有财产,当联邦政府的环保法规和政策与财产私有权相抵触时,前者是要为后者让路的。作为"环境的十年"成果之一的《联邦土地政策和管理法》曾引发了"山艾树叛乱"(the sagebrush Rebellion),土地所有者、森林占有者、矿业所有者和土地开发商联合起来反对联邦土地管理办公室对公地的管制,要求把西部各州公地的控制权交给州政府。里根更是公开宣称自己是反环境保护总统,他采用多种方法来削弱或消除环境管制,在他的第一个任期内,不仅没有通过任何新的环保法规,对八个已经到期需要重新批准的环保法律也只准许其中的两个修正案通过。20 世纪 90 年代,美国形成反环保运动群体,发起了"财产权利"(Property Right)"明智利用"(Wise Used)和"郡县至上"(County Supremacy)等运动,对政府的环境政策提出挑战,在国会中通过了补偿私有产权损失的法案。"环保"与"反环保"力量达到某种均衡,使联邦层面的环境政策更加注意寻求生态目标与功利目标的平衡,更加注意环境保护与经济因素的双重考量,更加注意兼顾各方利益和诉求,并保持环境政策的稳定性和长效性。

3. 与社会群体参与密切相关

美国存在大量专业化的环保组织,还有直接面向社区的草根环保组织,在环境保护运动和环境制度制定方面,社会公众起到了积极的推动作用。美国生物学家兼画家奥杜邦(John James Audubon)花了 12 年时间于 1838 年绘制完成被喻为"鸟类圣经"的世界上最昂贵的书籍之一——《美洲鸟类》,又于1848年绘制完成《美洲的四足动物》。奥杜邦在日记和随笔中提出了保护自然、尊重生命、保护野生动物的理念,给其他公民以热爱自然的精神启迪,人们把他的名字作为环境保护和野生动物保护的象征,1905年成立的非营利性民间环保组织"美国奥杜邦协会"作为美国最具影响力的社会团体之一,直到现在依然十分活跃。20世纪50年代中期被视为美国环境政治一个重要转折点。原因是环保组织成功保护了回声谷国家公园,这标志着环保组织作为一个有影响的政治势力出现在公众面前。从20世纪50年代中期开始,以荒野协会为首的民间资源保护组织经过近10年的努力推动国会在1964年通过了《荒野法》。美国环保协会提议的"排污权交易"(Tradable Air Pollution Permits)于1990年被《清洁空气法》修正案吸纳,在付诸实施后取得了很好的实际效果。

　　1980年以来,美国主流环保组织普遍利用选举联邦、州和地方的议员,竞选总统等方式来影响美国的环境政策走向,如里根政府第一任期内有两名内阁高官——环保局局长安妮·戈萨奇(Anne Gorsuch)和内政部长詹姆斯·瓦特(James Watt)由于对环保运动进行钳制引起公众的不满,分别于1983年3月和10月被迫辞职。"塞拉俱乐部(Sierra Club)1988年支持的76名国会议员候选人中有60人成功当选,1990年支持的133人中有84人当选,1992年支持的186人中有108人当选。"[1]环保组织也通过对市民的宣传教育、环境公益诉讼等方法来争取环境权利,迫使政府切实履行环境职责,监督政府切实执行环境法律。如塞拉俱乐部法律援助基金会曾以破坏斑点猫头鹰的栖息地、不履行《濒危物种法》为由对鱼类与野生动物管理局提起诉讼,联邦地区法院于1988年11月裁定环保组织的诉讼请求成立,迫使鱼类与野生动物管理局于1990年在濒危物种名单中将斑点猫头鹰添加其中。

　　环保组织之间的协作越来越密切。1988年11月30日,自然资源保护委

[1] Robat J Duffy, The Green Agenda in American Politics: New Strategies for the Twenty-first Century [M]. (Lawrence, Kan.: University Press of Kansas, 2003), p49-50.

员会、世界观察研究所、全国野生动物联盟、塞拉俱乐部等 20 个环保组织向布什总统提交了名为《环境蓝图：联邦行动计划》的报告。[1]《环境蓝图》认真考察了各部门所面临的环境问题，一共提出了 730 条建议，每条建议都写在一页纸上，纸的正面是建议的具体内容，背面是预期的经济收益，同时附上与之相关的专家及国会委员会的信息。《环境蓝图》是 32 个工作小组数百人工作的结晶，是环保组织团结协作的产物，这份蓝图"是环保组织首次用一个声音发言，而且观点表述得如此清晰流畅和富有智慧"[2]。当然公众参与并不是简单的只要与环保有关就一定能得到拥护，在美国目前的立法体制下，漫长的立法论争使得环保法律和政策的制定在所有权等问题上的突破显得尤为复杂和困难，有些环保制度和政策受到同情和赞成，有的也会受到质疑和反对，反映出环境制度涉及利益问题时，政府、企业和公众的博弈，这些力量在不同时期达到动态的均衡。

4. 与全球环境压力密切相关

当今世界，伴随经济全球化而来的是环境问题全球化，过去区域性的环境污染和局部性的生态破坏正在扩大为全球性的环境危机，臭氧层破坏、温室效应、全球气候变化、酸雨、土地沙漠化、森林锐减、物种灭绝、越境污染、土壤侵蚀、危险性废物越境转移等严重威胁着全人类的生存和发展，国际社会正在谋求深度合作，建立起一个国际环境条约体系，联合应对环境治理问题。从布什到奥巴马，美国在世界环境治理中有积极参与谋求主导的努力，也有无可奈何力不从心的一面。比如在全球气候治理方面，1992 年联合国环发大会通过了世界上第一个全面控制二氧化碳等温室气体排放以应对全球气候变暖的国际公约——《联合国气候变化框架公约》，布什政府接受了公约的条款并为履行公约义务制定了《1992 年能源政策法》作为"全球气候变化国家行动方案"，但方案随着布什任期的结束而结束，实际结果不尽如

---

[1] T.Allan Comp. Blueprint for the Environment：A Plan for Federal Action［M］. Salt Lake City, Howe Brothers, 1989, Introduction, Backcover.
[2] 徐再荣 .20 世纪美国环保运动与环境政策研究［M］. 北京：中国社会科学出版社,2013：249.

人意。1993 年，克林顿刚上任时公布了《气候变化行动方案》，承诺在 2000 年把美国温室气体排放量至少降到 1990 年的水准，但结果并未完成目标。克林顿总统在 1997 年 12 月于日本京都通过的人类历史上首个限制温室气体排放的法规——《京都议定书》上签了字，但迫于参议院《伯德·哈格尔决议》的压力，没能提交到参议院批准。小布什上台后，于 2001 年 3 月以"减少温室气体排放将会影响美国经济发展"和"发展中国家也应该承担减排和限排温室气体的义务"为由宣布退出议定书。2009 年 6 月，奥巴马在众议院以微弱优势通过美国历史上第一份对温室气体排放进行限制的法案——《美国清洁能源与安全法案》，2015 年又通过了《清洁电力计划》。特朗普成为总统以后，调整了多项环境政策：在经费开支方面，2017 年 3 月和 5 月大幅度削减美国科学与环境机构，特别是美国国家环境保护局（EPA）和（美国）国家海洋和大气局（NOAA）的工作经费预算，削减了一系列保护空气和水的环保项目经费，结束了 EPA 减少铅风险和氡检测项目，取消恢复五大湖、切萨皮克湾和普吉特海峡的主要计划，2018 年 2 月削减了 2019 年预算中有关气候变化和可再生能源项目经费；在环境政策方面，2017 年 2 月，国会废除旨在保护水资源而限制煤炭开采的《溪流保护条例》，3 月和 10 月 EPA 撤销石油和天然气甲烷排放信息要求、废除清洁能源计划，6 月 1 日美国退出《巴黎协定》等。特朗普政府回归传统能源政策、降低气候重要性，调整了包括水资源、空气污染、土壤和一些物种保护相关的条例，在"美国优先"的口号下，使一些地方的环境保护让位于经济开发活动。

尽管美国主流环保运动取得了很大的成就，是现代世界环境保护运动的发祥地，也是世界环保制度最为先进的国家之一，但它在制度结构、立法程序和指导思想等方面都存在诸多不足，从而妨碍了环保运动取得实质性的突破。美国的环保历史像一面镜子，从某种角度反映了整个世界环境恶化的经历和人类环境保护的努力。美国环保运动和环境制度的演进与美国政治、经济、社会的发展紧密相关，美国的环保历史不仅是政府环境制度不断调整和创新的过程,也是公众对环保的政治社会参与不断扩大的过程,不仅有政府自上而下的理性干预,也有公众自下而上的自觉推动,不仅有为了争取选民等政治上的考量,也有司法起诉、环境教育、专业研究及市场化工具和机制的运用,它拓宽了对中国环境制度研究的视野,也为我们少走弯路、避免困境提供了历史借鉴。

第二节 中国生态文明制度建设的问题指向和解决线路

各国生态问题的产生原因和治理方法都各不相同,但也具有许多共性。我国早期环境政策制度的制定,较多地参照了美国等发达国家的样本,同时也顾及本国国家制度、治理理念和民族习俗的不同而带有自身的特色。从 2007 年 10 月党的十七大提出"社会主义生态文明建设"到 2013 年 11 月党的十八届三中全会决定提出"建设生态文明,必须建立系统完整的生态文明制度体系",再到 2015 年 9 月中共中央、国务院印发《生态文明体制改革总体方案》,短短几年时间里,生态文明在我国完成了从思想理念到政策构想再到建立起针对性、指导性和可操作性都很强的制度的转变,接下来的任务是把实体制度化为实际行动再化为实践成果。制度建设是生态文明建设的重要内容,加强制度建设与改善生态环境质量是同等重要的任务。如果说生态环境质量表征着生态文明的"硬成果",那么生态文明制度建设就代表着生态文明的"软实力"。习近平总书记指出,保护生态环境必须依靠法治,必须依靠制度,要把制度建设作为推进生态文明建设的重中之重,着力破解制约生态文明建设的体制机制障碍。

一、我国生态文明制度建设的社会背景考察

"制度"是个内容很宽泛的概念,它是"在一定历史条件下形成的政治、经

济、文化等方面的体系"和"要求大家共同遵守的办事规程或行动准则"[1]，是在特定社会范围内调节人与人之间社会关系的一系列道德理念、习俗戒律、行为规范、条例规章、法律法规等的总和。按存在形态来区分，包括民族社会心理上普遍认可的非正式制度和国家政府制定的正式制度；按作用方式来区分，包括宏观的指导思想和价值目标的构建以及微观的操作规程和实施机制的确立。任何制度都是有理性的社会人对现实社会矛盾解决、对未来社会风险预判而采取积极规避行动的产物，制度的社会作用表现为，"制度影响着每个个体的有效行为，影响着这些行为的次序，影响对每一位决策者都有用的信息结构，而这些影响又使制度模型化"[2]。任何制度都不是一成不变的，随着生产力的不断发展、生产关系的不断调整，为了解决不断出现的社会问题和社会矛盾，制度总处于新时代、新形势的端口率先变化，而制度的变化又与人的认知变化相关。

与第二章论述的新中国成立以来，我们对人与自然关系及人对环境影响的认识的三次转变一致，每一次认识的转变都促成了环境制度的转变和环境制度的成熟。

1. 第一次转变以第一次全国环境保护大会为标志，认识到社会主义国家同样存在环境问题

以前，我们一直认为环境污染是资本主义制度的固有矛盾引发的，是资本家剥削压迫工人阶级的结果。1972 年，联合国在斯德哥尔摩召开了第一次人类环境会议，通过的《人类环境宣言》总结和提出了 7 个共同观点和 26 项共同原则，敦促各国政府注意人类的活动正在破坏自然环境，这会给人类自身的生存、生活质量的提高和经济社会的发展造成严重威胁，各国政府要采取必要的措施保护环境。世界第一次环境大会开创了人类社会环境保护事业的新纪元。联系一段时间以来，北京的水源地 —— 官厅水库频频出现农药污染和死鱼事件，我国高层决策者意识到中国也存在环境问题，必须积极采取行动。国务院于

[1]　中国社会科学院语言研究所编辑室.现代汉语词典（第 6 版）［Z］.北京：商务印书馆，2012：1678.
[2]　罗伯特·古丁，克林格曼著.政治科学新手册［M］.钟开斌，等译.北京：三联书店，2006：169.

1972 年 6 月成立官厅水库水源保护领导小组,打响了中国水域污染治理的第一枪。接着召开了松花江、黄河、长江、珠江、渤海、东海等水域,大连、上海等地主要港口污染治理的会议。紧接着,1973 年 8 月,国务院委托国家计委在北京组织召开了由万名代表参加的中国第一次环境保护会议,审议通过了中国第一个环境保护文件 ——《关于保护和改善环境的若干规定》,这实际上是我国第一部综合性的环境保护行政法规和全国环境保护基本法的雏形。1978 年 3 月通过的宪法首次把环境保护工作列入国家的根本大法,确定为国家的一项基本职责,规定“国家保护环境和自然资源,防治污染和其他公害”,使环境保护基本法和其他环保法律、政策的制定有了宪法根据,奠定了中国环境法体系的基本构架和主要内容。第五届全国人大第十一次会议于 1979 年 9 月原则上通过了《中华人民共和国环境保护法(试行)》,标志着中国环境法律体系建设启动。

2. 第二次转变以确定环境保护基本国策为标志,认识到环境保护要综合治理、强化法治,逐步形成环境保护政策制度体系

1983 年,李鹏总理在第二次全国环境保护大会上宣布:“环境保护是中国现代化建设中的一项战略任务,是一项基本国策。”1990 年《国务院关于进一步加强环境保护工作的决定》(国发〔1990〕65 号)正式提出:“保护和改善生产环境与生态环境、防治污染和其他公害,是中国的一项基本国策。”基本国策是由基本国情决定的具有长期性、全局性、战略性问题的系统对策,是立国、治国之策当中最基本的政策,环境保护作为基本国策说明高层对环境问题更加重视。此后,我国制定出台了一系列环境保护的法律法规,逐步形成包括三大政策(即“谁污染,谁治理”“预防为主,防治结合”“强化环境管理”)、八项制度(即“环境影响评价”“三同时”“征收排污费”“城市环境综合整治定量考核”“环境保护目标责任”“排污申请登记与排污许可证”“限期治理”“污染集中控制”)在内的环境保护政策制度体系。

和环境保护制度建设相同步,我国的生态环境建设和保护制度体系随着国家法律体系的建设完善得到相应的发展。据官方公布的数据,截至 2011 年

8月底,中国制定现行宪法和有效法律共 240 部、行政法规 706 部、地方性法规 8600 多部,涵盖社会关系各个方面的法律部门已经齐全。[1] 到 2018 年 8 月,我国有现行宪法和有效法律近 260 部、行政法规近 800 部、地方性法规近 9000 部,相应的行政法规和地方性法规比较完备,各个法律部门中主要的、基本的法律已经制定,国家建设各方面已经实现有法可依,已经形成中国特色社会主义法律体系。到目前为止,我国已制定 11 部以环境污染防治为主要内容,13 部以自然资源合理使用和管理为主要内容,12 部以防止生态破坏、保护自然(生态)和防治自然灾害为主要内容的法律,30 余部与环境资源法相关的法律,10 余件军队环保法规和规章,60 多件环境保护行政法规,2000 余件地方环保法规和环保规章,1600 多项环保标准。与 10 多个国家签署核安全合作双边协定或谅解备忘录,与美国、加拿大、日本、俄罗斯等 40 多个国家和地区签署双边环保合作协议或谅解备忘录,签订 60 多个与环境资源有关的国际条约。[2] 从量上看,我国环境法律占全部法律的 10% 左右,环境行政法规占全部行政法规的 7% 左右,远远超过其他部门法,是法律体系中门类相对齐全、结构较为完整的法律。从质上看,我国形成了以《中华人民共和国环境保护法》为核心,以大量环境保护的行政法规、部门规章、环境标准等为重要内容,以各项环境单行法为主要支撑的环境法律体系。

3. 第三次是以十七大首次把"生态文明"写入党的报告为标志,把过去单纯的环境保护提高到生态文明创建的高度,使党的科学发展、和谐发展执政理念得到升华

生态文明制度建设与环境保护制度相比有三方面的变化:其一,生态文明制度首先在思想理念上发生了转变。早期的环境政策环境法律是基于"人类中心主义"传统伦理思想,在处理人与自然关系问题上,其出发点和归属点都围绕人类利益展开,只用人的尺度、只站在人的角度去评价和衡量外在自然,强调人

---

[1] 参见国务院新闻办公室. 中国特色社会主义法律体系白皮书[J].2011 - 10 - 27, http：//www.gov.cn/jrzg/2011-10/27/content_1979498.htm 中央政府门户网站
[2] 蔡守秋. 中国环境法 40 年历程回顾[J]. 世界环境,2012（3）：34 - 35.

对自然的尊重和保护，强调人与自然的和谐相处，体现在制度上是既保障人对自然的合理利用，又重视人对自然的责任义务。新修订的《环境保护法》第 4 条第 2 款规定："国家采取有利于节约和循环利用资源、保护和改善环境、促进人与自然和谐的经济、技术政策和措施，使经济社会发展与环境保护相协调。"其次，以前我国环境立法侧重于污染防治，现行的大部分环境法律法规着眼点在防治环境污染，保护生态环境的规范性文件较少且层级和法律效力等级较低，对生态环境的整体调整和自然资源的全面保护显得用力不足，生态文明制度建设立足于从宏观方面树立生态环境整体观念，把末端治理的关口前移，重视风险预防，建立相应的环境风险辨识、评估、监控、应对、处置机制，贯彻"预防为主，防治结合，综合治理"原则。最后，环境立法一般以部门为主导、按照国家环境管理职能的划分来进行，都以单项的环境要素为对象，有利于精准发力，针对性较强，但也容易条块分割、各谋其利，导致目标偏差、忽视全局，难以形成协调统一的体系。生态文明制度建设有效地避免了单一行政部门立法或人大专委会提案可能存在的定点性和偏向性的问题，更多的是以问题为导向，显现出各部门合作的综合性和全面性。所以生态文明制度建设既是理念的变革，也是形式的变革，更是结果的变革。

二、我国生态文明制度构想的核心问题指向

"一个时代的迫切问题，有着和任何在内容上有根据的因而也是合理的问题共同的命运：主要的困难不是答案，而是问题。因此，真正的批判要分析的不是答案，而是问题。正如一道代数方程式只要题目出得非常精确周密就能解出来一样，每个问题只要已成为现实的问题，就能得到答案。"[1] "问题是时代的格言，是表现时代自己内心状态的最实际的呼声。"[2] 我国生态文明制度构想有一

---

[1]　马克思,恩格斯 . 马克思恩格斯全集(第 1 卷) [M]. 北京:人民出版社,1995：203.
[2]　马克思,恩格斯 . 马克思恩格斯全集(第 1 卷) [M]. 北京:人民出版社,1995：203.

个十分明显的特点就是以问题为导向，目前我国生态保护领域存在的核心问题主要有四个方面。

1. 归属模糊与公地悲剧

美国学者哈丁 1968 年在《科学》杂志上发表的《公地的悲剧》一文，引起了人们对所有权与环境问题关系的关注。因为公地中放牧是无偿的，放牧的收入却归牧人私有，每个牧人为增加收入都尽可能多地养牛羊，随着牛羊数量无节制地增加，公共牧场最终因"超载"而成为不毛之地，而牧人的牛羊最终因得不到充足的食物全部饿死。当对资源的需求增加时，无限制地使用一种资源会导致其无效率性，这种无效率会导致资源的枯竭。产权是一种权利、一种规范，"是一种社会工具，其重要性就在于它能帮助一个人形成他与其他人进行交易时的合理预期"[1]。产权安排会影响资源的配置、产出的构成和收入的分配等，公地的悲剧源于土地归属模糊即产权归属不清引发的环境保护不力。

自然资源资产产权制度，是生态文明的一项基本制度，关系自然资源资产的开发、利用、保护等各方面。20 世纪 80 年代是我国自然资源资产产权制度的正式创立阶段，《宪法（1982）》第九、十条共六款，《民法通则（1986）》第八十、八十一、八十三条共七款对自然资源资产产权进行了规定，我国现行自然资源资产产权制度大致形成于 20 世纪 90 年代初，存在的主要问题是：第一，我国的自然资源所有权有国家（全民）所有和集体所有两种形式，其中国家主体地位具有压倒性的优越性和优先权，集体主体产权却处于从属和滞后地位，国有企业或国家项目通过行政划拨无偿取得自然资源使用权，存在着以国家名义侵占或侵犯后者权益的现象；第二，自然资源的产权边界不清晰、权能不完整，使产权中包括占有权、使用权、收益权和处分权四项一体的权能在现实中是分离的，导致产权主体的自然资源处置权力错位、监管责任缺位、收益分配易位，影响资源配置利用的公平性；第三，由于自然资源的权利体系未建立，无法充分发挥市场优化配置资源的作用，降低了自然资源的使用效率，产生了较高的环保规制

[1]　卢现祥．西方新制度经济学［M］．北京：中国发展出版社，1996：182.

成本,干扰市场交易秩序;第四,过度强调和片面追求自然资源资产的经济价值,忽视自然资源资产的文化价值和生态价值,粗放式利用和滥用自然资源,无视自然资源资产的过度消耗和严重浪费存量,影响经济社会的可持续发展。我国环境污染得不到有效的治理,与产权的约束功能没有充分发挥作用有关。

2. 成本内化和环境责任

20世纪80年代后我国开办上马了大量技术装备落后、产品质量低劣、环境污染严重、资源消耗巨大、安全生产堪忧的企业,1996年《国务院关于加强环境保护若干问题的决定》中曾明令取缔关停15种重污染小企业,此后又列出了小钢铁、小水泥、小炼油等"新十五小"。各地经过一段时间拉网式的全面排查和"关停并转退"的集中治理,情况有所好转。但一方面小型企业设备简单、规模小、转移容易,被责令关停后换个隐蔽的地方又可以开张;另一方面,有些大中型企业为了节约成本不运转环保设备,偷偷排污,与环保监管人员玩猫捉老鼠游戏。出现这些现象的根源有两个:思想上在于一些企业主只图私人的赢利而缺失环境责任意识,损害社会利益,把污染治理成本转嫁给社会;经济上在于产权界定不清而产生了"外部性"和"搭便车"行为。外部性反映了个人理性和集体理性、个人最优与社会最优不一致的人类社会根深蒂固的矛盾,针对企业缺乏环境责任担当、缺乏环境行为自我约束力、缺乏环境负影响控制的内在动因,将企业环境成本的外部性经济内部化显得十分重要。制度经济学家从不同角度,如庇古从"公共产品"、科斯从"外部侵害"、奥尔森从"集体行动"、诺思从"搭便车"、博弈论者从"囚徒困境"切入,对外部性的产生进行过探讨和研究,并提出谁污染谁治理、谁损害谁赔偿、谁使用谁交费,对公共产品使用征税等行之有效的消除外部性的方法。

3. 政府作为与领导担当

由于发展观和政绩观扭曲,一些地方重规模、重速度、重眼前、重经济发展,轻效益、轻创新、轻长远、轻环境保护,以GDP论英雄,急功近利,导致环境与经济综合决策失误、行政不作为和行政干预环境执法等现象长期存在。一些地方政府成为污染的保护伞，出台"企业宁静日"等土政策，对工业园区、重点企业实行"封闭式管理""挂牌保护"，不准环境执法部门进园区、厂区检查，干扰正常执法；有些地方以虚假数据应付检查，如京津冀多地存在黄标柴油车年检造假问题，环保部机动车排污监控中心曾派人去检查，人还没有到厂，出来迎接的都是县长、书记，以地方财政紧张、企业是纳税大户等为由为企业说情；[1]有些地方环保机构将污染企业的罚款作为运行的资金来源，起不到应有的监管作用。环境保护部官员曾对媒体说，中国环境整治赶不上污染速度，因为企业在地方政府的保护下不怕行政处罚、不怕环保部门监察、不怕损害公众利益，有"三不怕"，而地方政府为了自身的经济利益是"老百姓不上访不查、高层领导不批示不查、媒体不揭露不查"，是"三不查"。[2]更有甚者，地方政府派人跟踪、盯梢上级环保检查，为污染企业通风报信，以避免打击。所以如果环境指标一天没有纳入各级官员的考核体系中，污染保护者不被问责反因"发展有功"得以升迁，就一天不能杜绝一些地方官员为了追求经济指标的提升、为短平快的 GDP 政绩，而不顾资源环境条件乱上化工、煤电、钢铁等重化项目，不顾当地居民的环境权益与污染和暴利企业联手破坏环境的行为。树立科学发展观，强化政府和领导的护绿责任，也是生态文明制度建设的重要内容。

4. 顶层设计与地方治理

困扰我国的环境污染问题与经济增长方式密切相关，与国土空间格局密切相关，与污染治理过程中中央和地方的配合密切相关。我国的经济发展问题首先是结构不合理，产业结构重型化特征明显。处于主导地位的冶金、建材、化工、石油炼化、火力发电等占工业总比重的 79%，京津冀地区是五大高耗能产业聚集地，生产过程中排放的工业污染占全国总污染的 60% 以上，部分行业出现严重产能过剩。其次是布局不合理。以化工企业为例，据一些媒体估算，我国沿江沿河化工石化企业多达 40 万家，长江中上游干（支）流化工园区密布，还有

---

[1]　澎湃新闻 . 环保部专家谈柴油车年检造假［N］. 报刊文摘,2016－12－28（4）.
[2]　刘效仁 . 根治"三不查"，打掉"三不怕"［N］. 中国环境报,2007－07－06（4）.

很多化工企业选址隐蔽，规模极小，确切数字很难考证。沿海石化产业遍布渤海、黄海和南海，从大连、营口、天津、青岛、上海、连云港、宁波、福建，到广东的惠州、茂名、湛江，再到广西北海都有炼油厂。[1]化工石化行业大多是高耗水、高耗能、高排放项目，生产过程中排放的"三废"多，对环境资源依赖程度高，结果就是水污染、大气污染在全国各地四处开花，同类产品同质竞争，整个行业市场秩序遭破坏。水、大气是最大的公共产品，我国现行环境管理体制和管理模式是以行政区域和部门分工为基础，难以解决流动型、跨区域型、整体型、复合型的水、气污染问题，环境治理生态建设需要地方政府去落实，但国家必须做好顶层设计、统筹规划，形成合力。

三、我国生态文明制度问题的关键解决线路

1.在法律体系方面

党的十八大提出关于中国特色社会主义事业"五位一体"的总体布局，把生态文明建设融入经济建设、文化建设、政治建设和社会建设的全过程和各方位之中，把"紧紧围绕建设美丽中国，深化生态文明体制改革"作为全国深化改革的一个部分。这是我们党第一次系统、完整、深入地安排生态文明制度建设。纵观我国生态文明制度体系，环境保护法律体系是最基本、最主要、最关键的内容。环境法律是中国特色社会主义法律体系中的重要组成部分，自身具有一套比较完整的体系，为促进国家环境管理的法制化、统筹社会经济与环境保护协调发展、确保公民在环境方面的合法权益、促进人与自然的关系和谐发挥了重要作用。基于环境法律规范的立法权限和效力层级关系不同，宪法中关于环境保护的规范，由高到低纵向划分为环境基本法、单行法律、行政法规和部门规章、地方环境与资源法规和规章几大门类。同时，其他部门法中有关环境与资源的法律规范、我国参加的国际法中的环境法规范也通常被归入

[1] 杨立群.需要这么多化工石化企业吗？［N].中国环境报,2010-09-23（1）.

其中。[1]基于调整对象及内部分工配合不同,由此及彼横向上涵盖了自然资源保护法、环境污染防治法、生态保护法等"亚法律部门",分别指向资源破坏、环境污染和生态保护。随着生态文明建设的不断发展,为增进生态整体利益,生态建设和生态保护亦需要通过立法予以保障,由此生态保护法应运而生。环境法律体系还会扩展至从源头治理到末端治理的综合性立法、能源与节能减排法、资源循环利用法(或循环经济法)等本质上对资源利益和生态利益进行综合协调的立法。

有学者提出,生态文明作为中国特色社会主义建设"五位一体"总体布局中的一体,"应当考虑制定通过程序更高、涵括范围更广、适应性更强的'生态文明建设基本法'"[2]。这一法律在生态文明建设整个法律体系中应当具有统领性、纲领性与指导性,在立法程序上应当由全国人大通过,在立法范围上应当涵括生态保护法、自然资源保护法、污染防治法、气候变化法、能源利用法和专项环境管理法等与生态文明建设相关的各个方面,在立法内容上应当属于理念法,只规定生态文明建设的战略目标、基本制度、基本原则,确立政府、社会组织、企业、公民个人在生态文明建设中的基本权利和基本义务。生态文明建设法律体系以一系列较为成熟且彼此联结的法律制度作为基本立足点,这些法律制度大体上划分为预防性制度、救济性制度和管控性制度三大类别。这些建议对今后生态文明制度建设的发展具有一定的启发。

2. 在体制改革方面

2015 年 4 月,中共中央、国务院印发《关于加快推进生态文明建设的意见》,紧接着 9 月份印发《生态文明体制改革总体方案》,提出建立健全八项制度:第一,自然资源资产产权制度。在资源公有、物权法定的前提下,对水流、森林、山岭、荒地、草原、滩涂等所有自然生态空间和自然环境要素进行统一的确权登记和使确权登记法治化。划清全民所有地方政府行使所有权和全民所有中央政

---

[1] 黄锡生,史玉成.中国环境法律体系的架构与完善[J].当代法学,2014(1):120–128.
[2] 王灿发.论生态文明建设法律保障体系的构建[J].中国法学,2014(3):34–53.

府直接行使所有权的资源清单和空间范围,探索建立分级行使所有权的体制。明确区分占有、使用、收益、处分等四项权利的归属关系和权责关系,积极推动所有权和使用权相分离,适度扩大使用权中的转让、出让、出租、担保、抵押、入股等方面的权能。第二,国土空间开发保护制度。统筹国家和省级主体功能区规划,根据重点生态功能区、农产品主产区、城市化地区的不同战略定位,进一步调整完善财政、产业、投资、资源开发、建设用地、生活用地、环境保护等区域化政策。将用途管制扩大到所有自然生态空间,全覆盖动态化监测全部国土空间变化,并将分散在各部门的有关用途管制职责逐步统一起来。第三,空间规划体系。空间规划分为国家、省、市(县)三级,以此作为各类开发建设活动的基本依据,由国家编制统一的空间规划。市县空间规划要统一土地分类标准,明确耕地、林地、草原、河流、湖泊、湿地等的保护边界,明确城镇建设区、农村居民点和工业区等的开发边界,科学划定生产空间、生态空间和生活空间。第四,资源总量管理和全面节约制度。划定永久基本农田红线,实行最严格的耕地保护制度和土地节约集约利用制度,完善耕地占补平衡制度。建立天然林保护、湿地保护、草原保护、沙化土地封禁保护、海洋资源开发保护制度。实行最严格的水资源管理制度,建立能源消费总量管理和节约制度,建立垃圾强制分类制度,建立资源再生产品和原料推广使用制度,落实并完善资源综合利用和促进循环经济发展的税收政策。第五,资源有偿使用和生态补偿制度。加快自然资源及其产品价格改革,将资源所有者的权益和生产过程中生态环境损害的价值等纳入自然资源及其产品价格形成机制之中。完善土地有偿使用制度、矿产资源有偿使用制度,建立耕地草原河湖休养生息制度,探索建立多元化补偿机制。第六,建立健全环境治理体系。建立污染防治区域联动机制,建立农村环境治理体制机制,更加全面地推进大气、水质等环境信息公开、监管部门环境信息公开、排污企业单位环境信息公开和建设项目环境影响评价信息公开机制。完善公众的环保参与制度,保障人民群众依法有序行使环境监督权和决策参与权。第七,培育环境治理和生态保护市场体系。鼓励并吸引更多社会资本、各类投资主体进入环保市场，加大对环境污染第三方治理的支持力度。推行用能权、碳排放权、排污权、水权交易制度，强化以生产企业为单元进行总量控制，建立绿色金融体系和统一的绿色产品体系。第八，生态文明绩效评价考核和责任追究制度。建立资源环境承载能力监测预警机制，探索编制自然资源资产负债表。把资源消耗、环境损害、生态效益等一并纳入经济社会发展评价体系，根据不同区域主体功能定位实行差异化绩效评价考核，建立国家环境保护督察制度。对领导干部实行自然资源资产离任审计，生态环境损害责任终身追究制。

生态文明制度建设从党的十八大报告到《生态文明体制改革总体方案》的印发，内容越来越具体，操作性越来越强。

3. 在措施配套方面

在提出制度建设构想的同时，2015 年 9 月，中央经济体制和生态文明体制改革专项小组会同有关部门和单位以"1+6"形式在生态文明建设方面推出一批重点改革措施："1"指的是生态文明体制改革总体方案，"6"指的是在总体方案统领下推出环境保护督察方案（试行）、生态环境监测网络建设方案、党政领导干部生态环境损害责任追究办法（试行）、领导干部自然资源资产离任审计的试点方案、生态环境损害赔偿制度改革试点方案、编制自然资源资产负债表试点方案。这次生态文明体制改革提出了明确的总目标和时间表：到 2020 年，生态文明重大制度基本确立，基本形成源头预防、过程控制、损害赔偿、责任追究的制度框架，构筑起多元参与、产权清晰、约束激励并重、形态完整的生态文明制度体系，规范、引导和约束各类利用、开发、保护自然资源的行为，推进生态文明建设领域国家治理体系和治理能力现代化，用制度保护生态环境。

在中国，解决社会问题一般有政治的、法律的、经济的、伦理的四种方法，而生态文明制度建设把这四方面涵盖其中，并体现法律制度的稳定性和行政制度的灵活性相结合，社会目标、经济目标和生态目标相一致。

四、我国生态文明制度完善的未来目标方向

在没有生态文明理念指导前,我国山、水、林、田、湖、草、沙的改造利用缺乏一体性的规制系统,多多少少存在上下脱节、条块分割、左右掣肘的问题,所以必须根据生态文明理念和现实需要创新制度保障体系。在实际操作中,生态文明制度建设还需要处理好几方面的关系。

1.加强顶层设计统筹安排

成立于 2013 年 12 月 30 日,由习近平总书记任组长的中央全面深化改革领导小组,现今负责中国改革的总体设计、整体推进、统筹协调、督促落实。它下设 6 个专项小组,其中一个是经济体制和生态文明体制改革领导小组。2014年 1 月 22 日,习近平在中央全面深化改革领导小组召开的第一次会议上指出,中央改革办、专项小组的牵头单位和参与单位要建立好工作机制,做到既各负其责、各司其职又加强协作配合,形成工作合力。2014 年 2 月 28 日第二次会议审议通过了《关于经济体制和生态文明体制改革专项小组重大改革的汇报》,2014 年 9 月 29 日第五次会议审议了《关于引导农村土地经营权有序流转发展农业适度规模经营的意见》,2015 年 7 月 1 日第十四次会议审议通过了《环境保护督察方案(试行)》《生态环境监测网络建设方案》《开展领导干部自然资源资产离任审计的试点方案》《党政领导干部生态环境损害责任追究办法(试行)》,2015 年 12 月 9 日第十九次会议审议通过《中国三江源国家公园体制试点方案》,2016 年 2 月 23 日第二十一次会议听取了经济体制和生态文明体制改革专项小组关于生态文明体制改革总体方案推进落实情况汇报,浙江省开化县关于"多规合一"试点情况汇报,3 月 22 日第二十二次会议审议通过了《关于建立贫困退出机制的意见》《关于健全生态保护补偿机制的意见》,4 月 18 日第二十三次会议审议通过了《宁夏回族自治区空间规划(多规合一)试点方案》,5月 20 日第二十四次审议通过《探索实行耕地轮作休耕制度试点方案》,6 月 27日第二十五次会议审议通过《关于设立统一规范的国家生态文明试验区的意

见》《关于海南省域"多规合一"改革试点情况的报告》《国家生态文明试验区(福建)实施方案》,7月22日第二十六次会议审议通过了《贫困地区水电矿产资源开发资产收益扶贫改革试点方案》《关于省以下环保机构监测监察执法垂直管理制度改革试点工作的指导意见》,8月30日第二十七次会议审议通过《关于构建绿色金融体系的指导意见》《关于完善产权保护制度依法保护产权的意见》《关于完善农村土地所有权承包经营权分置办法的意见》《重点生态功能区产业准入负面清单编制实施办法》《生态文明建设目标评价考核办法》《关于在部分省份开展生态环境损害赔偿制度改革试点的报告》,10月11日第二十八次会议审议通过了《关于全面推行河长制的意见》《省级空间规划试点方案》,11月1日第二十九次会议审议通过了《建立以绿色生态为导向的农业补贴制度改革方案》《关于划定并严守生态保护红线的若干意见》《自然资源统一确权登记办法(试行)》《湿地保护修复制度方案》《海岸线保护与利用管理办法》,12月5日第三十次会议审议通过了《关于健全国家自然资源资产管理体制试点方案》《关于加强耕地保护和改进占补平衡的意见》《围填海管控办法》和《关于农村集体资产股份权能改革试点情况的报告》,12月30日第三十一次会议审议通过《矿业权出让制度改革方案》《矿产资源权益金制度改革方案》。基本上每次会议都会涉及生态建设方面的问题,以后这方面还需强化。

2. 坚持规划先行"多规合一"

推进市县"多规合一"是中央全面深化改革领导小组第二次会议确定的经济和生态文明体制改革的一项重要任务。2014年,国家发改委、国土部、生态环境部和住建部联合下发《关于开展市县"多规合一"试点工作的通知》,提出在全国28个市县开展"多规合一"试点。其次,《通知》提出要合理确定规划目标。"多规合一"要求总体把握市县所处的大区域背景,按照不同主体功能区定位以及上位规划的要求,统筹考虑本区域的国民经济和社会发展规划、土地利用规划、城乡规划和生态环境保护规划等相关规划目标,按照资源环境承载能力,合理规划引导人口、产业、城镇、公共服务、基础设施、生态环境和社会管理等方面的发展方向与布局重点,探索完善经济社会、资源环境政策和空间管控措施,在整合相关规划的空间管制分区的基础上,科学划定城市开发边界、永久基本农田红线和生态保护红线,形成合理的城镇、农业和生态空间布局。2016年3月到5月,国家发展改革委员会联合国家测绘局先后与浙江省、贵州省、广西壮族治自区、福建省、湖北省人民政府签订了省级空间规划合作意向;厦门市则率先在全国推动"多规合一"立法,市人大常委会将《厦门经济特区多规合一管理若干规定(草案)》正式列入2015年立法项目;浙江的德清、开化进行了县级试点,"一张蓝图干到底",清除了多规的矛盾,提高了管理效率,实现了规划体系、空间布局、基础数据、技术标准、信息平台和管理机制等多方面统一。

3. 完善环境标准技术支撑

首先是完善环境监测体系。生态环境监测是生态文明建设的重要科学支撑,是生态环境保护的技术基础。为改变我国目前生态环境监测网络中普遍存在的监测数据质量不高、共享程度不够、地区和要素覆盖不全、监测与监管结合不紧、建设规划标准规范与信息发布不统一等突出问题,2015年7月26日,国务院办公厅印发《国务院办公厅关于印发生态环境监测网络建设方案的通知(国办发〔2015〕56号)》,提出推进生态环境监测网络建设的32字基本原则:明晰事权、落实责任,健全制度、统筹规划,科学监测、创新驱动,综合集成、测管协同。计划"到2020年,全国生态环境监测网络基本实现环境质量、重点污染源、生态状况监测全覆盖,各级各类监测数据系统互联共享,监测预报预警、信息化能力和保障水平明显提升,监测与监管协同联动,初步建成陆海统筹、天地一体、上下协同、信息共享的生态环境监测网络,使生态环境监测能力与生态文明建设要求相适应"[1]。环境保护部会同有关部门统一规划、整合优化环境质量监测点位,建设涵盖大气、水、土壤、噪声、辐射等要素,功能完善、布局合理的全国环境质量监测网络,按照统一的标准规范开展监测和评价,客观、准确反映环境质量状况。各级环境保护部门以及国土资源、交通运输、住

[1] 国务院.生态环境监测网络建设方案[N].中国环境报,2015-08-13(2).

房城乡建设、水利、卫生、农业、林业、海洋、气象等部门和单位获取的污染源、环境质量、生态状况监测数据要实现有效集成、互联共享。构建生态环境监测大数据平台,为考核问责提供技术支撑。

其次是逐步完善国家环保标准体系。环保标准在环境保护执法、监管等工作中发挥着重要且广泛的作用。我国第一项环境保护标准是 1973 年发布的《工业"三废"排放试行标准(GBJ4–73)》,这是我国环境保护事业起步的重要标志。经过 40 多年的完善和发展,我国已经逐步形成"两级五类"的环保标准体系。"两级"是指环保标准按照制定主体分为国家、地方两级;"五类"是指环保标准按照作用定位分为环境质量标准、环境监测规范、污染物排放(控制)标准、环境管理规范类标准和环境基础类标准。截至"十二五"末期,我国累计发布环保标准 1941 项,现行标准 1697 项。在现行环保标准中,环境质量标准 15 项,已经覆盖空气、水、土壤、声与振动、核与辐射等主要环境要素,污染物排放标准 161 项,环境监测规范(包括环境监测分析方法标准、环境监测技术规范、环境监测仪器技术要求、环境标准样品)1001 项,环境基础类标准(包括环境基础标准和标准制修订技术规范)21 项,管理规范类标准 499 项,国家环保标准体系的主要内容得到了全面发展。加强对地方环保标准的指导和管理,发布了《关于加强地方环保标准工作的指导意见》(环发〔2014〕49 号)《关于抓紧复审和清理地方环境质量标准和污染物排放标准的通知》(环办〔2015〕39 号)等文件,进一步理顺了国家标准与地方标准的关系,促进地方环保标准得到快速发展。"十三五"期间,"环境保护部将全力推动约 900 项环保标准制修订工作。同时,将发布约 800 项环保标准,包括质量标准和污染物排放(控制)标准约 100 项,环境监测类标准约 400 项,环境基础类标准和管理规范类标准约 300 项,支持环境管理重点工作"[1]。环保标准还需要随着环保事业的发展不断修订。

---

[1]　国家环保部.国家环境保护标准"十三五"发展规划〔N〕.中国环境报,2017 – 04 – 26(2),http：//www.zhb.gov.cn/gkml/hbb/bwj/201704/t20170414_411566.htm

4.重视生态保育全面保护

思想意识上，从环境保护走向生态保育。习近平在十八届三中全会就《中共中央关于全面深化改革若干重大问题的决定》作说明和解释时指出，"我们要认识到，山水林田湖是一个生命共同体，人的命脉在田，田的命脉在水，水的命脉在山，山的命脉在土，土的命脉在树。用途管制和生态修复必须遵循自然规律，如果种树的只管种树、治水的只管治水、护田的单纯护田，很容易顾此失彼，最终造成生态的系统性破坏。由一个部门负责领土范围内所有国土空间用途管制职责，对山水林田湖进行统一保护、统一修复是十分必要的"[1]，完整地体现了生态保护的系统性、整体性、协同性思想。新环境保护法确定"保护环境是国家的基本国策"，提出环境保护必须坚持的"保护优先、预防为主、综合治理、公众参与、损害担责"五项原则，规定了"国家采取有利于节约和循环利用资源、保护和改善环境、促进人与自然和谐的经济、技术政策和措施，使经济社会发展与环境保护相协调"。[2] 以前的制度体系是以"治病"，最多以"防病"为设计目标，环境法关注环境污染的负外部性内部化而忽视正外部性内部化，关注"谁污染，谁付费"而忽视"谁受益，谁补偿"原则落实，关注抑损性规范构建而忽视增益性规范构建，关注环境资源的"使用和消费"和生态资源的"存量"而忽视其"生态供给"和增量，关注环境污染防治而忽视对生态破坏和退化的治理，关注行政处罚性环境责任而忽视损害赔偿性环境责任，现在要更注重环境治理的整体性、系统性，在保护环境的同时重视生态修复，重视制度中的补偿性和增益性规范的创设。新环境保护法提出环境保护规划应当包括生态保护和污染防治的目标、任务、保障措施等方面的内容，提出国家在生态环境敏感区、重点生态功能区和生态体系脆弱区等区域划定生态保护红线；建立、健全生态保护补偿制度，保护生物多样性，保障生态安全；城乡建设应当结合当地自然环境的特点，保护

---

[1]　习近平.关于《中共中央关于全面深化改革若干重大问题的决定》的说明［N］.人民日报，2013－11－16（1）.
[2]　习近平.关于《中共中央关于全面深化改革若干重大问题的决定》的说明［N］.人民日报，2013－11－16（1）.

植被、水域和自然景观,加强城市园林、绿地和风景名胜区的建设与管理,并推动农村环境综合整治。这在一定程度上起到了纠偏作用,是实施"生态保育"的良好开端。

5.守住制度底线过犹不及

产权结构上,必须在确权的同时注意制度制约时带来的效率下降。从历史来看,"产权的演变首先是不准外来者享用资源,然后是制订规章制度限制内部人员开发资源的程度。可以说,建立排他性的产权制度是人类经济发展史上的一次伟大革命。排他性弱的地方也就是外部性严重的地方。一些'公共品'和'公共产权'存在的重要原因之一就是建立排他性产权的成本太高。外在性内在化的首要问题就是内在化成本高低的问题"[1]。美国的赫勒教授(Michael A.Heller)1998 年在《哈佛法律评论》上发表《反公地悲剧:从马克思到市场转型中的产权》(*The tragedy of the anticommons: property in the transition from Marx to markets*)一文,他认为,哈丁教授的"公地悲剧"展现了过度利用(overuse)公共资源的恶果,却忽视了如果权利所有者过多,每个当事人为了达到某种目的都有权相互设置使用障碍或阻止其他人使用该资源,而使资源未被充分利用(underuse)导致闲置和使用不足的可能性,从而建立了"反公地悲剧"理论模型。公地悲剧和反公地悲剧的实质都在于产权,无论是"公地悲剧"还是"反公地悲剧"都有其优点和不足,如前者使用权有效、收益权平等,可监督权无效、处置权不明确,后者使用权无效(或低效)、收益权不平等可监督权有效、处置权明确却不完全。"公地悲剧"因为产权不明晰而权利虚置,需要明晰产权、"定分止争","反公地悲剧"因为产权太分散而支离破碎,需要整合产权、减少制约。在整合产权、避免各类资源使用不足之余,更需要加强和重视产权制度的建设,全力遏制在产权整合过程中可能出现的寻租和腐败现象。赫勒在苏联解体后的莫斯科看到一个怪现象,一边是沿街店铺大量空置,一边是街道两旁金属做成的箱型销售摊仿佛森林般矗立,生意兴隆,高峰期的 1993 年,莫斯科街道上

---

[1] 卢现祥.西方新制度经济学[M].北京:中国发展出版社,1996:183.

有 1.7 万只这样的金属箱子。沿街店铺遭闲置的原因是政府把商店私有化后所有权分给了太多利益方，占有权、出租权、所有权等分散，造成所有者之间相互抗衡、相互制约，使资源使用效率低下，运行成本过高。"公地悲剧"导致过度放牧、砍伐、捕捞及污染，带来土地沙化、水土流失、种群灭绝及环境恶化等极明显的负外部性，"反公地悲剧"导致资源浪费、投资及收益减少等另类的负外部性。如果说我们现在提出"健全自然资源资产产权制度和用途管制制度"，是要"明确国土空间的自然资源资产所有者、监管者及其责任"，避免"公地悲剧"一再发生的话，鉴于权利具有排他性，对越来越稀缺的自然资源而言，我们也要警惕从一个极端走向另一个极端，既要避免公共产权造成资源的过度利用，又要避免资源利用不足，更要采取有效措施解决已存在的"多龙治水""几个大盖帽管不了一个破草帽"现象。

总之，中国的环境制度创设正在走向大众化、合理化、科学化，但也存在着许多不尽如人意的地方，这正是下一步改革需要解决的问题。随着一个个难题被攻克，生态文明建设会一步步提升，整个中国社会会一次次前进。

第三节　地方性生态文明制度建设的优化选择

以中国之大，行政区域之间存在着巨大的差别，包括地理位置、资源、人口、技术、环境构成、环境容量、环境自净力、经济发展水平等客观因素，也包括文化心理、传统习俗、认知偏好、理解能力和接受程度等主观因素，环境保护工作涉及面广、阶段性变化大，环境管理和治理都要对症下药。前者决定了制度要解决的关键问题和调节的重点关系是不同的，后者决定了制度的切入角度和实际的操作程度是不同的。由于中央立法着眼于解决境内普遍存在的、最基本的环境问题，寄希望于中央环境立法穷尽一切可能、提出详尽方案是不现实的。通过地方环境立法，把中央法律法规地方化、具体化，既可以使环境法律法规更具区域针对性和实施操作性，填补中央环境立法中细枝末节上的空白，还可以在以具有地方特色的方法解决特殊环境问题的过程中，积累独特的地方经验，形成方程的不同解法，在条件成熟时上升为国家立法。在我国，各地生态文明制度的内容也许各不相同，但目的是一致的，在于约束经济人的不当行为，纠正其仅为自身考虑的认知偏好，使之在追求自身利益最大化时不对他人造成损害，激励社会人遵守共同契约，通过合理的行为使得为个体打算的同时提升整个自然的生态效率和增加整个社会的民生福祉。地方性生态文明制度建设对生态文明的整体推进起着重要的作用。这里我们特意选择国家发改委于2015年12月启动的第二批全国生态文明先行示范试点城市、2018年3月水利部公布的第一批通过全国水生态文明建设试点验收城市、2018年7月成为浙江省第二批省级生态文明建设示范市的宁波作为样本进行研究，从中找出地方生态文明建设的运作轨迹。

一、宁波生态文明制度建设的层次和结构分析

前面从国家层面讨论了生态文明的制度建设，下面是从地方层面进行的专门的研究。

1.制度以及地方性生态文明制度

"制度"是一个十分宽泛的概念，一般是指人在存在和发展过程中为了调整人与人之间关系，规范自身的行为而约定或制定的一系列法律（包括宪法和各种具体法规）、规章（包括政府制定的条例）、习惯、道德、戒律等规则体系的总和，是人为设计的要求大家共同遵守的办事规程或行动准则，是浓缩的、固化的社会关系，它使无亲缘关系社会成员之间的大规模合作成为可能，它内嵌着对人类行为的激励机制，同时形塑着对人类关系和秩序的行为规范与约束条件。诺斯说："制度是一个社会的游戏规则，更规范地说，它们是为决定人们的相互关系而人为设定的一些制约。制度构造了人们在政治、社会或经

济方面发生交换的激励结构，制度变迁则决定了社会演进的方式，因此，它是理解历史变迁的关键。"[1]

我们可以从以下几个方面去认识制度的本质和功能：第一，制度作为较为稳定的社会关系建构，使人彰显社会性本质。人的本质是社会关系的总和，人是社会性存在物，人在社会中生存必须与他人打交道，制度规定了社会中每个角色的分工，社会成员依照制度行事可以维持社会的正常秩序，可以保护其权益不受侵犯。第二，制度作为源远流长的社会文化，使人从中获得经验累积。人类社会的思想意识、行为理念都有一定的传承性，制度也有一定的路径依赖，比如中国历史上巡视制度最早出现在西汉，成熟于明、清。汉武帝时，把全国划分为13部，每部设立一名刺史，共13名刺史。刺史的工作任务是"乘传周流"（"传"指公家驿站的马车，"周流"意为到处巡视）。明清时，朝廷经常派出钦差大臣去督导或推进某项工作，这些活动的经验教训，为后人设计制度时提供了参考。第三，制度作为社会秩序的设计，使人在某种程度上可预判未来，形成合理的心理预期。人类在社会中生存需要一定的秩序性，秩序性从时间上保证了历史基因传承的顺利实现，从空间上保证了个体与群体关系的顺利切换。第四，制度作为较为完整的规则体系，可以让人用来调节自身的行为。制度告诉我们什么是可以做的，是被提倡的，什么是不可以做的，是被禁止的。制度会起到激励或惩戒的作用，一旦触及了制度规定的底线，就会受到制度的惩罚，就会付出一定的代价。制度的目的在于为个人、社会、国家的行为、关系划定边界和设立篱笆，保护个人和社会团体在边界和篱笆内的自由，防止边界和篱笆内自由的外溢，为个人和社会团体对自由的追求划定选择空间的边界，为个人和社会团体的发展提供公平的环境和舞台。制度的运行有两个方向：制约和允许。制约人们从事某些活动，同时允许人们在一定的条件下从事另一些活动。制度是人们之间发生相互联系时所提供的思维框架和行为指南，它确定和限制了人们的

---

[1] 〔美〕道格拉斯·C.诺斯著.制度、制度变迁与经济绩效[M].刘守英译.上海：上海三联书店，1994：3.

选择集合,通过向人们提供一个日常生活的结构来减少不确定性。

所谓地方性生态文明制度是指特定地方的政府(或社会组织)为推动地方经济社会的和谐发展,合理调整人与人之间、特别是人与自然之间的关系而约定或制定的一系列地方法律(包括各种具体法规)、规章(包括部门条例)、企业环保制度、社区居民环保事项等规则体系的总和,是全社会树立生态文明理念、贯彻生态文明政策、采取生态文明行动、迈向生态文明社会的根本保障,是一个地域的居民(一个组织的成员)共同遵守的秩序准则和自我约束的行为规范。地方性生态文明制度是分层次的,按其作用方式不同可分为两种形式:正式制度和非正式制度。正式制度是"有字的"、成文的规则,在社会活动中具有无可非议的、明确的合法性,且由政府或组织为主体来实施;非正式制度是"无字的"、不成文的规则,是人们在长期实践中约定俗成、共同恪守的内在准则,以价值信念、风俗习惯、伦理规范、文化传统等形式存在,是正式制度的补充和延伸。非正式制度尽管缺乏强制约束力,但是是民众千百年沉淀下来、一代一代流传下来的,是社会运行中不可或缺的重要组成部分,它一方面潜移默化地影响着正式制度安排,一方面以无形的方式对社会成员进行规范,常常是地方性文化和民风的组成部分,是生态文明文化建设的重要内容。

2. 宁波生态文明制度的三个层次

生态文明是一个内容极为广泛、意义极为深远的哲学概念,具体和抽象、理念和操作在其中是对立却又统一的,在进入生态文明制度研究时,我们不得不把整个涉及和包含处理人与自然关系的、或指导性引领性的决定或具象的调节具体行为的条例、规定等都纳入同一个体系来分层处理。与国家层面类似,宁波地方性生态文明制度也基本形成了一个门类齐全、覆盖面广的制度体系,按其作用范围和效能不同可分为地方立法、政府部门规章和社会组织制度等三个层次。

第一层次,地方性环境法规。地方环境立法是我国立法分权的必然产物,是强化地方环境责任的必要补充,是粗放型环境管制向精细化环境管理的进步，能最大程度地调动地方环境治理的积极性，把生态文明纳入法治化轨道。正是地域的差异性和制度的层次性的存在，给不同行政区划的制度设计和创新，特别是生态文明制度的创新留下了广阔的空间。"广义的地方环境立法是指有权的地方人大及其常委会、地方人民政府制定、修改、废止地方性环境法规和地方环境规章的活动。"[1]2015 年 3 月 15 日，第十二届全国人大第三次会议修改了《中华人民共和国立法法》，根据第七十二条规定，省、自治区、直辖市的人民代表大会及其常务委员会，可以根据本行政区域和本省市的实际情况和具体需要，在不与国家的宪法、法律、行政法规、部门规章等相抵触的前提下制定地方性法规；设区的市的人民代表大会及其常务委员会，可以在此基础上，在不同省、自治区的地方性法规相抵触的前提下，对生态环境保护、城乡建设与管理、历史文化保护等方面的事项制定地方性法规。新立法法把过去 49 个较大的市才享有的地方立法权扩大至全部 282 个设区的市，而生态文明建设和环境保护是地方性法规的重要内容之一。地方环境立法，从立法层级上属于地方性法规的组成部分，从法律体系分类上属于国家环境法律法规体系的有机组成部分，具有区别于其他部门法的一般特征。宁波市几经清理和修改，截至 2016 年 12 月 23 日，现行有效地方性法规共 80 件，其中与生态文明相关的大约有 19 件，约占法规总数的 24%。其中最早的是 1995 年 7 月出台的《宁波市余姚江水污染防治条例》，最近的法规是 2017 年 6 月出台的《宁波市气候资源开发利用和保护条例》。这些地方性环境法规一般以条例、规定等形式出现，从三个方面体现其功能和作用。第一是依规管理。具体有《宁波市甬江奉化江余姚江河道管理条例》（1997 年 1 月）、《宁波市无居民海岛管理条例》（2004 年 12 月）、《宁波市环境污染防治规定》（2007 年 6 月）、《宁波市再生资源回收利用管理条例》（2009 年 1 月）、《宁波市水资源管理条例》（2010 年 8 月）、《宁波市城市供水和节约用水管理条例》（2010 年 11 月）、《宁波市市容环境卫生管理条例》（2012 年 12 月）、《宁波市甬江奉化江余姚江河道管理条例》（2014 年 4 月）等。第二

---

[1] 王平,冶冰.地方环境立法的空间转换[J].新东方,2006（6）：48 –50.

是依规保护。具体有《宁波市象山港海洋环境和渔业资源保护条例》（2005 年
5 月）、《宁波市韭山列岛海洋生态自然保护区条例》（2006 年 12 月）等。第三
是依规建设。具体有《宁波市防洪条例》（2000 年 11 月）、《宁波市城市绿化条例》
（2006 年 11 月）、《宁波市城市排水和再生水利用条例》（2008 年 2 月）、《宁波市
气象灾害防御条例》（2010 年 1 月）、《宁波市节约能源条例》（2010 年 1
月）、《宁波市农村绿化条例》（2010 年 8 月）、《宁波市旅游景区条例》（2010 年
12 月）等。宁波市人大常委会 2017 年立法计划中 4 项审议项目中有 1 项 ——
《宁波市城市绿化条例（修订）》，5 项审议预备项目中有 2 项 ——《宁波市生态
区保护条例》《宁波市生活垃圾分类管理条例》，10 项调研项目中有 4 项 ——《宁
波市食用农产品质量安全条例》《宁波市河道管理条例（修改）》《宁波市农田
土壤污染防治条例》《宁波市环境污染防治规定（修改）》与生态文明、环境保护
有关。特别是近几年，关于环境保护、污染防治等方面的地方立法增长较快，宁
波市十四届人大期间，市环保局承担了多件地方性法规的制定和起草工作，被
评为十四届人大及其常委会立法先进单位，从一个侧面反映了宁波对环境保护
和生态文明制度建设的重视。

第二层次，政府规章、规范性文件和由政府部门制定的环境规章制度。政
府规章和规范性文件一般指行政机关及法律、法规授权的具有管理公共事务职
能的组织，依照法定程序制定并公开发布的、相对稳定的、在一定时间内反复适
用的、在本行政区域或其管理范围内具有普遍约束力的"办法""规定""决定""意
见""通知""通告"等文件的总称，可通俗理解为由行政机关发布的对某一领域
范围内具有普遍约束力的准立法行为。两者有一定的区别，其共同点在于：制
定程序上，均包括立项、起草、政府法制机构统一审查、决定、公布几个环节；作
用上，均是加强地方事务管理，提高政府工作效率，保障法律法规在本市有效实
施的重要手段；性质上，均属于行政机关公文的范畴，属于政府的抽象行政行
为，均作为具体行政行为的依据，具有强制执行的法律效力。政府部门出台的
与环境和生态文明建设相关的政策和规章制度，是职能部门进行环境社会管理

的重要抓手,是依法行政的重要表现,是本部门对法律法规在执行过程中的具体化,它们在地方环境管理中十分活跃,发挥着重要的作用。这些环境规章不仅有行政约束力,还有法律意义上的强制力。截至 2016 年 12 月 23 日,按照《浙江省行政规范性文件管理办法(省政府令第 275 号)》要求,行政规范性文件的制定机关应当每隔两年定期组织清理,对那些与国家新出台的法律、法规、规章规定不相符或已不适应经济社会发展要求的行政规范性文件,应当及时予以修改或者废止。2017 年 1 月,宁波市法制办牵头对 2015 年 12 月 31 日前印发的 564 件市政府及市政府办公厅行政规范性文件进行了全面清理。经过清理,继续有效(含拟修改)的规范性文件共有 449 件,并对 6 件行政规范性文件进行了修改,其余的 115 件或因主要内容与法律、法规、规章、上级行政机关制定的行政规范性文件相抵触,或因被新的法律、法规、规章所替代,或因适用期已过或者调整对象已经消失而被废止。2017 年的清理工作更加重视与生态文明和环境保护要求不相符的地方性法规、市政府规章和办公厅行政规范性文件的清理。在目前继续有效的 451 件行政规范性文件中,与污染防治、环境治理、生态保护等有关的约有 65 件,占总量的 14% 左右,涉及的内容点多面广,涵盖了大量行政管理部门。

与环保相关的有:《关于印发〈宁波市城市环境噪声达标区管理办法〉的通知》(甬政发〔1995〕14 号)、《关于印发宁波市排污费征收使用管理办法的通知》(甬政发〔2003〕138 号)、《关于印发宁波市主要污染物总量减排考核等三个办法的通知》(甬政发〔2008〕17 号)、《关于印发划定禁止销售使用高污染燃料区域实施方案的通知》(甬政办发〔2011〕76 号)、《宁波市人民政府办公厅关于印发宁波市排污权有偿使用和交易工作暂行办法的通知》(甬政办发〔2012〕295 号)、《宁波市人民政府办公厅关于批转宁波市清洁土壤行动方案的通知》(甬政办发〔2013〕34 号)、《宁波市人民政府办公厅关于印发宁波市生活垃圾分类处理与循环利用工作实施方案(2013~2017 年)的通知》(甬政办发〔2013〕73 号)、《宁波市人民政府办公厅关于印发宁波市生态环境综合整治三年行动计划的通知》(甬政办发〔2013〕201号)、《宁波市人民政府办公厅关于印发加快黄标车淘汰工作实施方案和鼓励黄标车提前淘汰政府奖励补贴实施办法的通知》(甬政办发〔2014〕4号)、《宁波市人民政府关于印发宁波市大气污染防治行动计划(2014~2017年)的通知》(甬政发〔2014〕49号)、《宁波市人民政府办公厅关于印发宁波市进一步加强危险废物和污泥处置监管工作实施意见的通知》(甬政办发〔2015〕6号)、《宁波市人民政府办公厅关于明确市和县(市)区两级环保部门建设项目环境影响评价文件审批权限的通知》(甬政办发〔2015〕21号)、《宁波市人民政府办公厅关于推进全市高污染燃料锅炉淘汰改造工作的实施意见》(甬政办发〔2015〕175号)等。

与城管相关的有:《关于印发宁波市河道分级管理实施办法的通知》(甬政办发〔2008〕193号)、《宁波市人民政府办公厅关于印发宁波市公路边洁化、绿化、美化行动实施方案的通知》(甬政办发〔2013〕35号)、《宁波市人民政府办公厅关于印发宁波市餐桌安全治理行动三年计划(2015~2017年)的通知》(甬政办发〔2015〕125号),最近的政府规章是2018年12月宁波市人民政府第40次常务会议审议通过并正式发布的《宁波市餐厨垃圾管理办法》,于2019年1月1日起施行。

与安监相关的有:《关于切实加强危险化学品安全生产工作的实施意见》(甬政发〔2009〕51号)等。

与国土相关的有:《关于转发〈宁波市矿产资源补偿费征收管理实施办法〉的通知》(甬政发〔1996〕4号)、《关于切实推进节约集约利用土地的实施意见》(甬政发〔2008〕72号)、《关于调整工业用地结构促进土地节约集约利用的意见》(试行)(甬政发〔2010〕69号)、《关于加快推进农村集体土地确权登记发证工作的通知》(甬政发〔2012〕54号)等。

与林业相关的有:《关于建立和完善集体林地林木流转机制的实施意见》(甬政发〔2009〕59号)、《宁波市人民政府关于严禁四明山区域毁林开荒切实加强森林资源保护的决定》(甬政发〔2012〕138号)、《宁波市人民政府关于实施森林生态十大工程全力推进美丽宁波建设的实施意见》(甬政发〔2015〕77号)、《宁波市人民政府关于推进国有林场改革的实施意见》(甬政发〔2015〕76号)等。

与住房和城乡建设相关的有:《关于印发宁波市发展新型墙体材料管理办法的通知》(甬政发〔2009〕82号)、《宁波市人民政府办公厅印发关于加快推进宁波市绿色建筑发展的若干意见的通知》(甬政办发〔2014〕154号)等。

与农业、渔业相关的有:《关于印发宁波市水域滩涂养殖证管理暂行办法的通知》(甬政发〔2003〕44号)、《关于印发宁波市姚江水域渔业管理办法的通知》(甬政发〔2004〕80号)、《宁波市人民政府关于加快推进现代种业发展的实施意见》(甬政发〔2013〕77号)等。

与旅游相关的有:《宁波市人民政府关于推进农家乐休闲旅游业跨越式发展的意见》(甬政发〔2013〕117号)。

与发改、规划等综合部门相关,又是生态文明重要内容的有:《关于印发宁波市节能目标责任评价考核实施意见的通知》(甬政办发〔2011〕325号)、《宁波市人民政府关于加快"腾笼换鸟"促进经济转型升级的实施意见(试行)》(甬政发〔2013〕13号)、《宁波市人民政府关于实施"科技领航计划"加快推进创新型企业发展的意见》(甬政发〔2013〕14号)、《宁波市人民政府关于印发宁波市开展"三改一拆"三年专项行动方案的通知》(甬政发〔2013〕45号)、《宁波市人民政府关于印发宁波市优化产业政策促进产业转型发展意见的通知》(甬政发〔2013〕81号)、《宁波市人民政府关于加强石化产业规范整治提升促进可持续发展的指导意见》(甬政发〔2013〕93号)、《宁波市人民政府关于促进光伏产业健康持续发展的实施意见》(甬政发〔2014〕29号)、《宁波市人民政府办公厅关于印发加快建立完整的先进的再生资源回收体系的实施意见》(甬政办发〔2014〕43号)、《宁波市人民政府办公厅印发关于组织开展"低小散"行业整治提升深化"腾笼换鸟"专项行动实施方案的通知》(甬政办发〔2015〕36号)等。这些文件的出台、落实都将影响宁波的环境状况,影响宁波生态文明建设进程。

第三层次,各社会组织特别是企业制定的制度。企业是生态文明建设的重要主体和当然主角，在生态文明制度建设中也起着不可或缺的作用，国家的环境法律法规、政府部门的生态文明制度都要通过各个企业化为生产和管理中的各项措施和方案并加以落实，所以企业的环境制度表明了企业对生态文明的认知程度，表明了其遵守国家、政府制度及履行环保义务的自觉性。例如，1975年建立、原名为"浙江炼油厂"，于2006年9月更名的中国石油化工股份有限公司镇海炼化分公司，是国内最大的炼化一体化企业，是全国危化品应急救援基地，也是宁波最知名的企业之一。经过四十多年的发展，其已形成"大炼油、大乙烯、大码头、大仓储"的产业格局，集中代表了我国炼油化工行业的先进水平。公司追求绿色低碳、节能环保，成为我国首批8家"国家环境友好企业"之一，获得"中国节能减排领军企业""低碳经济发展突出贡献企业"等荣誉称号。镇海炼化全面实施"价值引领、创新驱动、资源统筹、开放合作、绿色低碳"的发展战略，加速转方式调结构，不断提质增效升级，更好地适应社会环境变化，使公司始终保持盈利增长、能力提升。企业管理理念是坚持生产、生态、生活"三生"和谐发展，追求企业、社会和员工"三方"共建共享成果，致力于成为长盛不衰、可持续发展企业。炼化有较完善的《突发环境应急预案》《环境自行监测方案》等，有《镇海炼化环境信息公开管理规定》，由公司安环处提供环境信息内容，经公司宣传部、企管处审核后由信息中心负责发布。发布的环境信息包括排污信息、防治污染设施状况、环评许可、自动监测数据和手工监测数据等，目的是尊重公众的环境知情权，同时接受公众的监督。在环保管理方面，镇海炼化秉承"和谐发展，共享未来"的企业宗旨，以建立"废弃物零排放""高利用型产业链"为目标，构建起内部循环经济模式：第一，完善资源综合利用产业链，实现综合价值最大化；第二，开展有机废气整治工作，创建无异味工厂，履行企业"保护碧水蓝天，共建绿色家园"的环保责任；第三，强化环境监测，引入群众监督机制，共建生态文明，使得经济效益和社会效益"双赢"。

再如成立于2003年1月，于2009年3月1日按照国家钢铁产业调整和振兴规划政策，由宝钢集团、杭钢集团、宁波开发投资集团公司、宁波经济技术开发区控股有限公司重组的宁波钢铁有限公司，随着政府、社会对环保的不断重视，公司的环保压力也越来越大。公司全面贯彻环境经营理念，以环境管理体系为依托、以遵守法规标准为准则、以强化现场服务为原则、以加强基础管理为目标、以规范管理流程为手段，推进环保管理标准化工作，继续改善公司现场环境，深入与相关方的互动交流，持续提升公司环境形象，实现公司经济与环境的协调发展。宁钢的企业环保制度着重于几个方面：首先，重视环境管理。依据ISO14001：2004 国际先进的管理标准，建立了环境管理体系，制定"绿色制造，诚信守法，环境经营，持续发展"环境方针，对公司产品、活动和服务中的环境因素进行识别，评选出重要环境因素，制定可监控的环境目标指标和管理方案并加以实施，以程序和作业指导书的形式规范日常环境管理活动，对相关方施加影响。其次，重视清洁生产和循环经济。公司大力推行清洁生产工艺和新技术的运用，工程设计时优先选择清洁生产技术和装备，努力靠近国际先进水平，生产中对工艺技术及运行装备、能源和原料的节约、资源的合理利用、废弃物的回用和污染物的削减整治等情况进行认真的分析，制定切实可行的方案，从源头上阻断污染的产生。目前，公司已通过清洁生产审核验收。宁钢采用符合国家产业政策的大型化、连续化、高效化的先进钢铁生产工艺装备，秉承循环经济"减量化、再利用、再循环"操作原则，通过科学合理规划，建立起铁素资源循环、水资源循环、能源循环和固体废物资源化再循环的生产体系，全面推进企业节水节电、节能降耗及资源综合利用等方面的技术革新和技术进步，全面建成循环经济型企业，以实现"原材料燃料消耗降低 — 资源利用效率提高 — 钢铁产品成本降低 — 工厂生产环境改善 — 企业市场竞争力提高"的良性循环。再次，重视大气、水、噪声污染防治和固废处理措施的制定和实施，在公司冶金技术部下设环境监测站，负责厂区环境监测。环境监测的内容主要包括环境空气质量监测（含气象参数测定）、污染物排放监测、污染治理设施运行监测、自动监测仪器仪表的定期校验、厂界噪声监测、环保设施功能考核测定、污染事故调查检测、配合环保科研和技术攻关的测试等。环境自动监测系统由厂区环境空气质量自动监测子站、烧结机烟气自动监测子站、生产废水总排海管水质自动监测子站和中心站组成，三个监测子站通过宽带与地方环保主管部门环境监控中心在线联网。最后是制定有针对性的环保方案。对钢铁企业来说，影响环境的主要污染物是粉尘。公司从 2016 年 11 月起，先后发布了《环境除尘设备专项管理方案》和《环境除尘设备达标评价方案》，逐月进行全覆盖式的专业检查和打分考评，以促进现场的点检运维和缺陷问题的整治工作。2017 年初，公司组织生产部开展新一轮的专项整治工作，以"设备见本色"的高标准来创建"绿色除尘站"，标志着宁钢"绿色除尘站"达标创建工作全面启动、着力推进。

这些地方性部门性的互相联系的法律、法规、规章、制度，共同维系着地方的生态形态和生态安全。这些地方法规、条例、文件与国家的相关制度对接，形成了一个完整的生态文明制度链条。这些制度层层传导、上下呼应，构建起一个主体、行为、效果叠加的有序的生态文明大厦。如果生态保护和治理的血管是畅通的，整个国家就能保持良性运行，一旦出现"中梗阻"或"神经末梢炎症"，国家的生态机体一定会有病理反应。

3. 地方党委的决定（或意见）对生态文明制度建设的补充

与国家生态文明制度一样，还存在一类地方党委作出的有关生态文明的决定、意见等，其法律位阶和效力等级类似或等同于地方立法，它们是中国特色的政治制度在生态文明建设中的表现。现在我国理论界对党内法规能否列入与国家法律体系相并列的规范体系之中一直有争论，因为如果列入，那么我国将存在党的法规体系和国家法律体系有差异的二元结构，这既不利于党内法规的健康发展，也不利于国家法治的统一；如果不列入，又不能体现党内法规实际具有的对国家治理的意志引领及贯彻执行的强制力，特别是涉及国家和社会治理内容的一些决定、意见等。认识到建设生态城市在当下的迫切性和重要性，2003 年 11 月，宁波召开生态市建设动员大会，拉开生态市规划建设序幕，先后组织编制、颁布实施了《关于加快推进宁波生态市建设的若干意见》《宁波生态市建设规划纲要》《关于建立健全生态补偿机制的指导意见》等政策文件，将生态市建设纳入"十一五"规划,作为实施宁波市第十次党代会提出的"六大联动"战略的重要载体,提出生态经济、生态人居、生态环境和生态文化建设等五项重点工程,把建设资源节约型、环境友好型"两型社会"作为规划的重要内容列入全市经济社会发展总体规划和各类专项规划。2010 年 7 月,宁波市委十一届十次全体(扩大)会议审议通过《中共宁波市委关于推进生态文明建设的决定》,描绘了宁波十年后经济、社会、环境和谐发展的美好蓝图,目标是让宁波人的生活更低碳、更环保、更舒适。2013 年 5 月 24 日,宁波市委十二届五次全会审议通过《中共宁波市委关于加快发展生态文明努力建设美丽宁波的决定》,提出宁波生态文明建设的主要目标是:"到 2016 年,全市生态环境综合指数保持在 85 以上,力争成为国家级生态市,充分展示宁波科学发展之美、自然生态之美、人居环境之美和人文行为之美。"[1]提出重点开展清洁水体、清洁空气、清洁土壤等"三大清洁行动",提出开展优化生态功能区规划、强化城乡环境整治、深化制度创新的"三化"工作,提出宁波要更加优化产业结构和能源结构,基本形成主体功能区布局,初步建立资源循环利用体系,力争在较短的时间里取得转变经济发展方式的重大进展。市委《决定》中提出的目标都以具体的数字和任务分解到各个部门,起到了指导、引领、规划、制约、督促各部门的作用。

国家法律、地方性法规、党委政府文件和部门规定形成了一个制度体系,共同推进生态文明建设。

二、宁波地方生态文明制度体系的特点和亮点

宁波地方生态文明制度形成了一个体系,这个体系有自己的特点和亮点。

1. 在空间转换中敢于创新

要保证地方环境立法能够强化应有功能,必须转变观念确定新的立法空间

---

[1] 中共宁波市委关于加快发展生态文明努力建设美丽宁波的决定[N].宁波日报,2013 - 05 - 31(A1,A5).

的发展方向,必须统筹考虑国家政策的大环境,地方政治、经济、文化的大背景,以及地方环境现状、突出的矛盾和可行的办法,以寻求新的立法空间,避免低层次重复,避免在内容和条款上成为上位法的翻版。宁波把地方立法权看作地方制度竞争力的重要体现来加以运用,注重"实施性立法",在国家"大而全"的立法事项范围中挖掘出适合地方的"小而精"题材,使上位法更具有地方上的可操作性;注重"自主性立法",抓住地方性事务中最突出的矛盾,发挥立法的规制作用,加以有效解决,抓住地方事务一个阶段里最需要解决的问题,用法规强力推进;注重"先行性立法",通过立法推动地方政务改革创新,如制定无居民海岛管理条例等,以立法引领地域生态建设。宁波从1988年3月5日国务院批复同意成为"较大的市",拥有立法权以来,经过长时间探索研究,立法水准不断提高,市人大常委会在立法过程中一直坚持从地方实际出发,把实践证明是成熟的、合理的、正确的、需要国家强制力保证执行的重大政策,通过法定程序上升为地方性法规,在遵循与上位法"相匹配、不抵触"的前提下,充分体现地方立法的自主性和创制性,重点解决本行政区域内突出、其他区域不突出或不存在,且国家立法不宜规定或尚未规定的问题,从而体现出立法的首创精神。1989年4月22日,宁波制定了拥有立法权后的第一部地方法规《宁波市象山港水产资源保护条例》,就与地方环境保护有关,尽管这个条例后来被2004年11月30日市人大通过的《宁波市象山港海洋环境和渔业资源保护条例》所取代,但它的意义依然巨大。它不仅是宁波地方立法的首次尝试,也是遵循创制性原则,成为敢于先行先试的典范。再如,含磷洗涤用品的长期使用是造成宁波水体富营养化的主要原因,为了防止水体失去应有的功能,2001年10月,宁波市人民政府通过《关于禁止销售和使用含磷洗涤用品的规定》,推广使用无磷洗涤用品,禁止在本市行政区域内销售和使用含磷洗涤用品。为了减少白色污染,保持周边环境清洁,2002年11月出台《宁波市禁止生产、销售和使用一次性发泡塑料餐具规定》。宁波地方立法创新还体现在突出问题导向、敢于攻坚克难。如2016年制定的《大气污染防治条例》,着重针对宁波大气污染特点,突出燃煤、机动车、工业有机废气、扬尘、秸秆焚烧等重点领域的大气污染防治,用刚性法治措施来强化环境保护力度,使宁波成为全国副省级城市和浙江省内首个制定该类法规的城市。2017 年 5 月 26 日,浙江省第十二届人大常委会第四十一次会议批准的《宁波市气候资源开发利用和保护条例》,规范了宁波市气候资源开发利用活动,鼓励合理利用太阳能、风能进行供热、发电,通过人工影响天气,合理利用云水资源以及在农业、旅游气候资源方面开发利用;鼓励单位和个人使用太阳能或者空气能热水系统、供热系统、制冷系统和太阳能光伏发电系统等气候资源利用系统;鼓励太阳能光伏建筑一体化和太阳能、风能等多能利用照明系统在城乡基础设施中的应用;鼓励在风能资源较为丰富的海岛、沿海岸线等地区合理开发利用和推广利用风能资源、风能发电建设项目等,更好更多地利用可再生能源,促进可持续发展。

2. 在基本稳定中的"立改废"

关于法之稳定与变革的关系和现实意义,古今中外的学者争论颇热烈。古希腊思想家亚里士多德主稳,他认为,法律在某些时候、某些境况下是需要变革的,但政治和法律的变革不同于一门技艺的变化,"变革实在是一件应当慎重考虑的大事。人们倘使习惯于轻率的变革,这不是社会的幸福"[1],如果变革所获得的收益不大,即使政府管理方面或现行法律法规方面存在一些缺点,还是让它沿袭更好,法律和政府一旦更张,其威信总会有所下降以至于得不偿失。因为"法律所以见效,全靠民众服从。而遵守法律的习性须经长期的培养,如果轻易地对这种或那种法律常作这样或那样的废改,民众守法的习性必然削减,而法律的威信也就跟着削弱了"[2]。美国自然法学派代表富勒也把稳定性看作是法律的内在属性,把稳定性列为法制原则之一。而中国清末,许多改革派主变。如龚自珍认为"自古及今,法无不改,势无不积,事例无不变迁,风气无不移易"[3]。梁启超提出"法者,天下之公器也;变者,天下之公理也","变亦变,不变

---

[1] 〔希〕亚里士多德著.政治学[M].吴寿彭译.商务印书馆,1983:81.
[2] 〔希〕亚里士多德著.政治学[M].吴寿彭译.商务印书馆,1983:81.
[3] 《龚自珍全集·上大学士书》。

亦变"。[1]

随着改革开放的深入，中国社会在指导思想、治国理念方面有巨大的变化，我们党提出建设社会主义法治国家的目标，用制度管人、管事、管权，这使通过新立、修改、废止使各项制度更具针对性、可操作性和科学性显得十分必要。宁波一方面重视立法，每年都有新法面世；另一方面对已存在的法律法规进行与时俱进的修改，使其更加完善，更好地发挥地方法律法规在地方治理，特别是地方环境治理中的规范、引导和保障作用。如《宁波市甬江奉化江余姚江河道管理条例》（2014年4月）最初在1996年9月28日由宁波市第十届人民代表大会常务委员会第二十六次会议通过，2004年5月29日由市第十二届人大常委会第十一次会议通过第一次修正，2011年12月27日由第十三届人大常委会第三十六次会议通过第二次修正。而《宁波市城市绿化条例》最早是1991年10月26日由宁波市第九届人大常委会第二十六次会议通过，1996年3月28日由第十届人民代表大会常务委员会第二十三次会议进行第一次修正，2003年9月26日由第十二届人民代表大会常务委员会第五次会议进行第二次修正，2005年11月30日进行第三次修正，2017年对这个条例进行了第四次修改。最后这次修改与2005年相比有几个不同：第一，在理念上，城市绿化要求合理配置植物种类，注重绿地的功能、生态和景观效应，鼓励和支持绿化科学研究，推广生物防治病虫害技术的应用，加强植物物种保育和引种，促进生态资源多样化和植物品种优良化，推进绿化科技成果的转化；第二，把城市绿化纳入城市总体规划，根据经济、社会发展状况和生态园林城市建设要求，遵循科学布局、均衡发展和兼顾特色的原则进行；第三，建设工程项目附属绿地面积占建设工程项目用地面积的比例，城市江河、铁路、道路两侧的防护绿地的宽度，公园绿地的面积等都根据居民的生活水平和对休闲娱乐的要求有新的调整；第四，城市公园绿地、防护绿地、风景林地和道路绿地等绿化工程的设计方案，增加了专家的建议和公众的意见。禁止任何单位和个人擅自砍伐树木，加强了对稀有珍贵树木

---

[1]《饮冰室合集·变法通议》。

和古树名木的保护。从以上法规、条例的修改中可以看出生态文明理念在不断嵌入，定期清理使制度始终保持必要的活力和效力。2017年，宁波在"立改废"基础上"放管服"，并与浙江"最多跑一次"等行政改革相结合，把与生态文明建设和环境保护要求不相符的内容作为清理重点。

3.在普遍适用中突出特色

地方环境立法从立法层级上属于地方性法规的有机组成部分，具有地方立法的特质，要遵守地方立法的一般原则；从法律分类上属于国家环境法律法规体系的有机组成部分，具有环境立法的特质和区别于其他部门法的一般特征。首先，宁波地方环境立法是根据区域发展实际开启的立法项目。例如，余姚江是宁波的母亲河，由于人们开始时对余姚江水环境特征认识不足，没有考虑到其环境承受能力，20世纪80年代，大量工业企业沿江布局，造成余姚江严重污染，水域水质常年发黑发臭，三分之一为劣Ⅴ类，三分之一是Ⅴ类，还有三分之一是Ⅳ类水，鱼虾绝迹、功能丧失，余姚江水污染问题已成为影响沿岸工农业持续发展和人民群众生活的大问题。1995年7月，《宁波市余姚江水污染防治条例》经省人大批准，于1995年10月1日正式实施，在全国环境保护工作中开了单为一条江专门立法的先例。《条例》在浙江省率先提出污染物排放总量控制，通过关停并转迁污染严重的企业，对干流和支流的污染源进行一系列治理，以及"腾笼换鸟"调整产业结构和工业布局等措施，特别是近年的"五水共治"和剿灭"劣Ⅴ类水"，使余姚江两岸经济快速发展的同时水质却逐年改善，江水水质普遍提高了两个以上等级，重现水清鱼跃的和谐环境。又如，宁波在国内率先为一个港湾自然资源保护设立《宁波市象山港海洋环境和渔业资源保护条例》。作为世界著名的港口城市，宁波市人民政府办公厅印发《关于加强重污染集装箱、危化品运输车辆环保治理，加快推进绿色港口建设实施意见的通知》（甬政办发〔2015〕90号）。其次，宁波注重以上位法为依据创设具有地方特色的具体规定，避免照搬照抄上位法。如全国许多城市都存在大气污染问题，都有类似的大气污染治理规定。2016年2月26日，宁波市第十四届人民代表大会第六次会议通过的《宁波市大气污染防治条例》，一是针对宁波作为华东地区重要火电、石化、化工基地，每年的燃煤总量居高不下，工业重型化趋势不断加剧的状况，把从源头上控制能源消费总量、推进清洁能源替代作为改善大气环境质量的根本措施和条例制定的核心内容之一。二是针对宁波重化工企业可挥发性有机污染物排放量大、管道泄漏较为普遍的实际情况，有针对性地增设了对发生管道泄漏不及时检测并修复的企业按日计罚条款，以促使企业及时纠正违法行为。三是针对目前个别违法企业执行难的问题设置了强制措施，对市和县（市、区）人民政府和有关部门作出的责令停业、停产、关闭或停产整治决定拒不执行、继续违法生产的排污单位，市和县（市、区）人民政府有权作出限制或停止向排污单位供水、供电的决定，供水、供电单位应当予以配合。增强了大气污染防治执法刚性。四是针对大气污染防治容易造成相关部门职责不清，互相推诿扯皮，影响防治措施的落实的情况，按照"管行业必须管环保"的思路，明确了环保、发改、经信、住建、交通、农业、水利、质监、工商、海事、出入境检验检疫、城市管理执法等部门在各行业、各领域的大气污染防治监督管理职责，真正形成了各部门分工负责、齐抓共管的大气污染防治工作格局，明确责任，形成执法合力。

4.在统筹兼顾中把握重点

总体上，生态文明建设是沿着污染防治环境保护和自然和谐生态修护两条路线齐头并行的，反映出整体性和综合性，但唯物辩证法向来强调"两点论"和"重点论"的统一，联系到宁波这个历史地形成的重化工业城市，就不能不在两者中更加强调前者，反映在宁波生态文明制度设计上就是在统筹兼顾中把握重点。第一，在环境保护中重污染防治。无论是地方立法还是政府规章、文件中，数量最多的无疑是有关环保方面的，涵盖了从城市到乡村、从地面到天空、从排污到噪声、从餐厨到车辆的方方面面，在《宁波市环境污染防治规定》的统领下，重点开展"三大清洁行动"。首先是"清洁空气"，建设火电厂脱硫脱硝工程，实现有机废气"零泄漏"；治理机动车尾气污染；建立禁燃区；整治建筑扬尘等。

其次是"清洁水体",加大截污纳管力度,全面实行"河长制",开展"五水共治"和剿灭劣 V 类水,使宁波市河道的水质明显改善。最后是"清洁土壤",防止重金属对农地污染,推进生活垃圾无害化处理,开展土壤污染的治理修复,大力发展有机和无公害农业,确保"舌尖上的安全"。第二,在构建生态共同体时突出"山"和"林",在生态保护和生态建设方面需要把山水林田湖统筹考虑。宁波在构建山水林田湖草这个生命共同体时根据实际突出了对四明山的保护,四明山区域是宁波重要的生态屏障和饮用水源地,2013 年出台的《严禁四明山区域毁林开垦切实加强森林资源保护的决定》,要求余姚、奉化、鄞州三地政府科学划定禁止开发区、限制开发区和产业提升区三类区域,坚持生态平衡和可持续发展原则,把规划具体落实到山头地块。把四明山区域的森林生态保护纳入《宁波市生态市建设工作任务书》的考核内容,对造成森林资源毁坏的当事人,要依法制止,给予行政处罚,构成犯罪的,移交司法机关依法追究刑事责任。在林业方面则推出加快推进林业改革发展的措施,推进森林生态十大工程,开展"珍贵树种进千村"活动,开展义务植树、绿地涵养和树木认养认种活动,深化"关注森林"活动,增强植绿护绿意识。正是因为宁波生态文明制度建设特点鲜明、亮点纷呈,宁波的生态文明建设工作才取得了阶段性成效。

三、宁波生态文明制度的实践演进和优化选择

得益于先行一步、比较完善的制度体系,宁波生态文明建设快步前进:严格的环境准入制度,从源头上控制了高污染、高风险、高消耗的环境项目,整治电镀、印染、化工、造纸等重污染行业,建立健全各行业的长效管理机制,使环境污染得到基本控制,生态环境质量好转并持续改善。现行的生态环境管理体制对宁波生态文明建设产生着正面影响,使宁波在经济不断发展的同时环境质量总体保持稳定,局部有好转。但生态文明建设不是一蹴而就的,它是一个持续的过程,目前,宁波还有环境质量与公众期望之间存在较大差距、本地资源缺乏与环境承

载能力有限之间的矛盾加剧、经济发达地区与生态功能区之间经济社会发展不平衡、农村环境基础设施建设投入严重不足成为制约生态创建的瓶颈因素等四个方面的深层次的矛盾和问题需要化解。就制度本身而言，也存在着几个不足需要弥补。第一，制度设计理念和目的不一致。在法治社会中，一个普遍性的社会弊端的产生，究其原因，与指导思想、制度设计或多或少都有关联。我国环境立法一直以来存在两个难以根本解决的问题：一是立法目的的不一致性，如新《环境保护法》一方面要"使环境保护工作同经济建设和社会发展相协调"，另一方面要对环境违法企业处以重罚。这两者是矛盾的，如果严格地重罚，一定会使大量企业无利可图而破产，结果一定会减少税收、减少就业、减慢发展速度，这一定会影响地方经济发展和国家的经济建设。二是过去法律规定的环境违法成本很低，对环境违法行为处罚的规定没有很好体现"不能使违法者从其违法行为中得到好处"的原则，导致事实上存在"守法不如违法，小违法不如大违法"的情况，从而对企业产生了反向激励的效果。第二，制度手段较单一。我国环境立法法律手段比较单一的主要表现有：较多运用行政法律手段，较少运用司法手段和经济手段；在行政手段中较多运用强制、处罚等强力手段，较少运用指导、协议等非强力手段；在法律责任规定上，较多设定行政主体和政府的责任，较少设定或者引用民事责任；在污染防治方面，基本制度、基本原则都建立在行政管制基础之上，即便有经济刺激措施也大都必须依赖行政实施；地方环境立法上，存在空间转换不力，成为上位法的翻版和低层次重复等问题，这些普遍性的问题在宁波也多多少少存在。第三，制度建设不够系统。环境管理方式延续了传统计划经济体制下条块分割的状态，事权财权责权不清、职能功能交叉重复，缺少有效的跨领域、跨地区协调机制；基本是随着问题的出现而出台相应的措施，头疼治头脚疼治脚，缺乏完整的总体设计和统摄的顶层设计；环境管理以行政手段为主，强化了行政审批权和总量控制权，缺少有效的经济激励手段和公众参与机制，现代公共治理的制度安排不足。"干在实处永无止境，走在前列要谋新篇。"宁波需要在许多方面有新的突破，要有针对性地解决地方特殊问题，要特别重视直接用于地方管理工作需要的具体操作条款和规定的设制，以体现地方特色。这些矛盾有些是客观存在不可避免的，有的是现阶段暂时无法克服的，但它"形成了一种'倒逼'机制，生态危机'倒逼'环境治理、公众要求'倒逼'政府作为、资源匮乏'倒逼''腾笼换鸟'。面对'倒逼'，我们感到了前所未有的紧迫性，也正是'倒逼'，为我们创新发展、加快发展、转型发展提供了机遇。"[1]

十八届三中全会提出"建立系统完整的生态文明制度体系"。这里的"系统完整"是指制度之间要形成有机联系和协同配合，并且涵盖生态文明的各个方位和各个过程，不能有重大遗漏；这里的"制度体系"不是简单的制度堆砌，而是有目标、有体系的制度集合，做到源头严防、过程严管、后果严惩。随着实践的演进，宁波生态文明制度建设的优化选择可以从四个方面入手。

1. 在制度的制定上 —— 创新理念，与时俱进

党的十八届五中全会提出"把创新作为引领发展的第一动力""把创新摆在国家发展全局的核心位置"，科技创新、文化创新、理论创新、制度创新等对经济社会和国家发展会产生强大的正能量。与其他相比，制度创新属"原动力"创新，是传导中央动能、推进地方社会治理体系和治理能力现代化的基准，是地方生态治理、污染防治体制机制的保障。生态文明制度建设的创新表现在：第一，更新指导思想。随着生态文明的理念在全社会逐步树立，地方立法一般都能摆正经济发展同环境保护的关系，注意两者的协同发展。而现在中央提出的"绿色发展理念"正是指导思想更新的一个表现，要求地方党委、政府牢固树立"保护生态环境就是保护生产力、改善生态环境就是发展生产力""生态环境本身是社会发展的增长点、发力点"的观点，自觉做到环境保护优先，使制度建设的指导思想跟上中央和时代的步伐。第二，开发立法空间。生态文明建设的地域性特别强，根据地方环境情况和状况，国家也给地方环境立法留下了充分发挥主观能动性的空间和余地，如新环保法第十五条规定：国务院

---

[1] 任春晓.建设生态文明：宁波坚定不移走科学发展之路的历史责任[J].中共宁波市委党校学报,2011（2）.

环境保护主管部门制定国家环境质量标准,但"省、自治区、直辖市人民政府对国家环境质量标准中未做规定的项目,可以制定地方环境质量标准;对国家环境质量标准中已作规定的项目,可以制定严于国家环境质量标准的地方环境质量标准","国家鼓励开展环境基准研究"。国家标准是最基本的标准,在一些环境容量不大、承载力较弱的地方应该有较严格的标准来保护总量控制。地方环境质量标准应当报国务院环境保护主管部门备案。这里,环境基准的研究、地方环境标准的确定有科学性,也包含着能动性。第三,弥合分离模式。我国某些领域的环境立法是分离的,如海洋环境保护法与海洋资源法是作为两个并行的部门法分别规范的:海洋环境保护法是为了保护和改善海洋环境,保护海洋资源,防治污染损害,维护生态平衡,保障人体健康,促进经济和社会的可持续发展,制定的法律;海洋资源法是国家调整人们在海洋资源开发、利用、保护和管理过程中所产生的各种社会关系而制定的法律规范的总称。海洋资源是指赋存于海洋环境中可为人类利用的物质、能量以及与海洋开发有关的海洋空间。海洋资源法应遵循海洋资源可持续综合开发利用,并与保护同步进行的基本原则。在海洋环境保护方面,中国以《中华人民共和国海洋环境保护法》为核心,结合《防治船舶污染海洋环境管理条例》《防治海岸工程建设项目污染损害海洋环境管理条例》《防治海洋工程建设项目污染损害海洋环境管理条例》等条例,组成相对完善的海洋环境污染防治法律体系;在海洋资源利用方面,有《中华人民共和国渔业法》《中华人民共和国海域使用管理法》《水生野生动物保护实施条例》等,前者侧重海洋环境污染防治,后者侧重海洋资源的开发和利用,条块分割、分而治之。这种分离的立法模式源于人们传统地认为环境体现自然的生态属性,资源体现自然的经济属性;环境保护法就是治理污染,自然资源法就是资源的合理利用和开发保护,把环境与资源看成两个不同概念和领域的结果,以至于中国海洋环境、海洋资源的立法日渐增多,海洋环境却日渐恶化,海洋生态损害事故日渐频发。地方生态文明制度建设一定要把污染防治和自然保护、政府主导和公众参与、经济手段和行政手段等相结合,体现环境生态管理的综合系统性。第四,敢于突破陈规。2015年以来,慈溪通过建立项目分类分级管理制度,全面落实审批权力下移、压缩环评编制内容、容缺审批制度及弱化非环境敏感区政府投资项目环保前置等改革措施,简化了环评审批程序,报告书(表)审批时间由原有的7个工作日缩短至3个工作日,环评编制周期缩短了30%—50%,环评审批效率有效提升。2016年1月,宁波慈溪被浙江省环保厅正式列为宁波首个全省环评审批制度改革试点,把完善环评审批方式、精简审批程序、优化环评管理、健全保障措施四个方面作为改革重点。其实这个全新的创制中包含着对原有环评审批制度的突破,如在环评管理模式上,以"环评审批+备案(准入)"模式代替以往的环评单一审批模式;在准入手续上,简化环境影响小、污染因素单一类项目准入手续的同时强化环境影响大、污染因素复杂类项目的环境准入管理;在环保验收上,通过制定环评审批负面清单、压缩审批公示环节来简化竣工环保验收、强化事中事后监管等。而正是这些突破使环评审批能删繁就简、突出重点、兼顾全面。以后环保制度创新将会是我国生态文明建设最具有创新和挑战的领域,敢于突破陈规才能开阔思路、开辟新路。

2.在制度的扩展上——立足地方,放眼区域

宁波在地方生态文明制度建设和以制度推动生态文明建设方面双双取得了丰硕成果,但也存在着一些突出的共性问题,如习近平在作《关于〈中共中央全面推进依法治国若干重大问题的决定〉的说明》时指出的:"有的法律法规全面反映客观规律和人民意愿不够,解决实际问题有效性不足,针对性、可操作性不强;立法效率需要进一步提高。还有就是立法工作中部门化倾向、争权诿责现象较为突出,有的立法实际上成了一种利益博弈,不是久拖不决,就是制定的法律法规不大管用,一些地方利用法规实行地方保护主义,对全国形成统一开放、竞争有序的市场秩序造成障碍,损害国家法治统一。"[1]这主要是全国范围内

---

[1] 习近平.关于《中共中央关于全面推进依法治国若干重大问题的决定》的说明[N].人民日报,2014-10-28(1).

立法工作存在的问题,而地方立法质量的提高是无止境的,但也有很多值得地方立法反思和克服。以后的地方立法应着重避免地方保护性立法、越权性立法、重复性立法和应景性立法,建立健全科学立法、民主立法的工作机制,加强立法的预见性和法律法规的监督和评估工作,并使地方立法融入国家战略引领区域发展之中。

　　生态文明建设具有整体性和全局性,生态文明制度必须在立足地方的同时融入区域和国家战略之中。随着我国市场经济进一步发展,城市基础设施进一步完善,城际交通物流进一步加快,城市群、都市圈等区域逐渐形成气候。如2016 年 6 月国家发改委、住建部发布的《长江三角洲城市群发展规划》提出,在城市群发展方面,一方面要发挥各地比较优势,提升区域整体竞争力,强化错位发展、协同发展,明确城市功能定位,分工协作,形成优势互补、各具特色的协同发展格局,一方面要发挥上海龙头带动的核心作用和区域中心城市的辐射带动作用,优化提升长三角城市群,构建"一核五圈四带"的网络化空间格局。在生态环境建设方面,要改变城市建设无序蔓延、空间利用效率不高、生态空间大量蚕食、生态系统功能退化、区域碳收支平衡能力下降、环境质量趋于恶化的状况,牢固树立并率先践行生态文明理念,将绿色城镇化理念全面融入城市群建设,依托长三角江河湖海丰富多彩的生态本底,发挥历史文化遗产众多、风景资源独特、水乡聚落点多等优势,构建形成绿色化的生产生活方式和城市建设运营模式,共守生态安全格局,共推环境联防联治,共建美丽城镇、乡村和美丽中国建设示范区,形成绿水长流、青山常在、空气常新的生态型城市群,加快走出一条经济发展和生态文明建设相辅相成、相得益彰的新路子。区域合作需要区域法制来保障和促进,宁波可以在地方立法特别是生态文明制度建设的区域合作方面作率先的探索,为长三角地方立法作出创造性贡献,使宁波继续保持在宁波都市圈里的引领地位,并在长三角地区赢得竞争优势。

　　3. 在制度的根基上 —— 加强立法,关注文化

　　前面谈到过生态文明制度就其形式而言可分为正式制度和非正式制度两

种,正式制度是成文的规则,非正式制度是人们在长期实践中约定俗成、共同恪守的内在准则,以价值信念、风俗习惯、伦理规范、文化传统等形式存在,是正式制度的补充和延伸。非正式制度尽管缺乏强制约束力,但是民众千百年沉淀下来、一代一代流传下来的,是社会运行中不可或缺的重要组成部分,常常是地方性文化和民风的组成部分。生态文明建设需要以生态价值观为指导的社会意识形态、人类精神和社会制度,需要人与自然和谐相处的新的生存方式和行为实践,需要继承中国古代"天人合一"的传统和敬畏自然的价值取向,需要政府政策的引导、社会舆论的介入、市场机制的驱动、生态道德的激励来构建新型的生态文化体制。

生态文化建设需要四大主体协同。第一是强化党政领导干部的生态文化意识,主要是树立正确的政绩观,培养正确的生态价值观和科学的经济发展理念;第二是强化媒体的生态文化宣传责任,充分利用各种媒体的特点,创新生态文化宣传的形式和方法,加大对环境污染、破坏生态事件的曝光强度和深度,公开环境事件处理的过程和结果,提高环境问题的公众知晓度;第三是强化公众生态文化理念的培育,建立和完善面向公众的生态文化培育制度,使生态教育覆盖家庭、学校、社会的方方面面;第四,强化企业的生态文化自觉,我国环境生态破坏严重的背后是企业生态自律严重不足、生态文化尚未建立的现象,需要通过严格的法律、规范的制度、有效的监督、严厉的处罚,使企业形成生态文化的内在自觉。

在讲到制度时,习近平提出"两个最严":要为生态文明建设提供可靠保障,只有实行最严格的制度、最严密的法治才能办到。只有把制度建设作为重中之重,着力破除制约生态文明建设的体制机制障碍,才能走向生态文明新时代。当然,制度的生命力在于执行,只有将生态文明建设的体制机制建立起来,并形成长效机制,同时依靠强有力的贯彻落实和执行,真正使其成为不可逾越的红线,才能让生态文明建设不因人们主观意识、社会发展阶段的改变而改变,并最终成为一种常态、一种自觉,进而彻底改善生态环境。

中国社会主义生态文明推进的区域合作

  区域是相对整体而言的部分地理空间，区域生态文明建设是实现整体生态文明的前提和基础。本章分两大块讨论区域生态文明建设：一块是在非均衡工业化格局下讨论区域生态文明建设。我国幅员辽阔，不同地域的自然条件、人口分布、资源配置不均衡，各地工业化城市化程度、产业特色、环境承载力不均衡，国土空间的复杂性和地方发展的差异性决定了不同区域生态文明建设的内容、方法、进程、模式必然有所不同，要求区域生态文明建设注重以国家全局为基点的战略性统筹、以省域区划为基准的责任制联动、以流域范围为基本的跨区域合作、以经济区块为基础的整体性平衡；另一块是从城乡关系考虑，区域生态文明建设必须向农村延伸。与城市相比，乡村是更接近自然的地方，资源约束趋紧、环境污染严重、生态系统退化的严峻形势在农村有更明显的体现。在我国，幅员辽阔的农村地区是生态文明建设的主战场，占人口 41.48% 的农村居民是生态文明建设的主力军。关于这块，本章一方面研究作为"新社会运动"的环境传播在农村生态文明建设中发挥的重要作用，从理论角度研究乡村传播和环境传播的结合，探讨乡村环境传播与生态文明建设的相互关系，从而找到乡村环境传播的规律以及进一步改进的途径和对策；另一方面研究区域生态文明建设的重要内容之一 —— 美丽乡村建设,以探讨生态社会主义在中国的现实实践形式,以及社会主义思想与生态原则相结合的方式。

●●

第一节　区域生态文明建设及其跨区域合作

党的十八大以来把生态文明建设放在突出的战略地位,是对以往经济发展模式和生态污染现实的自觉回应。我国经历了从 21 世纪初开始的生态省(市)到 2007 年以后生态文明建设的过程,其间成效多多。我国不同地域的自然条件、人口分布、资源配置不均衡,各地工业化城市化程度、产业特色、环境承载力不均衡,国土空间的复杂性和地方发展的差异性决定了不同区域生态文明建设的内容、方法、进程、模式必然有所不同。但生态文明建设具有整体性,要实现文明形态的整体跨越,需要不同地域的跨区域合作。

一、跨区域合作和生态文明建设的基础与延伸

区域就是一定的地理空间,它的范围可以是整个地球也可以是一个国家或一个行政区,区域的边界有时确定有时模糊,区域与行政边界有时一致有时分离。地理学上的区域是地球表面的地域单元,政治学上的区域是以国家行政权力覆盖面划分的行政管理单位,社会学上的区域是有共同信仰、共同语言、共同民族特征的人类聚落。"区域"在经济上的含义,按胡佛的话说是"基于描述、分析、管理、计划或制定政策等目的而作为一个应用性整体加以考虑的一片地区。它可以按照内部的同质性或功能一体化原则划分"[1]。可见,区域承载着自然生态、环境区位、历史人文、经济政治等丰富信息,成为人类活动最基本的具象地理单位。

---

[1]　埃德加·M.胡佛,弗兰克·杰莱塔尼.区域经济学导论[M].上海:远东出版社,1992:239.

1826 年，杜能（Heinrich von Thunen）在《孤立国》中提出了合理经营农业的一般地域配置原则的"农业区位论"，1909 年，韦伯（Alfred Weber）的《工业区位论》研究了人类工业生产活动中的空间分布和空间选择规律，1933 年，克里斯塔勒（W.Christaller）的《德国南部的中心地》中提出的"中心地理论"认识到，形成围绕城市中心地的有规则的等级均匀分布系统，可以使城市的空间布局合理化，1940 年，廖什（August losch）的《经济的空间分布》提出的"市场区位理论"把市场需求作为空间变量来探讨市场的区位体系和工业企业最大利润区位。这些探讨开创了一个新的学科体系 —— 区域经济学。1971 年胡佛的《区域经济学导论》，1978 年苏联经济学家涅克拉索夫的《区域经济学》等出版后，这门学科被提高到一个新水平。区域经济学是经济学与地理学交叉而形成的应用经济学，它是在地域分工不断深化、区域经济矛盾逐步显露、地域间经济不平衡加剧的背景下诞生的，研究的主要问题有：区域发展如何显现自身的特点，区位中投入－产出的效能比较，资源合理开发利用和区域生产力布局，区域投融资和区带规划及管理，区域之间如何通过贸易、投资、移民等流量相互作用和影响，特定产业和各种项目建设的特有空间结构、动态演化以及伴生的问题，土地利用、空间价格和区域均衡等，从而为区域发展提供决策依据。区域经济学研究为改革开放以来我国资源在空间与时间上的高效配置、有效利用作出了贡献，激发了巨大的发展能量，取得了经济的超常规增长。但区域经济学的效率偏好往往会忽视环境保护，区域生态文明建设则更关注在经济发展中的环境承载力，更关注人与自然关系的和谐，更关注代内代际资源开发的公平正义，更关注经济和社会的可持续发展，更关注生态安全、空间美化和国民健康幸福。

生态文明是一个宏大叙事。从纵向说，生态文明是对消极顺应自然的农业社会和过度索取自然的工业社会的跨越，是人与自然关系从肯定到否定再到否定之否定的质的飞跃，是社会发展的一个新阶段。从横向说，生态是指生物在一定的自然环境下生存和发展的状态，以及生物和生物、生物和环境之间环环相扣、错落有致、多样多元、功能互补，构成的一个有机统一的整体。生态文明则把人类看作地球生态系统的一员，更加强调"人直接地是自然存在物""人与自然的整体性乃是人类存在的基本因素"，[1]着眼于人文因素协调资源开发与环境保护的关系，在尊重生态系统自然运行的前提下发挥生态的服务功能，就是在各地生态文明建设的基础上，使整个国家按照经济社会生态效益相统一、人口资源环境相均衡的原则，科学地控制国土开发的范围和强度，争取做到生活空间宜居宜业、生产空间集约高效、生态空间山清水秀，给子孙后代留下水净天蓝地绿的美好家园，给自然留下更多修复空间。

区域生态文明建设的意义在于：

1. 部分合成整体，区域生态文明建设是实现整体生态文明的前提和基础

我国从 2001 年始在全国开展生态现状调查，并在甘肃率先进行省级生态功能区划研究。2010 年 12 月底，国务院正式发文公布了《全国主体功能区规划》，这是新中国成立以来我国第一个全国性国土空间开发规划。这个规划根据不同的自然环境资源禀赋，规定了相应的功能定位、发展方向和开发管制原则。国土空间划分按层级分为国家级和省级两个层面；按开发方式分为禁止开发、限制开发、重点开发和优化开发四大功能区域。按开发内容分为农产品主产区、城市化地区和重点生态功能区三个区域。主体功能区规划明确了不同区域生态系统主导的生态服务功能和生态保护目标，分析了不同区域的自然生态系统特征和空间分布特征、生态敏感性和生态类型问题，让各个区域各司其职、各守其分，并通过差异化的财政支持、产业布局以及干部考核等政策，构筑区域经济优势互补、主体功能定位清晰、国土空间高效利用、人与自然和谐相处的区域发展格局。全国生态功能区划在区划尺度上满足了省域经济社会发展和局部生态涵养的微观管理要求，在全局尺度上满足了国家经济社会发展和生态系统协调的宏观管理需要。实施全国主体功能区规划，实现主体功能区定位，完善财政、投资、产业、土地、人口管理、环境保护等一系列针对性强的政策，通过区域发展总体战略的落实建设区域生态文明，为全国生态文明整体

---

[1] 马克思,恩格斯. 马克思恩格斯全集(第 42 卷)[M]. 北京:人民出版社,1979：95.

建设奠定基础。

2.地域发展各异,区域生态文明建设必须各有重点和特色

在经济快速增长,推动工业化和信息化深度融合、工业化和城镇化并肩前行、城镇化和农业现代化相互协调,促进工业化、信息化、绿色化、城镇化、农业现代化同步发展的大背景下,我国生态文明建设尽管快慢有别但方向一致:都在培育壮大环境友好型产业集群,大力发展生态工业、生态农业、生态服务业;都在强化环境准入,严控高耗能、高排放项目,促进企业节能减排降耗低碳,推进经济转型升级;都在探讨建立区域循环型、生态绿色型以及智慧持续型的第一、二、三产业,以实现社会经济和自然生态的良性互动与可持续发展;都在加快环境基础设施建设,分步推进中小城镇建设、农村集中居住点生活污水处理设施及管网建设,把垃圾分类收集转运处置延伸到农村;都在逐步扩大公众对重大环境项目决策的影响,拓宽公众参与环保的方式与渠道,保障民众对生态环境方面的知情权、参与权;都在关注重金属、危险废物、$PM_{2.5}$ 超标等损害群众健康的突出环境问题,重视规避环境风险;都在推进生态文明细胞工程创建,诸如绿色社区、绿色学校、绿色单位、生态乡镇、星级村居等,以示范先行,用典型引路,循序渐进。经过一段时间的建设,取得了很大的成绩。我国东中西各个区域经济和社会发展是不平衡的,资源环境基础、日常消费方式、民族风俗文化差异很大,决定了区域生态文明建设的重点、特点和模式也各不相同。有些地方更重视技术创新、污染控制、环境治理;有些地方更重视生态旅游开发,发展都市农业和农家乐经营;有些地方更重视资源保护,让湖泊休养生息;有些地方更重视防沙治沙,防止荒漠化石漠化等,只有建设与保护结合,理论与实践结合,发展与治理结合,才能形成健康的经济运行模式。

3.整治农村环境,区域生态文明建设必须向农村延伸

我国的农村人口多、地域广,从城乡关系而言,农村区域的生态文明建设至关重要。2015 年 2 月,中央印发的一号文件《关于加大改革创新力度加快农业现代化建设的若干意见》提出,中国要强,农业必须强,使农业从主要依赖资源

消耗的粗放型经营转向数量质量效益并重的可持续集约发展上来,走一条产品安全、产出高效、资源节约、环境友好的现代农业发展道路。中国要富,农民必须富,要挖掘农业内部增收潜力、拓宽农村外部增收渠道,持续缩小城乡居民收入差距。中国要美,农村必须美,坚持不懈推进社会主义新农村建设,让农村成为农民安居乐业的美丽家园。2019年,中央一号文件《中共中央、国务院关于坚持农业农村优先发展做好"三农"工作的若干意见》(中发〔2019〕1号)提出,开展农村人居环境整治三年行动,全国全面推广浙江"千村示范、万村整治"工程经验,以农村垃圾污水治理、村容村貌提升、厕所革命为重点整治农村人居环境,开展美丽宜居村庄和最美庭院创建活动,使之与发展乡村休闲旅游等有机结合。乡村振兴是"美丽乡村建设"和"新农村建设"的提质和升级,它重点关注农村生态环境资源的有效利用、农村可持续发展、农业发展方式转变等内容。农村生态文明建设需要结合不同乡村的自然资源、地理地貌、文化积淀、民俗习惯等,因地制宜地做好建设规划,避免"千村一面"。要优化农村空间布局,统筹安排城乡建设、生活居住、生态涵养、基本农田、产业集聚等合理布局,把农村打造成"宜居宜业宜游"的美好家园。

二、非均衡发展和区域生态嬗变的契合与互动

马克思主义唯物辩证法揭示了自然界、人类社会的规律:静止是相对的,变化是绝对的;平衡是相对的,不平衡是绝对的。非均衡发展是在各国经济发展过程中普遍存在的共同现象,是区域经济学研究的核心问题之一。西方非均衡发展理论影响较大的主要有:第一,增长极理论。弗郎索瓦·佩鲁(1950)认为,经济的空间变化通常是从一个或数个"增长中心",通过不同渠道逐渐向其他部门或地区传导,直至对整个经济产生不同的终极影响。第二,循环积累因果原理。冈纳·缪达尔(1957)认为,经济有"扩散"和"回波"两种方向相反的变化效应。"扩散效应"指经济中心会向周围地区扩散和辐射,带动周围地区的

经济增长，而周边地区发展后又反过来促进中心地区发展，形成上升的循环累积；"回波效应"指经济中心的形成和发展，可能会把周边优秀的人才、资金、技术从落后地区吸引到发达地区而引起经济衰退，使发达地区更加发达，不发达地区更不发达，形成下降的循环累积。第三，不平衡增长理论。赫希曼（1958）认为，发展是一条"不均衡的链条"，各地区发展同一产业的投入产出效果是不相同的，为提高资源配置效率，国家必须集中人力、物力和财力，在资源分配和财政投入上向重点地区和战略产业倾斜。第四，区域经济倒"U"形理论。威廉姆森（1965）利用英格兰东部长达 110 年的经济统计资料和世界 24 个国家的资料进行"面板模型和时间序列模型分析"发现，区域差异与发展阶段之间存在着倒"U"形关系，国家经济发展初期往往有一个不可逾越的经济活动空间相对集中的阶段，往后的区域差异会在逐渐扩大后保持稳定，在经济进入成熟增长后逐步缩小而最终消失，其长期变动轨迹是"先恶化，后改进"。第五，区域经济梯度推移理论。弗农、汤普森（1966）提出的"区域或产品生命周期理论"认为，各工业部门和工业产品类似生命有机体，会经历创新、发展、成熟和衰老四个不同的循环阶段，经济与技术存在区域梯度差异，产业和技术会随着时间推移从高梯度区向低梯度区扩散和转移。第六，"中心－外围"理论。劳尔·普雷维什（1949）将整个世界划分为"生产结构同质性和多样化的'中心'""生产结构异质性和专业化的'外围'"两个部分，前者主要是西方发达国家，后者主要是发展中国家。弗里德曼（1966）将一个国家社会经济活动的聚集区分为两个地理区域：城市一般作为中心区，围绕中心区分布并受其影响的是外围区。中心区从外围区吸聚生产要素进行技术和体制创新，并向周边扩散、转换，中间通过决策传播、移民迁徙和投资转移三种基本形式相互作用，促进整个空间系统的发展。克鲁格曼（1991）采用柯布－道格拉斯函数形式构造了两种区域模型：一类是由不变报酬的农业部门生产的农业产品，一类是由递增报酬的工业部门生产的制造品，从而内生形成以工业化区域为中心、农业化区域为外围的"中心－外围"构架，揭示了经济地理聚集的内在运行机制。

　　非均衡发展理论从宏观上描述了各国各地区经济发展现状、发展方向、发展结果的线路图,尽管要解决的问题不同、获得的实践效果不同、关注的重点不同、现实的影响力不同,但有几点认知是相同的:第一,一个国家和地区经济的非均衡发展是带有普遍性和规律性的现象;第二,发达的中心区形成得益于区位因素,更重要的是历史文化的积累,中心区通过创新输出、产业转移等形式对周边产生扩散效应,同时通过聚集人才、资源要素加快自身的发展;第三,当采用微观的制度调节无法解决由于生产扩大、经济发展引发的区域矛盾时,可以选择性地保留或迁徙特定的产业以作缓解;第四,这个理论主述经济的发展,经济中虽包含环境要素,但它的环境只是与产品、利润相关的资源,只是与产业的集群、交通运输相关的地理区位,只是产业梯度转移时工厂位置的搬迁。由于当时全球环境问题不像今天那么突出,所以在二战后的 20 世纪五六十年代逐步完善起来的非均衡发展理论没有过多涉及生态环境、生态整体、生态与经济、生态与社会制度等关系。

　　而另外一些经济学家却从微观角度用政策调节的方式试图解决刚出现的环境问题,影响较大理论有:第一,"庇古税"。1920 年出版的《福利经济学》中,庇古研究了国民所得的数量和资源在不同用途间的分配,认为只要降低移动成本,资源就可以通过移动以获得更大效益。税收可以用来调节国民收入再分配,促使财富分配趋于平均,还可以用以弥补排污者生产的私人成本和社会成本之间的差距。通过征税提高污染产品成本,可以降低私人净收益预期,从而减少产量,减少污染。第二,"科斯定理"。在 1960 年出版的《社会成本问题》中,科斯通过工厂烟尘对邻近财产所有者的影响、养牛者对农夫的损害、糖果厂的噪声对医生的干扰等实例,分析了对损害负有或不负有责任的定价制度,指出了庇古理论在方法上存在的基本缺陷,考察了此类行为的市场交易成本,看到"行使一种权利(使用一种生产要素)的成本,正是该权利的行使使别人蒙受的损失"[1],科斯试图通过明晰产权,设置适当的交易费用,使得资源配置实现帕累托

---

[1]　盛洪主编.现代制度经济学[M].北京:北京大学出版社,2003:33-34.

最优。无论是庇古还是科斯都意识到了，科学的制度设计和合理的制度安排能调整企业行为，从而减少对环境的破坏，改善人与环境的关系。

把经济活动与生态变化密切结合的是劳伦斯·萨默斯的"污染转移理论"。时任世界银行首席经济学家劳伦斯·萨默斯曾于1992年2月8日在英国《经济学家》杂志刊载《让他们吃下污染》一文。他认为，由于欠发达国家工业相比之下处于"欠污染"状态，还有很大环境容量，世界银行应当鼓励将污染企业和有毒废料转移到第三世界，这样一方面减少发达国家的环境污染和降低居民的健康成本，另一方面增加不发达国家的就业机会，加快这些国家的工业化进程。他明确提出利用发达国家产业的梯度转移，把一些污染企业跨国度搬迁到不发达国家。这里，他把经济的非均衡发展与环境污染的转移联系起来。10多年来，国际学术界热议"污染天堂假说"（即在其他条件不变的情况下，高耗能、高污染的行业会从环保政策严厉的国家流向相对宽松的国家），来自挪威、德国和美国的经济学家对113个国家、57个经济部门的碳排放实证分析证实了它的存在。研究表明，"从1995年到2005年间，经合组织成员国净进口的二氧化碳增长了80%，发达国家在稳定或降低本国碳排放的同时，利用国际贸易将排放压力转嫁到了国外"，"1990年到2008年间，签署《京都议定书》的发达国家碳排放稳定了下来，但发展中国家的碳排放翻了一倍"[1]。事实证明，萨默斯的理论在实践中得到了发达国家的认可，并付诸行动。

三、工业化困境和区域生态环境的退化与保护

"一五"期间，在苏联帮助下，我国集中力量进行了以自主设计的156个建设项目为中心、由694个大中型建设项目组成的工业建设，这是社会主义工业化的起点。我国工业化进程与国家区域经济布局在时空上是一致的，大致历经了五个阶段。首先是东部开放。20世纪70年代末，陆续在东部沿海建立经济特区，

[1] 管克江."污染天堂"与"以邻为壑"[N].人民日报,2012－07－24（6）.

承接发达国家(日本、欧美、韩国等)和地区(香港、台湾等)的产业转移,涌现出环渤海、长三角、珠三角等城市群和产业带。其次是西部开发。21世纪初实施的西部大开发,依托亚欧大陆桥、长江水道、西南出海通道等交通干线,发挥中心城市作用,以线串点,以点带面,逐步形成一些跨行政区域的经济带,带动陕甘宁、青新藏、云贵川、渝桂蒙等12个地区的发展。接着是东北振兴。2003年10月,国务院发布《关于实施东北地区等老工业基地振兴战略的若干意见》,区别不同类型,采取不同策略,实行分类指导、区别对待。对单一资源型基地(阜新、鸡西等)和原材料工业基地(鞍山、大庆等),重点解决资源枯竭、培育新兴、接续产业发展和延长产业链的问题;对装备制造基地(齐齐哈尔等)和综合性工业基地(沈阳、哈尔滨等),重点放在提高经济增长质量,发展高新技术产业和现代第三产业,增强中心城市功能,提高城市综合竞争力上。最后是中部崛起。2004年3月,温家宝总理的政府工作报告中首次明确提出要"促进中部地区崛起,形成东中西互动、优势互补、相互促进、共同发展的新格局"。自古"中原定,天下安",中部崛起有利于提高我国粮食和能源保障能力,缓解资源约束。

我国的工业化进程伴随着经济的腾飞、GDP的增长、人民物质生活的改善,同时带来了四个不良后果:第一,产业同质与无序扩张。我国的工业化往往伴随着大规模生产、"一窝蜂"式的生产,光伏行业就是例子。光伏行业作为新能源行业,在国家政策支持下产业飞速发展,产能迅猛扩张,"十二五"期间年均装机增长率超过50%,"十三五"以后年均装机增长率达到75%,累计装机规模连续多年位居全球第一。"2012年,我国光伏累计装机容量为7GW,'十三五'末规划装机容量为105GW,但仅2017年,国内光伏装机容量就达53GW,同比增长53.6%,累计装机容量达130GW。"[1]由于我国光伏产业存在典型的原材料和市场"两头在外"的问题,外销一受挫,产能过剩问题马上显现,导致一些地方出现较为严重的弃光限电现象。2015年全国弃光率12%,2016年弃光率11%,2017年在多方努力下弃光率总体下降至6%,但甘肃、新疆弃光率却分别达到

[1] 刘菁,郭强,余贤红."三高一低":光伏富贵病缠身[N].经济参考报,2018-09-18(A5).

20% 和 22%。[1]2018 年 5 月 31 日，国家发展改革委员会、财政部、国家能源局下发的《关于 2018 年光伏发电有关事项的通知》（发改能源〔2018〕823 号），出台了被称为史上最严光伏新政，提出要加大市场化配置项目力度，要限制和优化光伏发电新增建设规模，进一步降低光伏发电补贴强度。而能源局 2018 年 10 月 30 日印发的《清洁能源消纳行动计划（2018—2020 年）》提出，2019 年要确保全国平均风电利用率高于 90%（力争达到 92%），弃风率低于 10%（力争控制在 8% 左右）；光伏发电利用率高于 95%，弃光率低于 5%。利用政策以达到快速调整产业结构的目的，是我国的一大优势，但也存在同质化和无序性的隐患。我国新能源汽车的发展也遇到了类似的困境。第二，工业化对农业资源的破坏。最突出的问题是，农业用地向建设用地转化，边缘用地大量废弃抛荒，复种指数下降。1996 年，中国耕地面积为 19.51 亿亩，现在要确保 18 亿亩耕地红线，但在"占补平衡"中，往往占的是中心地区的优质良田，补的是边穷地区的生地或劣质地。第三，环境污染加重。王姗姗等以 1982 年—2008 年的年度数据为样本，使用"自回归分布滞后 – 误差修正模型"（ARDL-ECM）和边限协整检验的方法，研究了我国工业化水平和环境污染间的长期和短期关系，得出的主要结论是：二氧化硫、工业废气和工业烟尘与我国的工业化水平间存在长期稳定的关系，重工业化水平及第二产业产值占国内生产总值比重的提高无论长期还是短期都会增加污染物的排放，出口结构和多少会影响污染物的种类和大小，城市化使污染物得以集中处理以及处理技术提高而短期降低了排放。[2]第四，环境污染转移。20 世纪八九十年代，在承接发达国家和地区产业转移过程中，我国东南沿海受到严重污染。21 世纪初，在承接东南沿海产业梯度转移过程中，内地的环境事件不断曝出，苏桔芳、傅帅雄等（2011）利用 1999 年—2008 年中国省级面板数据，应用向量自回归模型，研究了地区与产业特征之间的互动关系，以及 FDI、贸易和环境规制之间的互动关系，发现"污染天堂假说"在中

[1]　吉蕾蕾 ."风光产业"加速智能转型仍存在诸多短板[N].经济日报,2018 – 09 – 12（7）.
[2]　王姗姗,许莉 .我国工业化水平与环境污染关系的实证研究 —— 基于边限协整检验的视角[J].软科学,2012（2）: 69 – 72,83.

国成立。实证表明,由于各省环境规制力度不同,污染密集型产业正从环境规制力度大的东部省份向环境规制力度小的中西部省份转移,中西部正在沦为东部污染密集型产业规避高环境规制的"污染天堂"[1]。

绑在高速前进战车上的中国不能以停止发展的方式来回应工业化所面临的困境,尽管倒 U 形的环境库兹涅茨曲线证明:在工业化初始和经济起飞阶段,资源的消耗超过了再生,有害废物大量产生,规模效应使环境恶化;当工业化进入中后期和经济着陆阶段,科学进步、创新发展产生的技术效应和结构效应会缓解环境灾害,但我们不能期待这种结果会自动生成。针对工业污染、资源过度开发利用、生物多样性消失、酸雨和大气变化等不同种类、不同程度的环境问题,在采用不同方法应对的同时,还必须树立三个符合生态文明要求的观点。

1. 产业转移不等于降低环境标准

开放型的现代经济,必然要求各种生产要素在资源的配置过程中能够自由、合理地流动。推动产业升级和产业西移,有利于改变原来的工业生产与能源、原材料产地脱节,就业岗位与人口分布不均衡的状况,能为沿海地区引进和创建新产业腾出空间,又可推动中西部地区发展,可谓双赢。但承接地政府在给予相应的土地、财政贴息和税收刺激等政策支持的同时,必须对迁入企业设置更高的包括技术含量、自主创新能力、单位产出能耗等指标在内的市场准入标准。此外,对产业转移必须要有长远观点,特别在西部生态脆弱、社会相对贫困地区,对自身的城镇建设、产业布局、生态风险、生态安全问题都要认真考虑、科学定位。

2. 工业化阶段不可跨越不等于各地都要工业化

一个国家的工业化是全方位、各领域的,任何社会都要走向现代化,但现代化绝不简单地等同于工业化,工业化也绝不简单地等同于处处办工厂,以工业化推动城市化是我国发达地区成功的经验之一,但绝不是唯一的出路,不能为

---

[1] 苏桉芳等.是什么导致了"污染天堂":贸易还是 FDI? —— 来自中国省级面板数据的证据[J].经济评论,2011(3):97-104,116.傅帅雄等.环境规制与中国工业区域布局的"污染天堂"效应[J].山西财经大学学报,2011(7):8-14.

了工业化而工业化。世界银行《1987年世界发展报告》中说，"世界银行始终认为工业化本身不是目的，而是提高生产率和收入的一个手段"[1]。

3. 农业现代化不等于农村工业化

20世纪80年代"村村点火，家家冒烟"式的工业化，不仅占用耕地多，资源利用率低，环境污染也十分严重，不利于农村地区的可持续发展。现在外国工业农业的分工依然存在，无论是人口稀少土地辽阔的美国、加拿大，还是人口稠密国土狭小的英国、日本，工业都是相对集中分布的，农村仍以经营农牧业为主。我国有以前乡镇企业的基础，发达地区的工业乡镇、工业村较多，但一些农业乡镇也改变了发展理念，不盲目跟风。笔者在浙江宁波宁海县胡陈乡、长街镇，余姚四明山等地调研时，发现当地农村通过错位发展，搞农业循环经济、农家乐、乡村旅游、农业规模经营，优化了区域资源配置，闯出了一条以新型农业、农旅融合、文旅融合带动地方经济发展的路子。

四、环境优先论和区域生态状况的评价与反思

人们反思环境污染严重的原因时，不外乎归结为发展方式粗放、经济利益驱动、执法问责不严、体制机制弊病等几个方面，环境优先或环保优先就是试图对这个进行矫正。那么如何评价全国生态文明建设的现状？如何设定生态文明建设的目标？哪些地区在生态文明建设中成绩突出？国内学者通过生态文明建设指标体系的构建来回答这些问题。纵观国内学者的研究，大体具有几个特征：

1. 体现综合评价

贵阳市2002年提出"环境立市"战略，先后实施了绿色、蓝天、碧水工程。2007年12月通过《关于建设生态文明城市的决定》，随后开始起草"建设生态文明城市指标体系"，最终形成了《贵阳市建设生态文明城市指标体系及监测方

---

[1]　Clive Crook 编．（世界银行）1987年世界发展报告[M]．北京：中国财政经济出版社，1987：2.

法》,并通过评审验收。贵阳市的指标体系把生态文明内容主要划分为生态意识文明、生态制度文明和生态行为文明三个方面。在操作模式上,该指标体系对贵阳市生态文明城市建设做出了政府、公众、市场三位一体的运行模式定位,具有广泛参与度。高珊等(2010)根据生态文明的科学内涵、时代特征以及指标本身的性质,以人与自然和谐发展,建立资源节约型和环境友好型社会两大主线为支撑,把生态文明指标体系分为目标层(用综合指数代表生态文明建设的总体效果)、系统层(分增长方式、产业结构、消费模式和生态治理四大部分)和指标层三个层次,每个系统层都提取 3 个能从本质上表述系统状态的变化情况指标,形成总共 12 个条目组成的指标层[1]。杨雪伟(2010),覃玲玲(2011)各自都设计了由不同级次的层面组成的综合评价指标体系。

2. 突出自然改造

2009 年,以国家社科基金重大项目"新区域协调发展与政策研究"为依托,中国首份各省、区、市生态文明水平排名榜出炉。杨开忠提出"生态文明指数"(ECI)的概念,ECI 包括两部分:生态效率指数(EEI)和环境质数指数(EQI),EEI 通过"GDP/地区生态足迹"公式实现,它与 GDP 成正比,在生态足迹一定的条件下,GDP 越高,其水平越大;与生态足迹成反比,在地区生产总值一定的情况下,生态足迹越小,其水平越高。[2]EEI 由普遍公认的 GDP 和生态足迹两个指标直接合成,计算方便、原理简明,易于应用。最高水平组的是北京,高水平组是上海、广东、浙江等,最低水平组是内蒙古、贵州、宁夏、山西。除了个别省区,生态文明水平的空间分布基本上与经济发展状况,与东、中、西三大经济地带高度吻合。由于这个指标体系把生态文明水平理解为生态效率,相应突出了 GDP 在测度中的作用,给人们传递了一个"自然环境好、污染水平低的地方不一定生态文明水平高"的观念,在某种程度上颠覆了人们心中对生态好坏的评价标准。

[1] 高珊. 基于绩效评价的区域生态文明指标体系构建 —— 以江苏省为例[J]. 经济地理,2015(5):823 −828.
[2] 杨开忠. 谁的生态最文明[J]. 中国新闻周刊,2009(32):1 −3.

3. 偏重环境保护

1971 年，联合国教科文组织发起一项政府间跨学科的人与生物圈（MAB）计划，提出合理利用和保护生物圈中的资源，保护基因多样性，以及生态城市、城市生态系统的核心框架。在这个框架指导下，许多国家、地区提出了生态园林城市、国际花园城市、山水城市、绿色城市、健康城市等概念与建设目标。受此启发，王云才等（2007）把研究目光聚焦于城市生态系统特征、城市生态化、城市生态系统可持续发展、城市生态可持续能力、生态城市评价与规划五个方面，在对城市生态与生态城市研究及其评价体系对比研究的基础上，立足城市整体人类生态系统，以实现生态城市综合功能为目标，提出生产功能、服务功能、聚居功能、健康安全、管理与影响 5 个层面共 15 个指标的较单一的生态城市评价的创新体系[1]。鉴于各地工业化所处的阶段不同，环境要素是个错综复杂系统，梁文森（2009）设计了包括大气、水、噪声、辐射、生活、生态、土壤、经济 8 个环境质量的 36 个指标体系，主要集中于环境质量，与现行的环境质量报告有较多的共同之处[2]。

指标体系的设置体现了研究者对生态文明概念的含义和主要特征的不同理解，具有综合性。有的用目标法，在进行无量纲化处理时先为每一个指标确定一个远期目标值，再将当期指标值与目标值相比，得出每个指标相对目标值的实现程度；有的用基期法，先确定过去的某个时间点为基期，再用当期指标值与基期指标值相比，得出进步程度。这些研究，从地域看有地方性的，有全国性的；从内容看有突出环保的，有注重综合的；从性质看有评价性指标，有指导性指标；从作用看，通过指标体系的构建和横向纵向比较可以找出缺点和不足加以纠正；从实践看，用量的精确性督促和引导干部重视生态建设，是推动生态文明建设的重要手段。然而，指标体系的导向性和环境优先的战略性能否结合，能否在实践中获得成效，取决于以下几个要素：第一，基于激励制度科学化的

[1]　王云才等.生态城市评价体系对比与创新研究[J].城市问题,2007（12）：17 –21.
[2]　梁文森.生态文明指标体系问题[J].经济学家,2009（3）：102 –104.

领导干部行为方式能否转变；第二，不断创新的环境保护立法和政策能否建立更加良好的环境保护治理结构；第三，环境保护规划能否真正成为其他发展规划的前提和基础。

五、可持续发展和区域生态建设的政策与前景

中国特色生态文明建设的目的是"为人民创造良好的生产生活环境"，不断提高人们的生活质量，使经济和社会都能得到可持续发展。而工业分布及工业化程度的不平衡、地理环境的自然差异及区位特色、人与自然结合的方式及理念的不同，决定了生态文明建设既要顾及全局性，更要突出区域性。"区域"不只是一个确定的范围，它是"自在"与"为我"之统一，它是人类生存的地理背景的客观表征，也是依人类活动而改造的、包含于生产力要素之中的劳动对象。基于现状，我国目前区域生态文明建设越来越成为共识，其具体实践抑或应包括以下几个内容。

1. 以国家全局为基点的战略性统筹

区域生态文明建设不等于各自为政、各行其是，而是国家整体上的战略统筹安排。第一，统一认知：守土时明确责任。中国环境状况如此快速恶化与民众环保意识不强、企业社会责任减弱、经济发展过快有关，也与政府监管缺失有关。过去一味追求 GDP 的数字、追求短平快的政绩，一些地方政府和官员或不顾当地的资源环境条件乱上煤电、化工、钢铁等重工业项目，或充当了污染企业的保护伞。生态文明建设的公益性、整体性和长远性要求政府作为公权力的代表发挥主导作用，地方政府和地方官员一定要树立正确的政绩观，树立科学发展观，承担起保一方水土平安的责任。节能减排、防止环境污染的"涟漪反应"和生态危机的"流溢"和"脱域"，既是对本地百姓生命财产安全负责，也是对其他地域和国家整体生态文明建设作贡献。

第二，利益协调：博弈后达到多赢。林尚立、谢庆奎、刘祖云等学者研究过

政府间垂直（中央与地方）和水平（地方政府间）上的纵横交错关系,并用"十字型博弈"的理论框架来进行解释。政府间主要由权力、财政和公共行政等三重关系构成。[1]生态文明建设是造福全人类、造福子孙后代的长远大计,但政府间存在的潜在竞争性和地方利益关系,有时会使政府产生争夺资源、转嫁成本、敷衍塞责的冲动,所以在上下级关系中,让协商替代命令,解决"条条"间的矛盾,在平行关系中让"论坛规则"替代无序竞争,解决"块块"间的矛盾,就显得十分重要。跨区域生态文明建设中的"府际关系"拒绝不了博弈,但要有全局意识和整体观念,以达到多赢的结果。

第三,生态补偿: 错位间体现多样。许多学者把生态补偿看成是以提高环境质量、恢复生态功能、可持续地利用生态系统服务为目的,以经济作为主要手段来调节利益相关者关系的制度安排。广义的补偿包括由生态系统服务受益者向提供者支付补助,由生态环境破坏者向受害者实施赔偿两个方面。自然界中区域外部作用主要通过大气和水的运动实现,即所谓的"随风飘散、随波逐流"。流域上发生的水土、水质和水量问题责任较易认定,大气媒介如噪声、烟尘、酸雨、沙尘暴等产生的外部作用则因为难以厘清责任、确定主体而进行区域之间的补偿。所以生态补偿除了通常采用的通过国家财政转移支付和一些环境治理的统一支付,地方政府之间可以采用购买生态产品和生态服务的方式进行,还可以通过企业主体、非政府组织对污水排放权、碳排放权市场交易进行,总之补偿形式必须多样化,以避免僵化和固化。

第四,完善制度: 一致中要有差异。近年来,我国的生态省、生态市县、生态乡（镇）村的创建评定,循环经济试点、低碳城市试点、可持续发展试验区、"两型"社会建设综合配套改革区建设、生态文明示范工程试点、生态文明示范区创建等实践,为推动区域生态文明建设进行了有效的探索、推广和示范,总体来看是有作用的。但这种激励创建也存在忽视区域生态文明建设差异性、过程性和创新性的倾向,不顾区域的差异性和特殊性,不同区域示范或试验的内容没有

---

[1]　刘祖云 . 政府间关系: 合作博弈与府际治理［J］. 学海,2007（1）: 79 –87.

各具特色、各有侧重,往往采用同一套指标、同一个标准和同一种模式来评价不同区域,制度供给同质化、模式化,生态绩效评估机械化、指标化,很难对不同区域的实际成果做出客观公正的评价。这不能不说是我国政治治理特色在生态文明建设中遭遇的小小遗憾。

2. 以省域区划为基准的责任制联动

省域是我国一级行政区划,也是统筹城乡发展和建设小康社会的重要地域范围。省级人民政府一般与国家层面对接,负责指导所辖市县,落实辖区内主体功能区定位和相关的各项政策措施,负责指导所辖市县在规划编制、项目审批、土地管理、人口管理、生态环境保护等各项工作中遵循全国和省级主体功能区规划的各项要求。在生态文明建设方面,我国已初步建立起国家、省、市、县四级联动机制。

第一,生态省创建联动。自 1999 年海南省率先提出建设生态省以来,全国形成生态省 — 生态市 — 生态县 — 环境优美乡镇 — 生态村的生态示范创建体系,先后有福建、海南、吉林、浙江、广西、山西等开展了省域范围的生态建设。按照分级管理、事权划分的原则,原环境保护部主要加强对建设工作的指导,制(修)订相关建设标准(指标)及建设成效评估办法,并负责指标完成情况的审核和向社会公告国家级生态建设示范区达标情况;省级环保部门负责省级生态市、县建设的考核和国家级生态乡镇、生态村的复核工作;市、县环保部门重点抓好生态乡镇和生态村建设的考核工作。生态建设示范区是生态省(市、县)、生态工业园区、生态乡镇(即原环境优美乡镇)、生态村的统称,在这个基础上再建立生态文明建设示范区。生态省是以省(自治区、直辖市)为单位开展生态环境保护的制度,从而解决了生态环境的整体性与行政管理条块分割的矛盾,有效扭转“点上治理、面上破坏、整体恶化”趋势。经国家生态市(县、区)考核组考核,在 2013 年将江苏省镇江市等 39 个地区公布为国家生态市(县、区),在 2016 年 8 月将浙江省杭州市等 40 个地区公布为国家生态市(县、区)。

第二,环保模范城市创建联动。1997 年,原环保部启动的创建国家环境保护模范城市评选活动，是我国面向 21 世纪的环境保护的最高荣誉，它要求近三年城市辖区内没发生重大、特大生态破坏和环境污染事故，要求城市环境综合整治定量考核在所在省份连续三年名列前茅，环境保护投资指数大于等于2.5%，前一年没有重大违反环保法律法规案件等。通过创建，树立了一批经济持续发展、环境质量良好、资源利用合理、城市优美洁净、基础设施健全的模范城市。到 2012 年底，全国有 92 个城市被授予全国环保模范城市（区）称号，许多城市通过积极开展"创模"活动，使环保工作更上一个台阶。

第三，全国生态文明示范区建设联动。党的十八届三中全会要求加快建立生态文明制度，紧紧围绕建设美丽中国深化生态文明体制改革。2013 年 12 月，国家发改委等六部委下发了《关于印发国家生态文明先行示范区建设方案（试行）的通知》，以提升生态文明建设水平为目标，着力改善城乡生态环境，根据中央的要求和社会发展现状，对原来的部分指标和规定做出调整，以形成节约资源和保护环境的空间格局、产业结构、生产方式、生活方式。2014 年 3 月 10 日，国务院正式印发《关于支持福建省深入实施生态省战略加快生态文明先行示范区建设的若干意见》，福建成为十八大以来国务院确定的全国第一个生态文明先行示范区。深圳市大鹏新区被列为全国生态文明建设试点。2017 年 9 月，环保部公布北京市延庆区等 48 市县为第一批国家生态文明建设示范市县，2018 年 11 月，公布浙江省安吉县、开化县等共 47 个市县为第二批国家生态文明建设示范市县。

第四，环保执法机制联动。原环保部制定了水、大气、噪声、土壤、生态环境、核辐射与电磁辐射保护类标准，固废与化学品污染控制类标准，环境影响评价技术导则、环保产品技术要求、污染防治等技术类标准，在国家标准指导下，也允许地方结合本地情况出台一些标准，并报环保部备案。尽管受各种因素制约，国家监察、地方监管、单位负责的环境监管体制有待进一步理顺，环境执法制度、机制、程序需要进一步完善，但我国已基本设立了四级环境执法体系，环境执法能力和水平正在不断提高。

3. 以流域范围为基本的跨区域合作

由于生态问题往往是跨区域的, 以行政区划为界限的治理常常显得力量不足, 所以生态治理不得不采用协同作战的形式。英国的泰晤士河、欧洲的莱茵河, 澳洲的墨累 – 达令河, 美洲的田纳西河等地积累了许多治理经验。"流经欧洲九个国家的莱茵河, 是目前世界上跨流域治理污染最成功的一条河流, 它有三条主要经验值得借鉴: 一是建立跨流域协调机制。成立由 12 人组成的保护莱茵河国际委员会, 委员会主席由成员国相关责任人轮流担任, 九个国家共同遵守莱茵河日常养护 '国际公约'。二是建立严格的检测监督制度。在流域不同地段设立数十个水质检测站点, 由沿河的自来水公司、矿泉水公司、食品加工厂等 '用水敏感企业' 的上百个注册通报员, 随时密切监测水质的变化情况, 一旦发现水质不合格, 就立即通报监测部门, 及时采取处置措施。三是尊重流域下游国家利益。按规定, 委员会主席定期轮换, 但秘书长永远是处于最下游的荷兰人, 因为水流污染对他们造成的危害最大, 他们治理的决心和责任心最强烈, 在河水污染问题上最有发言权。"[1] 而我国陷于跨地区污染困境的河流不在少数, 长江、黄河、珠江、松花江和淮河等多数河流都存在跨省、跨地区、跨流域的转嫁污染问题。虽然在这些流域内, 国家及各地方政府制定了很多制度政策, 投入了巨额财政资金, 但是从治理效果看, 并不十分理想。可见, 治理江河污染, 仅有文件、规定以及资金是不够的, 还要对水资源的分配、水量调度分权、污染事故赔偿等达成共识, 形成统一的信息通报和共享制度, 避免 "公地悲剧" 或 "囚徒困境" 一再重演。

有学者认为, "区域生态行政的主体是区域政府, 区域生态行政的实质就是区域政府为了适应区域生态环境保护一体化的需要, 实施区域生态环境合作治理的行政行为"[2]。目前, 我国跨区域合作成效较大的主要有三个: 第一, 环渤海区域。1986 年 5 月始形成 "环渤海经济圈", 达成许多区域内经济合作和互动框

[1] 任春晓. 生态文明建设浙江理应走在前列 [J]. 今日浙江, 2014 (1): 52 – 53.
[2] 黄爱宝. 区域生态行政论纲 [J]. 晋阳学刊, 2009 (5): 29 – 33.

架,逐步建立了经济信息网站、东北亚与环渤海地区经贸合作平台,以对外经济的发展带动区域内产业链、工业链的顺畅。2000年始重视渤海环保工作,2008年9月成立了环渤海区域环保合作、口岸合作、人才协作等3个合作组织,以经济带动环保。第二,长三角区域。始于1982年的长三角区域合作最初也主要定位在经济领域,2008年9月正式出台了《关于进一步推进长江三角洲地区改革开放和经济社会发展的指导意见》。2010年6月,国务院批准《长江三角洲地区区域规划》。《规划》除了明确分工、优化产业结构和布局、增强创新能力等区域合作,还在环保方面提出了加强对重要污染源的监控,关闭持续排放有毒有机污染物的企业,建立点源达标排放的长效管理机制。强化跨省、市界断面水质达标管理,确保跨界水环境水质达标,共同构成"三横两纵"生态网架。加强自然保护区、生态功能区、水源涵养区等特殊区域的保护与建设,保障区域生态安全。以区域环境政策一体化为目标,建立区域环境保护协调机制,构建共建共享的区域环境监测网络,提高区域环境综合管理和污染应急处置的能力与效率。第三,泛珠三角区域。2004年6月,泛珠三角区域的内地九省、区政府行政首长和港澳两个特别行政区行政长官在广州签署《泛珠三角区域合作框架协议》,标志着中国迄今为止最大规模的区域经济合作正式启动。根据协议,"9+2"泛珠三角区域将秉承"自愿参与、市场主导、开放公平、优势互补、互利共赢"的原则,在基础设施、产业与投资、商务与贸易、旅游、农业、劳务、科教文化、信息化建设、环境保护、卫生防疫十大领域展开全面合作。当年7月,泛珠三角区域各省区政府环保官员共同审定通过了《泛珠三角区域环境保护合作专项规划(2005—2010年)》,正式启动区域生态环境与保护合作。合作的重点包括促进循环经济发展、水环境保护、大气污染防治、环境监测、环境宣传教育、环境保护科技与产业合作七项内容,成立泛珠三角区域跨省级行政区河流水污染防治协调机构,加强区域内各省(区)水环境功能区划协调,共同确定跨省级行政区重要河流交界的水质控制断面和标准,建立跨行政区交界断面水质达标交接管理机制,制定跨省级行政区河流突发性水污染事故应急预案,逐步建立水环境安全保障和预警机制等。防止产业由东向西梯度转移时污染的扩散、转移和回归,防止生态环境演变与产业演变的逆向演替。区域合作一般都经历从经济合作到生态合作的过程,区域生态环境合作主要表现在制定规划制度、应急制度、利益分享制度、绩效评估制度,更重要的是相互约束,形成了跨省域生态文明建设的合力。第四,长江经济带。千百年来,我国长江流域以水为纽带,把上下游、左右岸、干支流都连接起来,形成了一个经济社会大系统,长江经济带成为流域经济的代表。2014 年 9 月,国务院印发《关于依托黄金水道推动长江经济带发展的指导意见》,提出提升长江黄金水道功能、建设综合立体交通走廊、创新驱动促进产业转型升级、全面推进新型城镇化、培育全方位对外开放新优势、建设绿色生态廊道和创新区域协调发展体制机制等七项重点任务,规划把长江经济带建设成为具有全球影响力的内河经济带、沿海沿江沿边全面推进的对内对外开放带、东中西互动合作的协调发展带以及生态文明建设的先行示范带。2016 年 9 月,《长江经济带发展规划纲要》确立了长江经济带"一轴、两翼、三极、多点"的发展新格局,就是"以长江三角洲城市群为龙头,以长江中游和成渝城市群为支撑,以黔中和滇中两个区域性城市群为补充,以沿江大中小城市和小城镇为依托,形成区域联动、结构合理、集约高效、绿色低碳的新型城镇化格局。"2018 年 11 月,中共中央、国务院以共抓大保护、不搞大开发为导向,充分发挥长江经济带横跨东中西三大板块的区位优势,以生态优先、绿色发展为引领,依托长江黄金水道,推动长江上中下游地区协调发展和沿江地区高质量发展。据统计,2018 年,长江经济带沿线 11 省市经济平稳发展,共实现生产总值 402985.24 亿元,11 省市在 2019 年地方政府工作报告和地方两会上提出的金 —— 挺起"黄金水道",绿 —— 提升"绿色含量",蓝 —— 奔向"蓝色大海",使"一带一路"和长江经济带无缝衔接,[1] 为今后的发展开辟了新途径。

---

[1] 何欣荣,王贤.三种"色彩"描画高质量发展图景 —— 从长江经济带 11 省市地方两会看发展走向[N].新华社,2019 - 02 - 21(5).

4.以经济区块为基础的整体性平衡

20世纪50年代,在生产力平衡布局理论指导下,我国曾把全国分为华北、东北、西北、华中、华南、西南六大区域。20世纪六七十年代,从战备角度考虑,又把全国划分为一线、二线和三线地区,以全国发展速度整体放慢、中西部拉低东部为代价,用东部高比例的财政收入补贴中西部欠发达内陆地区,在资金、技术、人才、建设项目等方面向中西部倾斜,使中西部与东部的差距缩小。改革开放后,学界主要提出了几种区域发展思路:第一,陈传康(1986)的TYIS思路[1]。他提出要根据自然形成的气候水热、土地、水资源、矿产和风景等结构,合理布局资源、产业、技术、贸易结构开发导向模式。构建了"T"轴(沿海和长江沿线地区),"Y"轴(东起连云港西接东欧国家的陇海 - 兰新线,在兰州分出一支,通到青海的西宁和格尔木,延伸到西藏),多"I"轴(加强不在这两个结构体系上的各地的出海联系),"S"(加强一定轴线的各增长极的联系)。第二,戴晔、丁文锋(1988)的开字形思路[2]。强调应取沿海、长江和陇海 - 兰新线结合的"N"字形态势的基础上再加上京广线,组成"开"字形态势。第三,杨承训等(1990)的"弗"字形思路[3]。认为我国的生产力布局应当在东中西三大地带中间横穿两大东西向的经济条带,即长江经济带和沿黄 - 陇兰经济带,而南北两边再加上一些小型东西向的经济带,组成"弗字形网络结构"。第四,张伦(1992)的"目字形"思路[4]。"目"字格局是由"四类(沿海、沿边、沿江、沿线)六区(沿海、长江流域、陇海 - 兰新沿线及东北、西北、西南)"组成,沿海和沿边开放区构成"目"字的外环,长江流域和陇海 - 兰新沿线构成两条轴线。第五,刘宪法(1997)的"菱形"思路[5]。形成以武汉作为中轴,京津、沪、穗深、成渝作为中国北部、东、南、西的经济增长极点,在地理位置上呈现出菱形的点状跳跃式的网络状发展格局。这些

[1]　陈传康.区域发展战略的理论和案例研究[J].自然资源学报,1986(2):12 -23.
[2]　戴晔,丁文锋.试论陇海-兰新线在我国生产力布局中的主轴线地位[J].开发研究,1988(2):26 -29.
[3]　杨承训,阎恒.论"弗"字形网络布局和沿黄-陇兰经济带[J].开发研究,1990(4):31 -37.
[4]　张伦.我国对外开放的"目"字形格局[J].开发研究,1992(3):11 -14.
[5]　刘宪法.中国区域经济发展新构想——菱形发展战略[J].开发导报,1997(2 -3):46 -48.

区域经济发展的构想,主要是依凭沿海、沿江等自然流通渠道,沿铁路和公路等交通运输枢纽排列的,有的着重于国内,有的延伸至国外,强调了自然资源的互补、经济要素的流动,也看到了"增长极"的带动作用,大致描绘出了经济行进的脉络。但从目前形势看,不能说我国经济就朝着原来设想的线路在发展,即便有一些影子,南北、东西的差异依然是巨大的。

"谁污染谁治理""谁获益谁补偿"是环境保护领域普遍承认的原则。作为利益主体,各个地方一般都会倾向于发展而忽略保护,使生态环境损害外部化以转嫁损失,如果没有生态补偿,任何区域都不会自觉自愿地进行保护而自己承担保护成本,所以建立生态补偿十分必要。在浙江等沿海经济发达地区,为了获得上游地区清洁水源,可每年支付一定的建设资金,为上游地区不建立或少建立工业开发区,更多地建立生态涵养区提供一定的资金资助,这就是一种生态补偿形式。在联合国国际气候变化框架条约中,发达地区因为温室气体排放量更大也要承担更多的义务,为发展中国家提供植树造林等生态建设项目或清洁生产技术和资金,这也是补偿措施的一部分。在 2013 年 6 月 18 日国家发改委发布的《贯彻落实主体功能区战备 推进主体功能区建设若干政策的意见》(发改规划〔2013〕1154 号)中提出了"着力推进国家重点生态功能区、禁止开发区域开展生态补偿,引导生态受益地区与生态保护地区、下游地区与上游地区开展横向补偿。探索建立主要污染物排放权交易、生态产品标志等市场化生态补偿模式",把生态补偿落到实处。

我国的生态文明是建立在工业化基础之上的新型文明形式,目标是消除传统工业化的弊端,促使非线性的多元发展。没有工业化就不会有生态文明,生态文明建设要以制度创新为保证、以技术创新为手段、以政府善治为前提、以生态公民为主体、以和谐发展为目标。区域生态文明建设是区域协调发展战略的延伸,提出"全国性视野和区域性治理"相结合,就是要依据各地工业化程度的不同,或更多地靠"体制外"市场力量,或更多地依靠"体制内"政府力量实施差序调控,在整合地域差异中谋求空间拓展,在区域合作中实现协调发展。探讨非均衡工业化格局下的区域生态文明建设的必要性和可行性，因为只有承认区域经济社会发展既存差异的客观性与合理性，提出生态文明衡量标准的统一性和非统一性的结合，才能发挥中央和地方两个积极性，使生态文明建设更具针对性和可操作性。

第二节　乡村环境传播与农村生态文明建设

与城市相比，乡村是与自然更接近的地方，资源约束趋紧、环境污染严重、生态系统退化的严峻形势，农村有更多的切身体会。在我国，幅员辽阔的农村地区是生态文明建设的主战场，是生态文明建设的主力军。环境传播因其独特的内容和影响，在农村生态文明建设中发挥着重要作用。

一、乡村环境传播的发展历程和多重挑战

德国社会学家尼克拉斯·卢曼（Niklas Luhmann）最早把有关环境议题表达的传播实践与方式称为"环境传播"，而美国传播学者罗伯特·考克斯（Robert Cox）将环境传播定义为"一套构建公众对环境信息的接受与认知，以及揭示人与自然之间内在关系的实用主义驱动模式和建构主义驱动模式"[1]。我国学者认为"环境传播是传授环境信息的行为或过程，或者说是环境信息在传者与受者之间的流动过程"[2]。可见，环境传播就内容而言是所有涉及环境领域的信息，诸如党和政府的环境政策、发生的环境事件、环境问题的讨论、生态理念和思想等的传播，就形式而言是指通过人际、群体、组织、大众传媒等多种方式对环境信息进行的传播。

[1] Robert Cox.Environmentaland the Public Sphere London：Sage Publication,2006：12.
[2] 李淑文.环境传播的审视与展望——基于 30 年历程的梳理［J］.现代传播,2010（8）：39－42.

讨论新时期乡村环境传播在生态文明建设中的作用,要围绕着"乡村环境传播"和"生态文明建设"两条线索展开。环境传播在我国的历史不太长,第一份环境期刊《环境保护》于1973年创刊,第一家环境专业出版机构中国环境科学出版社于1980年成立,第一家国家级环境专业报纸《中国环境报》于1983年开始发行。与其他领域一样,改革开放以来,环境传播无论是载体还是内容都呈现出倍增趋势。现在我国乡村环境传播载体有五大类:第一类,图书。以农村、农业、环境、生态文明为关键词,在中国国家图书馆网页上检索,其馆藏的中外文图书资源数量已超过10万册。第二类,杂志。仅被2018年北京大学中文核心期刊目录收录的,与自然、生态、地质、海洋、地理相关的杂志就有300多种,与农业基础科学、农业工程、农作物、园艺和林业、水产和渔业相关的共有100多种,与环境科学、环境保护、环境监测、化工环保、环境污染与防治等相关的共有20多种,还有涉农的综合类刊物诸如《农村青少年科学探究》《农村实用技术》《农村新技术》《农民文摘》《农村养殖技术》《农村百事通》《农业知识》《中国农业教育》《农民致富之友》《古今农业》等。这些杂志发布专业领域的最新研究动态、研究成果,进行专业讨论,以知识性、技术性为主,针对性强、有效期长,有些具有全国性甚至世界性影响,每种杂志都有自己较稳定的研究群和读者群。第三类,各类报纸、电视、电台。主要是即时播送环境专题和新闻,让受众随时了解环境状况的变化。第四类,环保部门和各涉农部门、组织的官方网站。第五类,政府部门面向公众的内刊,以浙江宁波为例,有《宁波环境》《宁波环境科学》《宁波现代农业》《宁波林业》,还有政府部门的工作简报等,是特定区域内政府与公众或政府内部环境信息交流的载体。与知识爆炸时代相一致,环境信息也处于爆炸状态。

我国学术界在20世纪80年代开始涉及"生态文明"话题。霍应强在《广东林业科技》1985年第6期发表的《森林水文生态效益计量评价体系的研究》提到,做好森林生态效益的经济评价,推动森林资源的再生产,对国民经济发展、环境质量改善、生态文明教育都具有重要意义。1987年5月,中国农牧渔业部、中国农业环境保护协会、中国农业经济学会、中国生态经济学会等部门在安徽联合举办"全国生态农业问题讨论会",讨论了现代生态观的产生以及由此引起的生产力、价值、生产、消费等观念的变革,我国生态农业的基本理论,生态农业的发展状况、发展战略、典型经验模式等问题,并成立了中国农业生态经济研究会。刘思华在《广西社会科学》1988 年第 4 期发表的《社会主义初级阶段生态经济的根本特征与基本矛盾》提出:"在社会主义初级阶段的物质文明建设中进行生态文明建设,就必须执行有效保护和建设为核心的生态环境资源发展战略。"[1]郭有在《农业经济》1989 年第 3 期发表的《辽宁省农村生态经济系统评价》中提出:"今后应充分运用经济积累,开发当地资源,发展乡镇企业,搞好联合,增强竞争力和生态意识,力争物质文明、精神文明及生态文明建设共发展。"[2]早期生态文明研究几乎都与农村环境、农业生产相关。大众传媒中的"环境报道"随着 20 世纪 80 年代后我国环境恶化在不断增多,但"生态文明"一词的喷涌状出现,是在党的十七大第一次从治国理政的高度提出"建设生态文明"之后。在党的十八大把"生态文明"纳入建设中国特色社会主义"五位一体"的总体布局,十八届三中全会提出全面深化改革、加快建立生态文明制度后,"生态文明"的大众传播向纵深两个向度发展。

美国社会学家库利认为,社会就是人与人之间的相互影响,而这种影响是由传播形成的,传播是人类社会关系赖以生存和发展的机制。之所以在研究乡村生态文明建设时率先谈论环境传播的论题,是因为目前我国民众普遍感觉到的生态危机和环境破坏向我们发出了最严峻的挑战,生态文明建设已成为最迫切的任务,这与环境传播有着密切的联系。在农村生态文明建设中,我们面对着现实存在的公众环保意识相对不强、突发环境事件应对不力、乡民环境权利保障不全和乡村环境传播能力有待提高等多种问题,面对着又好又快发展农村经济、维护生产和消费平衡、保护地方自然生态的多样性、完善生态文明管理体

---

[1] 刘思华.社会主义初级阶段生态经济的根本特征与基本矛盾[J].广西社会科学,1988（4）:42 −57.
[2] 郭有.辽宁省农村生态经济系统评价[J].农业经济,1989（3）:25 −31.

制等多项任务联动,面对着各种乡间主体的不同诉求、基层官员的政治考量(维稳、政绩、发展),以及农村居民的经济收入考量、生活舒适考量、未来发展考量等多头利益并存局面,面对着众多媒体自身存在的资本逻辑与公共利益、价值偏差矫正、实际环保需求与环境传播能力等多重矛盾挑战。这决定了乡村环境传播是生态文明建设的重要基础条件,在某种程度上既起着动员、组织、宣传、号召的作用,也起着总结、研究、深化、积淀的作用。

二、乡村环境传播的生态效应与文明促进

随着深入到浙江宁波的广大农村地区实地调研,笔者发现乡村环境传播与农村生态文明建设联系密切,并呈现三个特点。

1.传播形式多样,组织传播效能十分强大

信息传播一般包括组织传播、大众传播、小众传播、人际传播等几种方式,这些传播方式在中国乡村环境传播中同时存在、都被运用,并具有两个明显特点:第一,组织传播与大众传播强强联合。中国的行政体制是以"条条"控制为主,以"块块"协调为辅,垂直管理和分级管理并存的网格状体制,政府自上而下分为国务院、省、市(地)、县、乡镇(街道)五个层次,村是农村居民的聚居点,也是党和政府各项政策的落脚点。在中国,党政机关是最大、最权威的信息源,它的声音和意志能通过政府机关报、各大电视台、政府网站横向到边、纵向到底,并通过各级政府的行政活动贯彻到行动中,短期内就能收到立竿见影的效果。由于宣传舆论工具牢牢把握在"政治家"手中,除了一些商业网站(其环境信息以摘录、编辑为主,以吸引眼球攒点击量为目的,大多较零散),我国的大众传媒(包括相对有特色的都市报)都有政府背景,其实是组织传播的工具,与组织传播有高度的重合性。笔者走到的每一个行政村,都订有《人民日报》《光明日报》《浙江日报》《宁波日报》和各县的政府机关报。浙江已做到"村村通""三网合一",意味着农村居民都能看到中央台节目、浏览政府网站的信息,加上下发的

红头文件等,保证中央政策能第一时间传递给农民。同时,各级政府会将中央政策及时地与本地实践相结合,出台一些决定、细则,如党的十六大后,浙江省和宁波市于 2003 年 3 月全面启动生态省、市建设;十七大后,浙江省委和宁波市委于 2010 年 7 月做出《关于推进生态文明建设的决定》;十八大后,宁波市委于 2013 年 5 月做出《关于加快发展生态文明建设美丽宁波的决定》,浙江省委于 2014 年 5 月做出《关于建设美丽浙江创造美好生活的决定》。同时,政府会制定区域经济社会发展的总体规划,在每年两会中确定本年度生态文明建设的具体任务和执行任务的责任部门,分解细化指标,层层下发、层层落实到农村。

第二,小众传播与人际传播掺杂渗透。小众传播也称"分众传播",相对大众传播而言范围更窄、受众更少、内容更细、业务更专,不再追求受众数量上的庞大,而是为特定的受众量身打造提供符合其口味的信息和服务,如涉农专业杂志、各级电视台的农业频道或农业节目、报纸的专栏等。在广大农村,还有各色各样的宣传栏、墙头标语,定期的农村远程教育课程,从本乡本村实际出发向农民传递着农药使用方法、台风避灾常识、节能减排工程等农村实用环境知识,提升农民的生态文明素质。尽管传统的熟人社会在宁波地区某种程度上被打破,有些城郊村里有大量非本村人口、非农业人口居住,增加了农村社区综合管理的难度,但人际传播依然是环境传播的重要渠道。在农闲时节或茶后饭余,人们会聚在一起交流农业生产经验,分享果树栽培心得、畜禽饲养方法。所以,在政府的引导下,许多乡村形成"一乡一业""一村一品""公司 + 农户"的农业产业化模式,使本地的资源优势、区位优势、农副产品优势被充分挖掘出来,使生态文明迈上一个新台阶。如宁波宁海胡陈乡的东山村通过村庄规划搞乡村旅游,大面积种植桃树,发展景观农村,大批城市客人来到此地,呼吸新鲜空气,享受田园风光,买走了土豆、草莓、土鸡、土鸡蛋等农产品,带来了商机和滚滚财源。

组织传播、大众传播、小众传播和人际传播四种传播形式的特点不同、效能各异。组织传播中的环境信息垂直流动、一贯到底、信号强烈,往往还是政府战略部署和重点工作计划的舆论准备和公开表达，加之组织行为介入，无论在受众的生态文明理念树立还是在生态建设推进上都能取得预计的成效。大众传播中的环境信息随着新媒体的广泛运用，已从单纯的单向流动过渡到双向互动，可以在使受众在答疑解惑中深化环境认知，并获得二次传播效应。小众传播和人际传播中的环境信息是横向流动的，填平了传者和受者的鸿沟，针对性强、认可度高，会对受者的行为起潜移默化的影响从而引发相互模仿。当然，并不是所有环境传播都是正向的、积极的，事实上反向环境传播也经常存在并在现实中产生极坏的影响，如：得知加三聚氰胺会使加水的牛奶蛋白质检测含量提高，奶农们都去加，导致了震惊全国的三聚氰胺事件；得知使用抗生素、避孕药养育的鱼虾既能膘肥体壮卖相好，又能抵抗细菌感染，养殖户都去用，结果产生食品安全危机。所以对大众传播可能的误导和小众或人际传播的消极面需要加以约束和规范。

2.受众多重分化,不同群体有着明显差别

环境传播与其他传播一样，希望信息能得到广泛的扩散，受众能最大限度地接受其观点和理念，个体行为能因之受到影响，达到使每个人自觉保护环境、共建两型社会、推进生态文明建设的效果。丹尼斯·麦奎尔、斯文·温德尔在《大众传播模式论》一书中讨论了哈洛伦（1969）的"刺激－反应模式"及德福勒（1970）的大众传播的个体差异理论、康斯托克（1978）的电视对个体行为之影响的心理学模式、卡茨－拉查斯费尔德（1955）的个人影响和大众传播两级传播模式、罗杰斯－休梅克（1973）的创新扩散模式、新闻扩散的J曲线模式、内尔－纽曼（1974）沉默的螺旋模式等，研究了社会、大众传媒、受众、效果之间的互相依赖关系。现在，发达地区农村居民与城市居民一样是分化的，大致可以分为四类：第一类，环境管理者。主要有乡镇干部、大学生村官、村干部。现在的乡镇干部大部分是下派干部，居住在城市，工作在乡村。大学生村官有的出生在城市，有的本来自农村，但都接受过高等教育；村干部有的是企业家，有的是乡村能人。他们关注乡村经济社会发展全局，着重环境传播中的战略方针、政策计划、措施落实部分,是农村生态文明建设的指挥者和领导者。第二类,农业生产者。近年来,宁波以粮食生产功能区和现代农业园区建设为抓手,推动着农业的转型升级,现代农业产业体系基本形成。通过"两区"建设,培育壮大了一批农民专业合作社、农业龙头企业、农民经纪人、家庭农场、专业大户等农业经营主体,形成了"公司 + 基地 + 农户""合作社 + 农户""公司 + 合作社 + 农户"等多种产业化经营机制,经济效益显著增加。他们着重环境传播中的农业循环经济、投入产出、科学种田、农产品开发等,是农村生态文明建设的带头人。第三类,乡村知识分子。由工作生活在乡村的大学生、医生、教师、农技人员、兽医、乡村文化站图书馆工作人员等组成,他们着重环境传播中专业知识和相关技能的学习、运用,有强烈的环境保护使命感,是社会主义新农村建设的宝贵人才资源,是农村生态文明思想的传播者、践行者。第四类,一般乡村居民。大多是老人、妇女、孩子,他们没有特殊的环境信息需求,但本能地希望生活在山清水秀、清洁整齐的环境中,是农村生态文明建设的受益者。

3. 工作千头万绪,必须统分结合综析有序

杨斯玲等认为:"农村生态文明是人类文明的一种形式,它以尊重和维护农村生态环境为主旨,以可持续发展为根据,以未来人类的继续发展为着眼点,强调人的自觉与自律,强调人与自然环境的相互依存、相互促进、共处共融。"[1] 张百霞等认为,"农村生态文明是一个综合性的文明成果,它指的是农民在进行农业生产、经营、生活时,主动、积极地改善和优化农村内部和农村自身发展与自然、与城市、与社会的关系,以及建设良好的农村生态环境、塑造良好的农村面貌、提高农民自身素质等方面所取得的物质、精神、文化、制度等方面成果的总和"。[2] 这些界定道出了农村生态文明的系统性、持续性和目的性。在农村,生态文明建设是与社会主义新农村建设、美丽乡村建设、乡村振兴战略联系在一起的。它是把山水林田湖草看成是一个有机的系统,是城乡一体化统筹发展,

---

[1]　杨斯玲,刘应宗,潘珍妮,等 . 基于循环经济的农村生态文明科学发展研究[J].北京工业大学学报,2011（5）.
[2]　张百霞,康爱荣,等 . 城镇化进程中河北农村生态文明建设研究[J]. 经济论坛,2013（12）.

是要防止城市污染向农村转移；它是村容村貌整洁，是农民喝上干净的水，是农村垃圾粪便无害化处理；它是合理的田间管理科学种田，是少用化肥和农药，是发展农业循环经济，是秸秆还田；它是养护森林守住"绿色银行"，是保护自然资源，减少以开发为名的破坏，是绿色消费绿色出行等。农村生态文明建设的任务十分具体且艰巨，工作十分细碎且庞杂。

现阶段的乡村环境传播常常是在什么山头唱什么歌，组织传播后面的不同政府部门有不同的工作要求，如各级党委政府的农业和农村工作领导小组办公室要贯彻落实中央和省委、省政府农业和农村工作的方针政策，实施和统筹城乡发展方略，全面推进新农村和美丽乡村建设，搞扶贫开发、村庄整治、农村工作指导、农家乐休闲旅游、新型农村合作经济发展等牵头工作。就宁波而言，生态环境局、农业局、林业局、水利局、自然资源和规划局、科技局、粮食和物资储备局、文化广电旅游局、海洋与渔业局、农业机械化管理局等部门的主要或大部分工作都是面向农村的，"上面千条线，底下一根针"，每个村庄都要应对林林总总的具体事务，而且农村工作总能与生态、环境挂上钩，这意味着通过各种传播形式到达农村、农民那里的环境信息是丰富的，甚至是杂乱的，然而这些信息在不同的主体中的作用不同，对个体受者而言，大部分会成为无效信息而被过滤，剩下的主要有：第一，与政府中心工作相关的信息，如"千村示范万村整治""美丽乡村建设""三改一拆""五水共治""剿灭劣 V 类""811 环境保护新三年行动""集体林采伐管理政策调整"等；第二，与农村经济社会发展相关的信息，如"完善农村土地承包关系""农村土地流转""构建新型农业经营体系""农业科技创新""生态公益林补偿""现代畜禽种业发展""示范性家庭农场创建"等；第三，与农业生产力发展相关的信息，如"农事指南""茭白田黑鱼种养结合技术""肥料使用方法""林业有害生物防治""岩石缝试种石斛"等；第四，与农民居家生活相关的信息，如"村庄改造""垃圾处理""自来水供应""文化广场建设"等。除此之外，在宁波农村生态文明建设过程中，农民还迫切需要能够通过很多途径寻找到国内外农业生产最新发展的信息，找到生产的环境标准、产业发展标准的信息等,这些环境信息对农村社会快速发展是有推动作用的。

乡村环境传播的目的向来不是传播本身,而是伴随着信息传播而来的乡村生态状况和美丽乡村建设方面的变化效果。生态文明建设包含着生态平衡、污染防治、自然环境方面的丰富内容,决定了乡村环境传播的知识性;生态文明建设与乡村社会每个成员的切身利益密切联系,决定了乡村环境传播具有关注性;生态文明建设是公民参与性较强的领域而且需要广泛的社会动员,决定了乡村环境传播具有公共性。乡村环境传播起到了启民智、集民慧、护民身、导民行的作用。它传递顺应自然、尊重自然、保护自然的生态文明理念,推进循环发展、绿色发展、低碳发展的科学发展模式,形成人口均衡、资源节约、环境友好的天人和谐社会,改变传统的思想方式、生产方式、生活方式,为保护环境、生态安全和建设社会主义新农村作贡献。

三、乡村环境传播的模式变革和提升策略

乡村环境传播随着民众的生态理念和传播载体的发展而不断发展,它承载着各个地域、各个时期人们与自然关系的变化,包含着生态文明建设过程中自然对人类的启示和教育,调整着人类对环境影响的认知和行为,在媒体进步日新月异的当今社会,呼唤着乡村环境传播模式的变革和策略的提升。

1.正视矛盾本质,培育理性受众

一个完整的信息传播过程包括了传播者 — 传播媒体 — 接受者三个主体。在新媒体出现之前,传播者是信息的源头,接受者是信息的终端,信息通过特定渠道发布出去,传播过程就结束了,即便有反馈,媒体也可以无视这些反馈,或对反馈的反应时间间隔可能被拉长等。而在新媒体在传播中作用越来越重要的今天,三个主体的稳定顺序和格局被打破,传播者和接受者的角色不确定了,还经常互换位置,传播过程从单向变为多向,形成"传播者 —(信息)— 接受者""接受者 —(反馈)— 传播者"两种模式,反馈的反应越来越快、越来越直接,

所以在新的传播环境下，无论是传播者还是接受者都要提高媒介素养和综合素质，既要尽量减少传播失误，又要防止信息误读和曲解。

环境传播具有一定的专业特殊性：首先与现代科技紧密联系。传统农业靠天吃饭，农业生产是一个动植物自然生长、成熟、收获的过程。现代农业大有不同，滴灌、喷灌等农业水利设施，收割机、插秧机等农用机械广泛应用，人工育种、温室大棚、无土栽培等农业技术不断普及，杂交作物、转基因作物等作物大面积种植，畜牧渔业养殖规模化、集约化、市场化……乡村环境传播过程实际上成了现代农业科技教育普及过程。如在宁波农村经济综合信息网的科技版上，有传授实用技术的，如茭白纹枯病防治、各种作物病虫防控、化学除草技术、秋茬茄子防"石茄"、黄鳝庭院养殖技术、预防草莓白粉病等，这些技术中包含着化学、生物学等许多科学和技术，这要求环境传播必须要准确、要有科学精神、要有可操作性。其次与地理区位紧密联系。世界各地的农业和农村都具有明显的地域差异性，中国国土共跨了8个温度带，各地带温度条件、农作物种类及熟制的差别都很大，即便是同一个省市，农村的差异依然存在，如宁波的沿海地区以渔业和海洋养殖为重点，四明山区以种植、苗木为重点，城区周边发展都市农业，加上各地发展的工业主产业也不同，决定了各地的环境状况、遇到的环境问题、给出的解决方案都有所不同，所以乡村环境传播要突出地方性、注重选择性。最后与生态平衡紧密联系。自然生态是平衡的，中国古代有五行相生相克的说法，如果环境传播中只强调一个方面而忽视另一方面，在付诸行动后就会打破原来的平衡，造成灾害。回顾历史，由于单凭麻雀会吃粮食而没有看到它们也吃害虫就把它们列为"四害"之一，1958年，全国动员掀起消灭"四害"运动时，麻雀被大量灭杀，使得以后虫灾爆发，粮食减产；1964年底开始的"农业学大寨"，掀起了全国"普及大寨县"运动，大寨战天斗地不怕苦，敢教日月换新天的革命精神给人以激励和鼓舞，但许多地方机械照搬经验，片面抓粮食生产，不搞副业，不顾自然条件大修梯田，反而破坏了自然生态。以前我们的乡村环境传播有经验也有教训。

有西方学者认为文明意味着对生态的破坏,文明本身是非生态的,有人把"生态文明"(Ecological Civilization)看作是一种"矛盾修饰法"(Oxymoron),就是把相互抵触的语词结合在一起。[1]在现阶段,我们远远没有达到生态文明的程度,相反,我们从工业的、技术的发展中获得的文明成果往往被认为是反自然、反生态的,如核电站、转基因食品、化肥和农药在农业中的广泛使用等。社会是在矛盾中前进的,在开放时代,乡村环境传播中重要的是在提高农民对信息的选择、理解、认识、质疑、利用、评估、创造上下功夫,在公平、民主、平等的社会环境中准确、健康、和谐地传播信息,让受众能理性、智慧、及时地接收信息。

2. 发挥各方优势,促进媒体融合

近年来,网络技术和新兴媒体兴起、"村村通"工程推进和城乡一体化发展,促使乡村环境传播模式发生巨大变革,为生态文明建设的思想理念、新兴农业栽培技术、生态农业产业化、农业循环经济等的传播带来了无尽的可能。然而在信息爆炸的今天,我们要从多角度、多方位展开生态文明建设。乡村环境传播需要从三个方面进行提升:第一,整合媒体资源。在发达地区城乡一体化强力推进的背景下,农村不再是环境信息的洼地,农民不再是与外部世界半绝缘的落后封闭的"井底之蛙",但在媒体资源日渐丰富的条件下,应构建一个立体多效的媒体融合体系,使传统媒体和新媒体结合,使环境知识学习与日常生活结合。在乡村图书馆多增加一些环保内容的书刊,以多接触来加深村民对生态文明建设的印象。第二,改进传播技巧。保罗·F.拉扎斯菲尔德(Paul F. Lazarsfeld)、伯纳德·贝雷尔森(Bernard Berelson)等在1940年做的关于总统选举研究发现,选民的政治倾向很少直接因大众传媒宣传而产生很大的改变,人们之间的观点交流似乎对其政治态度的形成和转变更为关键。在大多数情况下,每个人既有的社会传统、生活习俗、心理机制都会保护受众不受大众传播的直接影响,从而降低其整体效果(所谓的"有限效果"),只有当大众传播与其他沟通模式互为补充,并在信息传播过程中更好地体现其中的价值、信念和感知

---

[1]　小约翰·柯布. 文明与生态文明[J]. 马克思主义与现实,2007(6):18-23.

时，才能将传播的效能最大限度扩大。环境传播与生态文明建设的关系也是如此。同时，拉扎斯菲尔德还提出了两级传播假设（Two-step Flow Hypothesis），他认为各种信息会通过大众传媒首先到达"意见领袖"（Opinion Leader）那里，然后再通过"意见领袖"把信息传递到普通民众那里。第一个阶段主要是信息的平行传递过程，第二阶段主要是人际影响的扩散过程。其实两级传播假说十分贴近 20 世纪中叶经济文化尚不发达，受众只能依靠拥有收音机、电视机或接近信源的少数人（即"意见领袖"）来转达、扩散信息时代的传播方式，而在媒体竞争日趋激烈、信息垄断逐步解除、政府工作日渐透明、受众直接接触媒体的当今时代，"意见领袖"在转达信息方面的作用在慢慢弱化，而在引导、指挥、控制信息方面的作用却正在增强。生态文明是个古老又年轻的概念，受众对一个新的信息、新的理念的接受和认可大致会经过认知、说服、决策、使用、行动等几个步骤，大众传播在认知阶段作用显著，人际传播在说服和决策阶段更有影响，要把信息化为有效的行动则需要榜样示范、利益预期、责任教育等更多环节。环境传播要从量变到生态文明建设质变就要几种传播方式并用。第三，精选传播内容。在环境传播中，议程设置同样受到重视。王绍光认为，议程设置是指对各种议题据重要性进行排序，议程可分为传媒议程、公众议程和政策议程三大类。传媒议程是指大众传媒频频报道和讨论的问题，公众议程是引起社会大众广泛关注的问题，政策议程是指决策者认为至关重要的问题。在公众对社会公共事务中重要问题的认识和判断与传播媒体的报道宣传活动之间存在着一种高度对应的关系时，媒体作为"大事"来报道的问题一般也是公众意识中的"大事"，所以媒体越强调，公众对该问题越重视，越会对媒体认为重要的事件首先采取行动。大众媒体虽然不能决定人们对某一事件或意见的具体看法，但是可以通过议程设置提供信息和安排相关的议题来有效地左右受众关注某些事实和意见，左右受众关注议论的先后顺序和重要程度。环境传播要提高传播效果必须重视议程设置，从而找到受众的兴趣点，精选知识点，刺激兴奋点。

3. 拂除表层幻相，找准问题关键

中国是传统的农业社会，农民"靠山吃山，靠水吃水"，最懂得敬畏自然、与自然和谐相处的重要性。1909 年，美国土壤物理学之父富兰克林·H.金考察了中国、日本和朝鲜三国古老的农耕体系，写成《四千年农夫》一书，他认为美国在不到百年的时间内就穷尽了地力，而中国农耕时代历经四千余年，土壤肥沃依旧，且养活了数倍于美国的人口。原因何在？"东亚民族的农业在几世纪之前就已经能够支撑起高密度的人口。他们自古以来就施行豆科植物与多种其他植物轮作的方式来保持土壤的肥沃。几乎每一寸土地都被用来种植作物以提供食物、燃料和织物。生物体的排泄物、燃料燃烧之后的灰烬以及破损的布料都会回到土里，成为最有效的肥料。如果向全人类推广东亚三国的可持续性农业经验，那么各国人民的生活将更加富足。"[1]中国农民是智慧的生物学家，农村有生态文明的传统。中国农民利用豆科植物、人畜粪便、燃料灰烬、秸秆、豆饼、淤泥、废砖乃至破布料等可降解物质培育土壤，不惜投入大量的劳动力保证"人 — 土壤 — 农业"的有机循环，并且把自己纳入整个生态平衡之内，成为"人 — 土 — 粮 — 人"循环的一部分。中国传统农业的特点是用养结合、精耕细作，还能依照作物的生长规律运用间、套复种的多熟制度，集约和有效利用时间和空间，如太湖流域的冬小麦套种棉花，比不实行套种要节省 30 天时间，合理轮作实际上也保持了地力长新，改善了农田生态环境。中国有 7000 年的桑蚕种养史，有 6400 年的稻作农业史，传统小农家庭式的经营承载着中国农业文明史的遗传密码，既有利于生态环保又有利于有机生产，具有环境维护、食品安全和社会稳定三大正外部性。温铁军认为，现在农村生态遭受破坏，根本原因在于我们现在的农业被工业改造过。首先是农业现代化使农产品过剩。"我们的人口不到全球的 19%，却盖了全球 80% 的大棚，生产了全球 51% 的猪肉、67% 的大宗蔬菜、70% 的淡水养殖产品，造成污染和地下水超采"[2]，

[1]　富兰克林·H.金.四千年农夫［M］.北京：东方出版社，2011：1.
[2]　李雪，温铁军.我们这代人得知耻［J］.环球人物，2014（30）：70 –72.

生产增长了、生产率提高了,却"谷贱伤农",农业增产,农民却不增收。其次,产业资本主导使农业链条拉长。1998 年是中国农业产业化元年,过剩的工业生产能力转向农业领域,大量资本进入农业领域,资本获得的利润分配结果是"第一生产者农民只得到 8%,92% 被不同利益集团获得",农民作为劳动者和土地资源的提供者收入偏低。再次,农产品过剩导致同类产品竞争激烈,利润下降,迫使资本投入者利用假冒伪劣产品以保持原有利润水平。经典案例就是 2008 年的三聚氰胺事件。于是一系列食品安全事件在工业文明走到生产过剩阶段被引爆。最后,纵观世界,除了一些人口稀少的国家,像美国、澳大利亚有大型农场,欧洲国家、日本却在普及市民农业,欧盟 60% 的农场主是市民,许多地方动员市民参与都市农业,把行道树改成果树,把绿地改成菜园,然后社区共享。他们把农业与市民生活相结合,把郊区、山区农业变成景观环境农业。不过国内媒体很少有这种新潮流的报道,所以环境传播还要学会透过现象看本质。

四、乡村环境传播与美丽乡村建设的互动

E.F. 舒马赫提出"小的是美好的",因为"小规模生产,不论为数如何多,总不及大规模生产对自然环境的危害,这完全是因为它们个别的力量相对于自然的再生能力来说是很微小的。如果只就人类认识是细小的、零星的而言,小之中蕴含着智慧,因为人类的认识更多地是依靠实验,而不是依靠了解。"[1]当一些政府和大公司狂妄自大地把整个宇宙都看成是自己的合法采石场,不顾后果地大规模应用局部知识,诸如核能、新农业化学物、运输技术,还有无数其他应用技术来改造自然时,必然造成对自然的极大破坏,使全球都处于危险之中。现在的日本、韩国等国家和台湾地区,尽管城市化率相当高,基本完成了工业化和现代化,但依然存在着大量的小农经济。舒马赫"小的是美好的"观点,曾引发

[1] E.F. 舒马赫. 小的是美好的[M]. 北京:商务印书馆,1984:18.

那些一味寻求中国农业规模经营的人进行反思。中国有不同的农业生产组织方式:"中国第一农业"或"小岗模式"是指在中国广大农村地区,大部分地区的土地、江河、林地都是集体所有制,实行的是以"家庭联产承包责任制"为制度基础的、自给自足的、一家一户的、自然经济的农业生产方式和生产制度。"中国第二农业"或"新疆北大荒模式"(新疆生产建设兵团、北大荒集团是中国农垦的代表)是指农垦农业,是中国农业战线的"国家队",它是以"公有制为基础的国有农场制度"作为制度基础的,实行集约化、集团化、规模化、现代化大生产的农业生产方式和生产制度。中国的农村和农业就数量而言依然是"小农经济"的汪洋大海,就目前而言保持家庭小单位的生产,适度地推进土地流转和规模经营,保持农村经济组织合作社,可以更好地促进农村和农业的复兴,更快地发展农村生产力,更有利于农村环境的改造和生态的改善。浙江的美丽乡村建设走在全国前列,着重做了五方面的工作。

1. 保护和提升乡村建筑品格

2013年12月,习近平在中央城镇化工作会议上提出:城镇建设要务实行动、科学规划,在促进城乡一体化发展过程中,要注意保留村庄原始风貌,尽可能在原有村庄形态上改善居民生活条件,要慎砍树、不填湖、少拆房,要依托现有山水脉络等独特风光,要体现尊重自然、顺应自然、天人合一的理念,让居民看得见山、望得见水、记得住乡愁。早在2012年底,浙江宁波就启动了农房改造示范村创建工作,每年筛选出一批基础条件较好的村庄,引导它们立足"三拆三化"(即拆违、拆旧、拆危,洁化、美化、绿化)的建设标准,合力推进创建风貌特色、生态环境、规划设计、质量安全、社区管理"五个一流"美丽宜居示范村。为进一步提升农村地区的建设品质,宁波市住建委组织专家学者开展了宁波传统风貌农房标准体系专题研究,发布了《宁波市农村风貌提升典型措施汇编》《宁波市农村风貌提升技术导则(试行)》等文件。同时,注重从源头上建立新农村建设的长效机制,完善农村建设"规划、设计、建设、管理"全过程管控体系,为农村建设保驾护航。[1]如宁海深甽镇西北部的白岩村,在新农村建设中依托环境整治提升、"美丽宜居示范村"等项目建设,村里保存了始建于明朝、在宁波算得上最完整的四合院,这些四合院在政府的帮助和引导下大多在保持原貌的基础上得到了修缮,从而既保存原貌,修旧如旧,又防止因年代久远房屋老化而出现安全问题。在"修旧如旧建新如旧"的整理式改造模式下,宁波一大批带有乡愁印记的传统建筑得到了保护,村庄扩大时由于建筑风格与原先保持一致,村落的整体性、协调性得到了彰显,"小桥、流水、人家"的古村落美景随处可见。

2.改造和整治农村居住环境

在时任浙江省委书记习近平同志的倡导和主持下,从2003年6月开始实施"千村示范、万村整治"工程,计划在全省4万个村庄中选择1万个左右的村庄进行全面整治,并把其中1000个左右的中心村建成全面小康示范村。"千万工程"初始阶段是在基础条件较好的村,从农民最关心的村庄环境脏、乱、差问题入手,以垃圾收集、卫生改厕、河沟清理、污水治理、道路硬化、村庄绿化为重点进行整治,农村垃圾全面推行"户集、村收、镇运、县处理"模式,推行"村集体主导、保洁员负责、农户分区包干"的常态保洁制度,通过长效保洁机制保持村庄洁净卫生。到2007年底,浙江省有10303个村庄得到整治,其中1181个村庄成功建成"全面小康建设示范村"。党的十八大提出建设"美丽中国"的新目标,浙江致力打造美丽乡村升级版,抓住主题主线树立起"示范美",扩大建设成果,呈现出"共同美",提升文化含量体现出"内涵美"。至2015年,浙江省创建整乡整镇"美丽乡村"镇74个,美丽乡村精品村312个。2011年实现"农村公路村村通",2016年全面创建"万里美丽经济交通走廊",2017年实现"农村客车村村通"。浙江新农村建设成为"美丽中国"一个精致的"标本"。随着美丽乡村建设的深入,浙江农村的风貌形成了多种形态:有"生态+文化"的安吉模式,有"公共艺术+创意农业"的玉环模式,有"古村落保护+生态旅游"的永嘉模式,

[1] 王岚,吴培均.用"专业"服务农村"三居"专项行动整理[J].宁波日报,2016-07-28(A2).

有"乡村节庆＋民宿产业"的萧山模式等。目前，"千万工程"一张蓝图绘到底，工程名称不变、建设决心不变，一任接着一任干，不过内容升级为 4.0 版：2020年累计建成"千村 3A 景区、万村 A 级景区"的"新千万工程"，省委省政府要把整个浙江打造成"诗画江南"，把美丽乡村建设的成果转化为发展美丽经济的新探索，把以乡村旅游为主要特色的美丽经济培育成浙江农民增收的新产业，把休闲农业等农业新业态开辟为农民增收的新路径。

3. 建立和健全环保长效机制

遵照习近平总书记关于"绿水青山就是金山银山"的指示精神，宁波的做法是市委市政府提出"提升城乡品质、建设美丽宁波"的战略部署，落实到美丽乡村建设上是努力实现"路面无垃圾、田间无废弃物、河面无漂浮物、庭院无乱堆放"的具体目标。进一步完善"户集、村收、镇运、县处理"的农村垃圾运作模式，基本建立逐步健全"一把扫帚扫城乡"的环卫保洁机制，和城区一样，要求农村的卫生保洁有经费、有专人、有制度，大力落实"四全要求"：第一，全域整治。纵向到底、横向到边、不留死角。第二，全力以赴。把各县（市）区、乡镇、行政村的主要领导确定为第一责任人，以保证主体责任落实到位。实施"一票否决制"，加大考核力度，如果在抽查中有一个村没通过考核，那么所在县（市）区就不能通过，使工作压力层层往下传导，确保了整治工作的有效、有力推进。第三，全面提升。建立健全环境卫生长效保洁机制，把环境卫生保洁写入村规民约，编进墙报标语，加强宣传培养农民的卫生习惯，增强农民的卫生自律意识，做到"治标"与"治本"同步推行。第四，全民参与。美丽乡村建设的最大受益者是农民，最主要的行动主体也是农民，应动员和引导更多农村居民自觉参与到活动中来，同时也要争取社会各界的支持和帮助，干群齐心协力，共同创造美好生活。如奉化区开展万名"啄木鸟"行动，发动万名志愿者、万名大妈、万名驴友、万名外来务工人员、万名学生、万名党员干部共同参与环境整治行动；宁海县黄坛镇采取"联村干部＋村干部＋普通村民"的方式，努力使村民群众的意识由"要我干净"向"我要干净"转变，还通过手机终端开设"移动摄像头"，在全天候监管中逐步纠正部分村民的不良行为,推动实现农村环境品质和农民生活质量的大改变、大提升。

4. 创新和推进"红""绿"融合

宁波余姚梁弄镇是新四军浙东抗日根据地的指挥中心所在地,是浙江省爱国主义教育基地,全国红色旅游经典景区。2018 年 3 月初,习近平总书记给梁弄镇横坎头村全体党员回信,勉励他们传承好红色基因,实现革命老区跨越式发展。梁弄在"红""绿"结合方面有三大亮点:首先,传承了开拓进取的奋斗精神,倾力扩大绿色产业。梁弄除了保留部分传统的灯具和少量无污染工业,已将教育产业做成新兴支柱产业,还将对传统的农业做新的业态延伸,开拓"养生 + 养老"、农业文化教育和农耕文化传承等功能。其次,传承了忠诚为民的奉献精神,不断增加绿色福利。乡村振兴关键在生态宜居。近年来,梁弄扎实推进"农村环境整治""农村生态建设""美丽乡村分类创建""农村安居宜居美居"四个专项行动,使人居环境不断得到提升。再次,传承了求真务实的科学精神,着力巩固绿色理念。梁弄利用主题墙绘、宣传窗、微信等阵地,加强对中央生态文明建设思想和国家环保法律法规的宣传,让"绿水青山就是金山银山"的理念家喻户晓。组织青少年参加"写、画、拍、帮、评"等活动,带动大家共同保护环境。"红色和绿色是两种很和谐的颜色。当今的乡村振兴战略是在转变经济发展方式的大背景下进行的,它强调现代化发展进程必须与生态文明战略相结合,强调在转变的过程中必须统筹考虑国家的产业导向、考虑国家和地方的环境保护政策和要求、考虑当地的生态承载能力和居民的技术承受能力,构建起绿色、生态、循环、低碳的现代产业发展模式,实现高起点起步、高水平转变、高标准发展。从发展前景看,红色老区完全有可能通过努力实现弯道超车,把落后的劣势转变为后发优势。"[1]

5. 保障和完善基层组织运行

深化农村综合改革,激发农业农村发展活力。一是在巩固和完善农村基本

[1]　任春晓."红""绿"融合发展的生动实践[N].光明日报,2018 – 11 – 28(7).

经营制度的基础上，完善产权制度和要素市场化配置，围绕农民"三块地"（宅基地、承包地、村集体建设用地）稳步推进改革，通过激活主体、激活市场、激活要素，"三权分置"赋权活权使资源变资产，来实现乡村振兴、农民增收。二是深化农村产权制度改革是实施乡村振兴战略的重要制度支撑。按照中央提出的试点先行、由点及面的要求，2015 年农业部会同中央农办、国家林业局，在全国选取 29 个县开展农村集体资产股份权能改革试点，集体资产股份权能改革赋予成员对集体资产的占有、收益、监督、管理、继承、有偿退出等权能，通过发展农民股份合作、确认集体成员身份、赋予集体资产股份权能、开展集体资产清产核资等，明晰了农村集体产权关系，保障了农民财产权益，重构农村集体土地的产权体系，促进农村产权要素流转，健全股份经济合作社收益分配机制，规范运行管理。三是全面完成农村土地承包经营权确权登记颁证工作，建立健全城乡统一的土地、房屋产权登记制度，搭建市、县两级互联互通的土地承包管理信息化平台，构建县、镇、村三级农村产权流转交易网络体系。在坚持家庭经营基础上，通过土地规范流转，促进种田大户、家庭农场、股份合作社等新型农业经营主体发育、发展。四是健全乡村治理机制。以推进信息公开、扩大有序参与、健全议事协商等为重点，规范党务村务财务三公开，加强民主法治示范村建设，健全村党组织领导下的农村基层民主管理制度，不断推进农村法治德治自治相融合。健全小微权力规范化运行机制，完善村级运行清单化权责体系，落实村级事务准入制度，加大对农民身边腐败问题的监督审查力度，强化农村基层干部教育、管理和监督。

农村是中国特色社会主义建设的主战场，美丽乡村是全面建成小康社会在农村的具象化表达，具有十分丰富的内容：政治领域要加强农村基层治理，生产领域要强化农业基础、推进农业现代化，社会领域要优化公共资源配置、推动城乡发展一体化，文化领域要在保护民俗、民居、民间信仰中传承中华文化根脉，环境领域要改水改厕清理垃圾，进行"千村整治、百村示范"，建设规划布局科学、村容整洁、生产发展、乡风文明、管理民主，且宜居宜业的可持续发展的乡村。

• ●

第三节　中国生态文明建设中的生态社会主义意蕴

　　生态社会主义在当代被认为是左翼社会思潮和西方"新社会运动"的主流。生态社会主义指出资本主义无限追求利润最大化的生产本质和社会制度是造成生态危机的根本原因,生态问题不仅是自然问题而且是社会问题。生态社会主义主张用马克思主义的观点和方法重新检讨人类与自然界的关系,以生态学和系统论为指导思想,坚持"人类尺度"和"以人为本",致力于用社会主义思想与生态原则相结合的方式来打造一种新型的人与自然和谐共处的社会主义模式,为全球性的生态危机寻找现实方案和解决途径。中国生态文明建设为世界生态社会主义的理论研究提供了新的素材,为发展中国家的环境保护提供了中国经验。

一、生态社会主义的理论缘起与存在形态

　　在讨论问题前,有几个概念会对我们造成一些困扰:本·阿格尔(Ben Agger)在其 1979 年出版的《西方马克思主义概念》(*Western Marxism*: *An Introduction*: *Classical and Contemporary Sources*)一书中第一次提出"The Ecological Marxism"一词,国内学者王谨把它译为"生态学马克思主义"(1986 年),俞吾金和陈学明译为"生态学的马克思主义"(2002 年),段忠桥译为"生态马克思主义"(2005年),而"The Ecological Socialism"则被译为"生态学社会主义"或"生态学的社会主义",鉴于同时国外学者经常用到"Eco-socialism"或"Eco-Marxism"这样的单词,所以本文采用"生态社会主义"和"生态马克思主义"的译法。关于"生态马克思主义"和"生态社会主义"之间的关系,有几种观点:第一是相同论。徐崇温等认为,两者产生的时代背景、代表人物、主要内容和发展阶段没有太大的差

别，实际上是一致的，只不过所用的名词不同而已，有的学者如姚何煜、王素娟等认为"生态马克思主义"就是"生态社会主义"。第二是相异论。王谨、包庆德认为，西方绿色或生态运动引发了"生态社会主义"和"生态马克思主义"两种思潮，北美的马克思主义者试图用生态学理论去补充传统马克思主义在这方面的不足，用社会主义制度消除资本主义引发的环境污染和生态危机，以联邦德国绿党为代表的欧洲绿色运动则直接把构建"生态社会主义"作为自己的行动纲领。第三是包含论。郇庆治、陈学明、王雨辰等认为生态马克思主义是较自觉地运用马克思主义立场、观点、方法去分析当代资本主义制度以及生态危机产生的根源，并用生态社会主义作为解决路径的一个理论分支，广义的生态社会主义包括了生态马克思主义、"红绿"政治运动等理论。第四是阶段论。周穗明、季正矩、刘仁胜、曾枝盛等试图从不同流派理论出现的时间前后，把两者区分为两个不同发展阶段。在这个问题上，笔者持"一致论"观点，尽管生态马克思主义侧重于马克思、恩格斯关于劳动和生产资料、使用价值和剩余价值、生产和再生产、人与自然关系等的研究，立足于理论研究的深入和发展，而生态社会主义更突出不同社会制度、不同生产目的和生活方式对外在自然的影响，全球生态危机的解除和社会环境正义的实现，立足于现实社会的改造和重构。看起来两者研究的领域和重点不尽相同，但正如科学社会主义理论与马克思主义密切联系不可分割一样，任何建立生态社会主义的主张都离不开马克思的基调，任何对生态马克思主义的研究都离不开社会主义的方向。

生态社会主义发轫于 20 世纪 70 年代西方的绿色环境保护运动，是针对当代资本主义国家的各种危机而进行的新型社会模式的探索，是西方生态运动和社会主义思潮相结合的产物，是绿色运动在社会政治和思想理论领域的反映，是新马克思主义者调整自身战略、投身群众运动、寻求民群支持的尝试，是西方生态运动和生态组织中的左翼激进思潮和派别，被称为"21 世纪的社会主义"。生态社会主义的广度和深度随着研究和活动的双重推进而扩大，研究者的学术背景从哲学、社会学领域扩展到政治学、经济学和自然生态学等领域,研究目的从单纯搞清楚理论和思想问题,到越来越与现实接轨,他们主张的采取符合"生态学"的稳态经济、减少技术对自然的干扰、社会正义和基层民主,提出的政治经济的改革目标、制度法律中的生态设想,及政府环境治理中的政策措施等,都引起了各国政府的关注,并越来越多地进入各国政党、政府的施政纲要。包庆德、包红梅把生态社会主义理论的形成过程形象地用"红""绿"概括出三个阶段:20世纪70年代是红色绿化阶段,西方兴起的绿色环境保护运动由于一些共产党人和社会民主党人的加入变得激进和"左倾",代表人物有鲁道夫·巴赫罗、亚当·沙夫等;20世纪80年代是红绿交融阶段,绿党的力量逐渐向大洋洲、北美洲和亚洲发展,提出自己的政治主张和党纲,并在大选中连连得手,代表人物是威廉·莱斯和本·阿格尔等;20世纪90年代是绿色红化阶段,绿色运动走向社会主义化和共产主义化,代表人物是乔治·拉比卡、大卫·佩珀、瑞尼尔·格仑德曼等[1]。

　　1985年,王谨发表在《马克思主义研究》第4期上的《生态学马克思主义》一文,是收入中国期刊全文数据库的最早在中国介绍西方生态社会主义的文章。以后,一些有影响的生态社会主义著作开始在中国陆续翻译出版,如生态社会主义思想渊源之一和生态马克思主义产生标志的马尔库塞的《单向度的人》《工业社会与新左派》《反革命与造反》等。进入21世纪,相同主题的译著数量成倍增长,有詹姆斯·奥康纳(James O'Connor)的《自然的理由:生态学马克思主义研究》(2003),约翰·贝拉米·福斯特(John Bellamy Foster)的《生态危机与资本主义》(2006),《马克思的生态学:唯物主义与自然》(2009),布赖恩·巴克斯特(Brain Baxter)的《生态主义导论》(2007),乔纳森·休斯(Jonathan Hughes)的《生态与历史唯物主义》(2011),岩佐茂的《现代环境伦理》(2012),大卫·佩珀(David Pepper)的《生态社会主义:从深生态学到社会正义》(2012),马克·史密斯(Mark J.Sminth)的《环境与公民权:整合正义、责任与公民参与》(2012),萨拉·萨卡(Saral Sarkar)的《生态社会主义还是生态资本主义》(2012),

[1]　包庆德,包红梅.生态社会主义研究之评述[J].南京理工大学学报,2005(3):4-5.

特德·本顿（Ted Benton）的《生态马克思主义》（2013）等。这些著作让中国读者加深了对马克思主义中人与自然关系思想的认识，极大地影响了当代中国的发展理论和生态思想。我国学者对生态社会主义的研究专著在这个时候也陆续出版，如2003年陈学明的《生态社会主义》被称为该领域"最为重要的研究性著作"，刘仁胜的《生态马克思主义概论》2007年由中央编译出版社出版，周穗明的《20世纪西方新马克思主义发展史》2008年由学习出版社出版，曾文婷的《"生态学马克思主义"研究》2008年由重庆出版社出版，徐艳梅的《生态学马克思主义研究》2008年由中央编译出版社出版，郭剑仁的《生态地批判——福斯特的生态学马克思主义思想研究》2008年由人民出版社出版，倪瑞华的《英国生态学马克思主义研究》2011年由人民出版社出版，李世书的《生态学马克思主义的自然观研究》2010年由中央编译局出版，赵卯生的《生态学马克思主义主旨研究》2011年由中国政法大学出版社出版，廖婧的《欧洲生态社会主义研究》2017年由吉林大学出版社出版等。乔治·拉比卡（Geoge Labica）的一句"只有社会主义能够救地球"的口号，在中国找到了真正的知音，21世纪中国更是为生态社会主义"提供了绝好的问题场域与实践蓝本"。生态社会主义进入中国，与其说是被动的理论移植，不如说是主动的吸收消化，从中，我们一方面找到了来自西方资本主义世界对社会主义的理性支持，另一方面找到了生态社会主义与社会主义生态文明和中国特色社会主义的契合点。生态社会主义之所以能较快地被中国学界和公众接受，在于历经了综合性的介绍、阐释和评述，以及全方位的反思、分析和改造后，它一方面顺应了我国经济社会和现代化发展的客观需要，给正在积极寻求生态和污染难题解决方案的中国以新的启示，另一方面实现了当代我国主流意识形态和马克思主义与时俱进发展趋势新的结合，还给我们从人与自然关系角度深入研究马克思主义、坚持科学发展观、坚持中国特色社会主义道路以新的视角。

二、生态社会主义的内涵理解与实践探索

生态社会主义学者们大都把马克思、恩格斯当成理论先驱，其思想基色源于马克思、恩格斯的主要观点和基本立场。如卢西那亚·卡斯特林那认为青年恩格斯的《英国工人阶级状况》最早抨击了资本主义工业化初期从自然环境和人的躯体及智慧中榨取剩余价值的毁灭性代价，发出了对资本主义制度掠夺自然的抗议；马尔库塞认为，马克思《1844 年经济学哲学手稿》中"'自然'占据了它在革命理论中应该占有的地位"，他提出的"社会是人同自然界的完成了的本质的统一，是自然界的真正复活，是人的实现了的自然主义和自然界的实现了的人道主义"[1]观点，把自然的人化与人的自然化统一为同一历史过程，社会是人与自然的完整统一体，认识到了自然对人的生存与发展的需要具有首要价值；根据马克思《资本论》中第一次揭示出的资本主义发展逻辑，詹姆斯·奥康纳（James O'Connor）指出资本主义除了马克思分析的资本和劳动之间的第一重矛盾，其资本与自然之间的第二重矛盾也是不可调和的，会爆发激烈的冲突，从生态不可持续性的新角度批判了资本主义。

生态社会主义有两个现实思考和实践目标，即对全球性生态危机感到焦虑和对重建生态社会主义充满希望。生态社会主义认为，"生态危机的根源在于资本主义私有制，它标志着以人和自然关系为中介的人和人在自然资源占有、分配和使用上的利益关系的危机"[2]。所有制形式实质上是控制物质资源的社会权力，它是一切社会权力中最根本的权力，而资本主义社会的财产私有制正是通过法律等社会机制，利用合法途径把这个原本应该属于公民共有的社会权力转变为个人权力；资本主义的市场经济在将人与人的社会关系简化为经济关系并物化为商品交换关系后，个人对物质利益的追求便成为驱动社会生活的普遍原则，人对物的占有便生发出全面的社会意义，于是自然界全面沦落为"金钱拜

---

[1]　马克思,恩格斯.马克思恩格斯全集(第 42 卷)[M].北京:人民出版社,1979:122.
[2]　胡建."生态社会主义"的本质定位[J].浙江社会科学,2011(5):101-109.

物教""商品拜物教"的无奈牺牲品。正是在资本主义制度中"高度重视谋利以及与此相随的效率、物欲、经济增长等价值观,并进而激发技术服务于这些价值观,甚至不惜毁损地球"[1]。在资本主义世界里,自然界"并不是作为一种商品生产出来的,但却被当作一种商品来对待"[2],"资本的自我扩张逻辑是反生态的、反城市规划的与反社会的"[3]。资本的生存逻辑决定了它的唯一目的是取得利润,于是只会顾及眼前利益而不顾长远利益、只顾自身利益而不顾他人利益,有强烈的转嫁环境成本、内部成本外部化的动机和行动。

当然,社会主义国家也曾发生过重大的生态灾难,如苏联的切尔诺贝利核事故;也有严重的生态问题,如中国正在经历的不可再生资源的迅速消耗,空气、水源和土地整体污染等。很多生态问题在资本主义和社会主义两种社会中共同存在,主要有几方面的原因:第一,社会主义国家从西方引入的科学技术、生产模式、劳动控制,甚至吸收借鉴了发达国家大量的环境保护经验教训和制度规章,从这个角度看,社会主义国家环境破坏与资本主义国家有大致类似的原因,如人类中心主义和"人是自然主宰"的认识根源,工业化、城市化、技术化、官僚机构,以及双方除意识形态之外,在经济、军事等领域不惜一切代价进行发展竞争的主观倾向等。有时在同一时期有大致类似的污染元素和表现形式,如 20 世纪 60 年代后西方国家爆发了大面积的 DDT 农药污染,20 世纪 70 年代初期,中国最早、最严重的官厅水库污染也是农药污染,只是我们的时间略晚一点。第二,在生产和销售环节,资本主义国家的产品想打开销路,不得不通过广告、包装、款式和型号不断变化,产品不断升级换代的形式以促进销售,并在生产中加进了许多与最终消费无关的内容,浪费了资源。而在中国建立起市场经济体制后,这个特征也出现并明显起来,比如一个月饼,最外层用纸质的、木头的或金属的精致外壳来包装,大盒里套小盒,小盒里有塑料

---

[1]　纽尔曼.生态政治:建设一个绿色社会[M].上海:上海译文出版社,2002:32.
[2]　詹姆斯·奥康纳.自然的理由——生态学马克思主义研究[M].南京:南京大学出版社,2003:229.
[3]　詹姆斯·奥康纳.自然的理由——生态学马克思主义研究[M].南京:南京大学出版社,2003:394.

纸封装,贵些的还放上一小袋干燥剂,每吃一个月饼都能扔掉一大堆好看却无用的东西。第三,社会主义国家建立之初,经济和社会发展上与西方国家比都相对落后,在"赶英超美"的过程中都经历了粗放型发展时期,大规模地投资重工业,建巨型能源工程和石化工业,造纸和印染业等,付出沉重的环境代价。而如丹麦这样的小国,在国际劳动分工中处于对环境更有利的地位,可以进口石油、天然气、化工产品,而不必付出污染 — 治理 — 控制的代价。第四,在全球化时代,社会主义国家进一步开放自己,把自己融入世界性市场之中,在走出去时输出了大量资源能源,在请进来时,许多资本主义国家企业在输入技术、资金、管理的同时不可避免地造成了污染从发达国家向欠发达国家的转移。"对社会主义国家环境问题的任何真正理解都必须被放置在自 20 世纪早期以来主要的西方国家对社会主义所发动的政治 — 经济 — 军事 — 意识形态斗争的语境之中,同时,还必须被置放在第二次世界大战结束以来的冷战的语境之中。"[1] 这样就可以理解苏联在西方资本主义国家的敌对封锁和竞争压力下不得不加速工业化进程,不得不优先推行军事工业,不得不超常开采自然资源的行为。苏联模式没有很好地解决经济结构失衡、日用品食物短缺、民族和流动人口安置等问题。从企业角度,长期以来工人和管理人员基本都具有"生产意识"但没有"环境意识",具有"企业意识"但没有"社会意识",可见,生态环境保护意识、生态文明意识的树立需要一个较长的过程。

生态社会主义者往往对社会主义制度下的生态保护满怀信心,生态社会主义既想要超越资本主义模式,又想要超越传统社会主义模式。高兹说,保护生态环境的最佳选择是先进的社会主义。萨拉·萨卡(Saral Sarkar)说:"一个社会的可持续发展的长期模式的最佳选择只能是生态社会主义,虽然就目前而言,与一个处于转型期的社会政治实践政策选择紧密相连。"[2] 全人类走出生态

[1] 詹姆斯·奥康纳.自然的理由 —— 生态马克思主义研究[M].南京:南京大学出版社,2003：419.
[2] Saral Sarkar, Eco-socialism or Eco-capitalism? A Critical Analysis of Humanity's Fundamental Choices. London: Zed Books, 1999: 207.

危机的强烈愿望、对人与自然和谐的向往、对未来生态文明的构想,推动着资本主义向社会主义发展:第一,从历史看,西方资本主义自二战以来所焕发的生命力,在很大程度上是建立在生产的生态成本和社会成本大规模外化或向外转移的基础上,资本主义的发展生发了生态危机并依赖于这种危机,通过危机来实现资本积累的方式更加剧了危机的灾难性后果,环境破坏、经济滞胀和分配失公、正义失落是同一历史进程中的两个侧面,是资本主义自身一些无法摆脱的矛盾把社会主义逼到了台前,促进了生态文明和社会主义深度结合。第二,生态文明从本质上是强调人类物质活动与自然之间的交换的地方特色,它反对由资本造成的对自然的抽象估价或只看到自然作为资源能挣得金钱的部分;它反对传统社会主义"一大二公"和经济计划体制下运动式的大规模的、统一的、不顾当地自然条件的生产,如"农业学大寨",很多地方不是学大寨战天斗地、不畏环境恶劣改变生存状态的精神,而是到处修起了大寨梯田,造成水土流失、环境破坏;它也反对一种全球问题应对的西方中心论观点,挑战一种可以在西方找到唯一解决社会问题方法的自负,客观地看到人类生存离不开的地理背景、环境,看到生态问题产生和解决的地方特色,以及由此可能引出的区域自治原则和各种直接民主形式都对生态文明下的各国、各地域的政治发展提出了需求。我们国家也一样,中央和地方的关系从"指令 — 执行"更多地转变成"指导 — 因地制宜 — 执行",在经济发展方面的地方自主性和灵活性在增加,社会治理方面的协商民主机制和社会力量参与在增加。第三,大部分环境和生态问题仅从地方性层面无法完全解决,却不得不立足于地方的解决。"任何一个既定的区或区域中都存在着广泛的环境多样性,因此一个生态上合理的生产单位必然是小规模的。"[1] 无论是地面上的工业污染、农业污染,还是海洋污染,都会跨越行政性的地域界限,更别提天空中的 $PM_{2.5}$、酸雨和臭氧层空洞,经常会跨越国家界限。生态文明既要"全球性地思考,地方性地行动",也要"地方性地思考,

---

[1] 詹姆斯·奥康纳. 自然的理由 —— 生态学马克思主义研究 [M]. 南京:南京大学出版社,2003:432.

全球性地行动",最终是两者的结合。

环境和生态问题形成有一些是自然自身因素的影响,但大部分是源自人类社会的干扰因素,要归结为政治经济和社会制度的原因,所以必须在更大的范围内进行统筹。生态学的核心在于自然的多样性和统一性,有各种自然要素的相互作用和相互依赖,社会主义的优势是"集中力量办大事",生态文明与社会主义有了良好的结合基础,这与基本生态问题的性质有关,也与社会主义制度的性质有关。"有充分理由可以坚信,世界资本主义的矛盾本身已经为一种生态学社会主义趋势创造了条件。"[1]

三、生态社会主义与社会主义的生态文明

社会理论的研究都会涉及文化、社会劳动与自然界之间的关系,解构主义和技术主义把文化视为调节自然和劳动的因素,绿色主义和生态主义把自然视为调节文化和劳动的因素。劳动是社会与自然、主体与客体之间的中介力量,从某种意义上可以说自然的历史在某种程度上也是劳动的历史。自然界既限制人类的物质活动,同时由于人类认识的能动性、人类劳动的创造性,自然界又服从于人的改造,并促成环境的变化与政治、经济、文化社会的变化之间的相互影响。环境保护和对历史文化景点的保护与恢复的观念正在不断地被人们所接受。雇佣劳动、资本、技术、竞争、金融以及世界市场都对自然和文化起调节和转变的作用,反过来,自然和文化有时对人类活动起促进作用,有时则起限制作用。

奥康纳认为,"生态学社会主义是指一种在生态上合理而敏感的社会,这种社会以对生产手段和对象、信息等等的民主控制为基础,并以高度的社会经济平等、和睦以及社会公正为特征,在这个社会中,土地和劳动力被非商品化了,

[1] 詹姆斯·奥康纳.自然的理由——生态学马克思主义研究[M].南京:南京大学出版社,2003:430.

而且交换价值是从属于使用价值的","社会主义生态学意指某种辩证的生态科学和社会政治实践,这种实践成功地扬弃了地方和中央、一时冲动和周密计划等因素之间的矛盾,换句话说也就是摒弃了传统无政府主义和传统社会主义的前提。"[1]可见,生态社会主义对当代资本主义制度的弊端进行了深刻的批判,它以"平等""正义"作为核心理念,反对极端的人类中心主义或技术中心主义,它主张通过税收调节和最低收入保证制度以缩小贫富差距;主张关注社会协作和社会公正,建立人与自然、人与人之间"和谐共生、平等交流"的关系;主张以"基层民主"作为未来社会"寻求真理的手段",倡导用"草根民主"来体现普通公民的意志,而非让"精英人物"来为民作主,把主要权力交给基层,使权力分散化,而非在"高度集中"中使权力垄断和滥用;主张以节制增长和可持续发展作为均衡的、"稳态经济"的理想模式,反对盲目追求数量增长,反对"过度生产"和"过度消费"的倾向;主张把增长控制在"自然环境以及人类自身都可以承受的"范围内,注重培养整个社会的责任感和道德心。潘岳说:"生态社会主义的核心有三个,第一是可持续发展,第二是对资本主义本质的批判,第三是对社会主义本质新的阐述。"[2]生态社会主义的这些价值理念和实践动向与我国提出的社会主义生态文明有一致和契合的地方。

中国学者对生态社会主义的研究与西方学者在思路、途径、指向上都有差别,加以归纳,集中体现在两个方面。第一,理论上。中国学者致力于发掘马克思、恩格斯原著中的"有",西方马克思主义习惯于指出其中的"无"。中国学者热衷于挖掘马克思、恩格斯思想中能诠释当今治国理政新思路的材料,以从源头和起点上进行证明,如中央提出"以人为本",我们就会去研究历史唯物主义的一般原理,研究关于人的政治解放、人类解放和人的全面发展的学说,全方位说明"人的本质是一切社会关系的总和"的含义,去研究"人,作为人类社会的经常前提,也是人类历史经常的产物和结果,而且人只有作为自己本身的产物

---

[1]　詹姆斯·奥康纳.自然的理由——生态学马克思主义研究[M].南京:南京大学出版社,2003:439−440.

[2]　潘岳.论社会主义生态文明[J].绿叶,2006(10):10−18.

和结果才成为前提"[1] 这类经典命题的当代含义等。中央提出"生态文明",我们就会去研究马恩早期著作中对资本主义环境问题的描述,研究地理环境决定论和生产方式决定论的不同,研究马恩在生产力、劳动对象中对自然的重视,研究"历史的每一阶段都遇到有一定的物质结果、一定数量的生产力总和,人和自然以及人与人之间在历史上形成的关系,都遇到前一代传给后一代的大量生产力、资金和环境,尽管一方面这些生产力、资金和环境为新的一代所改变,但另一方面,它们也预先规定新一代的生活条件,使它得到一定的发展和具有特殊的性质"[2]。命题中有人类的代际传承和代际公平的关系,以及公平、资金、环境和生产的关系等。西方学者则往往热衷于找出马恩著作中对某个问题论述不充分或因历史展开的时间性而没遭遇到的问题,一会儿说马克思主义是"人学空场",一会儿说马克思主义有"生态缺位",为自己的理论作铺垫。中国的马克思主义在与中国特色社会主义建设相结合、在马克思主义中国化过程中因不断加以创新突出了亮点而得到发展,西方马克思主义也在对现存社会弊端的批判中不断加以补充,丰富了内容而得到深化。第二,在实践上。生活在资本主义制度下的西方学者提出要走向"生态社会主义",生活在社会主义制度下的中国学者则不是要创造一个新的所谓社会主义模式,而是在现行的社会治理中,强调树立"五个发展理念",以可持续发展为价值基点,在保证国民的环境权和生存权的前提下适度推进国民经济的发展,在保障生态环境有改进和自循环余地的前提下适度考虑不可再生资源的利用和可再生资源的开发,在保留现行生活消费习俗和继承传统生态文化理念的前提下,把生态和自然条件整合进人类发展的社会条件结构和社会政治结构之中。

在社会主义生态文明中,社会主义与生态文明是互促发展相为基础的,社会主义为生态文明的实现提供了制度保障,生态文明巩固着社会主义文明体系、体现着社会主义基本原则,并为各个流派的社会主义理论在更高层次的融

---

[1] 马克思,恩格斯.马克思恩格斯全集(第26卷第Ⅲ册)[M].北京:人民出版社,1979:545.
[2] 马克思,恩格斯.马克思恩格斯选集(第1卷)[M].北京:人民出版社,1995:43.

合提供了发展空间。目前，生态主义理念已为世界各国主流社会所接受，为各国政府所接纳，建设社会主义生态文明在中国已上升为国家的指导思想，变为亿万人民的自觉行动，这是一个重大转折。生态文明从基本内容角度理解，把大气气候以及人类活动影响下的地理环境的变化，生物带、分水岭、生态系统、生态区域、生态走廊、生物的镶嵌式分布，城市公园、建筑物风格、工业区建设，土、水、气的综合治理，"资源节约型、环境友好型社会"的打造等都包括在内；从内在本质角度理解，生态文明是人类在遵循自然、人、社会和谐发展的客观规律过程中，通过劳动所获得的精神与物质成果的总和，也是千百年来逐渐积累形成的，人与自然、人与人、人与社会和谐共生、良性循环、全面发展、持续繁荣为宗旨的文化伦理形态。从社会发展角度理解，"农业文明带动了封建主义的产生，工业文明推动了资本主义的兴起，而生态文明将促进社会主义的全面发展"[1]。马克思主义在提出社会主义超越资本主义时，包含着对资本运行的社会制度和工业文明的生产方式的反思，使生态文明成为马克思主义的内在要求和社会主义的根本属性。对整个资本主义社会制度完全变革的必然结果就是建立社会主义社会。马克思说："共产主义，作为完成了的自然主义，等于人道主义；而作为完成了的人道主义，等于自然主义。它是人和自然界之间、人和人之间的矛盾的真正解决，是存在和本质、对象化和自我确证、自由和必然、个体和类之间的斗争的真正解决。"[2]所以，从某种意义上可以认为，共产主义实质上就是实现了人与人、人与自然之间"两大和解"的生态文明社会。

---

[1]　潘岳. 社会主义生态文明[J]. 绿叶,2007（9）: 1.
[2]　马克思,恩格斯. 马克思恩格斯文集（第1卷）[M]. 北京:人民出版社,2009: 185.

第五章

中国社会主义生态文明建设的
公众参与

伴随着工业社会全球化的进程，人类进入了"风险社会"，这个"风险"不像过去，是人们无法控制的外在自然带来的，相反，更多的是科技成果应用的不确定性以及政府环境决策所涉及的利益博弈带来的。风险社会中的环境风险对人们产生越来越大的威胁，避险成为人们越来越高频的行为选择。"邻避"作为环境群体性抗争事件相关的代名词，实质上是公众环保参与的一种特殊形式。引起邻避冲突的原因很多，就其范围或影响而言主要有简单型邻避与扩大型邻避两种。从政府维稳角度看，邻避冲突是公众环保参与的反向行动，但认真考察可以发现，邻避行动与环境正义、环境政策、环境知识、区域治理相关联，对生态文明建设和社会发展也具有正向的推进作用。

改革开放以来，党和政府一直致力于推进协商民主广泛多层制度化发展，把公民的有序参与作为中国特色民主政治的重要内容。生态文明建设和环境保护领域是公众参与最活跃的地方之一，协商民主的价值精神与环保公众参与的终极目标是一致的，从环保公众参与中我们可以看到协商民主和国家善治的前景。公众参与环境保护和生态文明建设，在全球生态危机的特殊时期显得十分重要，其力量之大可影响政治权力的分配及调整、社会政策的走向及趋势，占据着当代社会政治活动的制高点和制胜点。从政治社会学角度研究诠释，环保公众参与显然是民主政治向环保领域的延伸，生态文明公众参与在民主政治里是社会治理的一个突破口，在制度构架内是人权的扩展与保障，在社会主体上存在广泛性与特殊性的合离。我国的环保公众参与经过一段时间的运行，在促进环境信息公开化、取得环境政策合法化、保障环境决策科学化、推动公众参与组织化等方面取得了较大的成效。

●

第一节　邻避冲突的类型及环保公众参与的方式

风险社会中的环境风险对人们产生越来越大的威胁，避险成为人们越来越高频的行为选择。伴随着一次次与环境相关的群体性抗争事件，前段时间，"邻避"一词，不仅成为学者争相研究的热点，而且不断进入普通公众的视线，成为报纸杂志经常使用的热词。笔者曾于 2019 年 1 月在中国知网中国学术文献网络出版总库中以"邻避"为篇名关键词检索文献，结果是：2006 年和 2008 年发文量各 1 篇，2007 年 2 篇，2009 年 4 篇，2010 年 6 篇，2011 年 10 篇，2012 年 26 篇，2013 年 85 篇，2014 年 123 篇，2015 年 137 篇，2016 年 167 篇，2017 年 187 篇，2018 年的发文量共 137 篇，发文频率有明显递增趋势，研究角度涉及政治法律、哲学历史、文化教育、环境地理等多个领域。有学者把邻避冲突看作社会转型期公共危机的重要形式。化解邻避冲突，不仅是建设和谐社会的需要，也是保障每一个公民切身利益、保障公民环境权和健康权的需要，而如果能正确处理邻避冲突，会对社会发展起到正向推动作用。

一、邻避冲突的原因和实质

同许多其他问题一样，邻避现象和邻避问题的学术研究，有一个从环境问题先发地区向后发地区转移的过程，随着人们对环境问题越来越关注，邻避之火在越来越多的地方燃起。"邻避"一词是英语"Not in My Backyard"（别在我的后院中）的缩写"NIMBY"的音译，类似意思的表达还有"Locally Unwanted Land Used"（当地不期望的土地利用）的简称 LULU，"Not in Anybody's Backyard"（不要在任何人家的后院）的简称 NIABY 等。早在 20 世纪 60 年代，美国就有反对在自己社区区域或周边建诸如有毒废品处理场、垃圾填埋场、停车场、流浪者收容所等公共设施的抗议活动。有人认为是 O'Hare 在 1977 年首次提出"邻避（Not on My Block You Don't）"这一概念，他对美国政府一些对全社会有益但属于有毒有害设施的项目选址屡屡失败现象进行研究，提出要注重选址的公平和效率并进行成本效益分析，如果项目实施对当地居民造成损失，应进行合理补偿；[1] 还有人认为"邻避"最早出现在 1980 年《基督教科学箴言报》（Christian Science Monitor）一篇关于美国公民反抗化工垃圾的报道中；也有人认为，20世纪 80 年代，因为时任英国环境事务大臣的尼古拉斯·雷德利经常在讲话中用"粗俗的邻避主义（Nimbyism）"一词来批评反对新项目开发的乡村中产阶级而迅速传播[2]。1987 年，美国做过一项调查，1980—1987 年预备在全国各地兴建的 81 座有毒废弃物处理场，由于民众的"邻避情结"，只有 8 座顺利完成。此后人们发现，邻避现象其实在世界各地都有发生，它是全球性的。如号称为全球最大规模垃圾焚烧项目的马来西亚武来岸垃圾焚烧计划，在遭遇本地居民长达 4 年半的抗争后，于 2007 年 7 月初被叫停；2010 年 9 月，德国斯图加特政府计划将原有火车站拆除，改在地下另建新车站"斯图加特 21"项目，引发市民的大规模抗议活动，造成警察与市民的街头对垒，最终在全民公决中得到 57% 赞成票后才得以继续；2013 年 9 月，一家能源开发公司计划在英格兰小城贝尔科姆开发页岩气，由于害怕环境污染，数百户居民在能源公司的工地周边支起帐篷

---

[1]　O'Hare M.Not on My Block You Don't：Facility Siting and the Strategic Importance of Compensation.Public Policy, 1977,24（4）：407- 458.

[2]　纪双城, 邱明达, 等 . 争议项目曾困扰多国, 如何走出"邻避主义"时代[N]. 环球时报, 2014 −06 −17（5）.

阻止开工,在长时间对峙后开发商被逼走……

在我国台湾,一些学者于20世纪90年代初开始发表大量研究台湾地区邻避问题的文章和专著,如谭鸿仁、王俊隆在《地理研究》中发表的《邻避与风险社会:新店安坑掩埋场设置的个案分析》(1994),李永展在《人与地》中发表的《如何克服"邻避"(NIMBY)并发症》(1994),李永展和何纪芳在《都市与计划》杂志发表的《台北地方生活圈都市服务设施之邻避效果》(1996),《邻避症候群之解析》(1997),陈柏廷在《台湾建筑与城乡学报》发表的《从环境认知的观点探讨邻避设施的再利用》(1996),黄仲毅发表的《居民对于邻避设施认知与态度之研究——以垃圾资源回收焚化厂为例》(1998),丘昌泰2002年在《政治科学论丛》发表的《从"邻避情结"到"迎臂效应"台湾环保抗争的问题与出路》,洪鸿智在《人文及社会科学集刊》中发表的《科技邻避设施风险直觉之形成与投影:核二厂》(2005),谭鸿仁、王俊隆在《台湾师范大学地理研究》上发表的《邻避与风险社会:新店安坑掩埋厂设置的个案分析》(2005),刘俊佑发表的《邻避设施政策规划之公民参与研究——以花莲县北区区域性垃圾卫生掩埋场为例》(2008)等,对台湾的邻避冲突进行了研究。李永展等根据邻避产生的可能性大小把都市公共设施划分为四个等级:第一,图书馆、公园、休闲广场等基本不会引起邻避问题;第二,学校、文教设施、购物中心、邮电设施、医疗与卫生设施、车站等可能会引起轻度的邻避问题;第三,疗养院、智障者之家、高速公路、自来水厂、精神病院可能会引起中度的邻避问题;第四,丧葬设施、污水处理厂、垃圾焚烧场、核电厂、变电所等可能会引起高度的邻避问题。[1]

进入21世纪,国内不仅在新闻媒体大量报道全国各地出现的"邻避"事件,使这一词为普通民众所关注,同时在学术刊物上研究邻避问题的文章也逐年增加。陶鹏、童星把我国近年来发生的具有代表性的邻避型群体性事件引发的原因归为四类:第一,污染类。如市内高架、高速公路、污水处理厂或垃圾处理设

---

[1] 李永展,何纪芳.台北地方生活圈都市服务设施之邻避效果[J].都市与计划,1995(1):95-116.

施等可能产生水、气、土、噪声污染的设施。第二,风向集聚类。如变电站、热电厂、核电站、加油加气站等。这类设施如果安全防范措施到位,其发生风险的概率会降低,但万一发生意外,则会造成极大的人员和财产损失。第三,污名化类。由于不愿与某类群体为邻而反对这类设施,如精神病或传染病治疗机构、监狱、流浪人员救助机构、戒毒所等。第四,心理不悦类,由于习惯和传统的影响,对某些东西有所忌讳而心生不悦,如殡仪馆、墓地等[1]。王佃利、徐晴晴总结了学者们为找到解决和缓解邻避问题的路径和机制而遵循的主要研究途径:第一,冲突管理视角。将邻避视为群体性事件,着重分析冲突双方认知的差别,以及信息、利益和资源的问题。第二,民主政治视角。用政治学的范式研究邻避冲突中公共空间发展和民主参与机制。第三,公共政策视角。从城市规划提前、国家政策制定、派系政治影响、公众决策参与等方面探求解决之道。第四,风险管理视角。将风险评估与风险分析作为工具。第五,空间规划视角。提出城市或国土规划的科学性。[2]

与"邻避"经常组合的词有"邻避设施""邻避情结""邻避冲突""邻避运动""邻避事件"等,顺序相连得到的是"邻避"一词的解释:由于已经存在或将要建设的"邻避设施"触动了当地居民的"邻避情结",引发了居民与建设主体之间的矛盾,而产生的争议、抗议,即"邻避冲突",这样的情形被称为"邻避运动"或"邻避事件"。可见,邻避是一种心理,表明民众有拒绝与被认为会损害自身生存权与环境权设施为邻的趋向,人们都希望与美好的东西为伴,不希望与丑陋的、会引起不悦的东西为伴;邻避是一种要求,它张扬了环保主义的主张,强调环境对人们生存安全和生活幸福的重要性,把环境价值而不是一般的需求作为衡量是否兴建某类设施的标准之一;邻避是一种抗争,是建立在对特定对象有一定了解和知识的前提下,尽力规避可能出现的固定资产贬值风险、生命安全威胁风险、生活品质下降风险;邻避是一种情结,有时是对项目运作程序不民

[1] 陶鹏,童星.邻避型群体性事件及其治理[J].南京社会科学,2010(8):63-69.
[2] 王佃利,徐晴晴.邻避冲突的属性分析与治理之道[J].中国行政管理,2012(12):83-89.

主、相关人员工作不到位、做出让步后没得到应有的尊重或蒙受损失后没得到相应的补偿等现象不满的表达和对抗的反应。在世界各国发展经济过程中，邻避现象多多少少都存在过，具有普遍性，但在各地的表现形式、处理方法各有不同，显出特殊性。认识邻避现象、解决邻避问题需要借鉴他地经验、搬来他山之石，也要因地制宜，具有针对性。

二、简单型邻避及其消解途径

邻避与特定空间位置有关联，能引起邻避冲突的原因很多，如果对林林总总的邻避冲突归类可以发现，就其范围或影响而言主要有简单型邻避与扩大型邻避两种。简单型邻避实质上处理的是市民之间公益与私利的关系，它反对或质疑的对象很明确，且项目本身具有公益性、基础性、必要性和不可替代性，参与者绝大多数是处于邻避设施周围并受其影响的人群，其他人会在道义上表示同情，但较少会在行动上进行支持或声援，这类邻避冲突一般通过四种途径消解。

1. 在时间延续中消解

杭州德胜高架是连接杭城东西的交通要道，是杭城道路建设中的三纵五横中的关键一"横"。根据有关规定，项目单位杭州市城市建设办公室于2004年9月13日至19日，通过《浙江日报》和集中展示的方式对德胜快速路东、中段工程设计方案和有关环境保护方面的信息进行了公告。2004年9月29日，浙江省环境保护局下达《关于杭州市德胜快速路东段、中段工程环境影响报告书审查意见的函》通过了环境影响评价。由于东段和中段沿线原来是城郊，居民小区不多，许多还处在建设过程中，项目推进比较顺利。从2010年12月德胜快速路西延工程开建以后，阻力陡然加大，这个区域是热闹的城区，建设前期和期间，沿路圣都公寓、清水公寓、仓基新村、一清新村、白荡海、天时苑等小区的近千户居民有的挂出五星红旗或白底黑字的标语进行抵制，有的给杭州市领导写公开信反映噪声、灰尘等问题并集中上访，有的提出由政府事后给予一定补偿，如给住户安装双层玻璃窗、补贴住家一定量的提前使用空调的电费、一定的房价损失等。但这些要求并没被采纳，工程如期推进。因为第一，这条路的修建是重点市政工程，是城市不断扩大、城市快速发展造成的，是打通东西动脉的必要措施，具有公益性；第二，这条路是在地面路基础上再建一层高架路，不是在没有路的地方强拓出一条路，对马路两边房子的影响主要有：影响高架以下楼层的采光、影响沿街高层的隐私、车流量增加导致噪音增加等，但这种影响与未建高架时主要是程度上的不同，没有本质的改变；第三，全线由政府统一装双层玻璃窗或发放空调费的要求因成本和预算等问题无法执行，高架是不是必然会引起沿线房价下跌无法判断，房价补偿没有可参照的先例和标准。补救措施是尽量采取更好的方法减少高架的噪音，所以在高架的建设上，从保俶路到湖墅路整个路段，除了在高架两侧安装隔音屏，在中央隔离带位置也安装了隔音屏，路面的 3 条隔音带起到双向双重隔音的效果。德胜高架于 2013 年 12 月 30 日正式通车，已投入使用几年，尽管还有些零星的抗议声，但剩下的问题基本靠住户自己适应和解决。

2. 在设计变通后消解

2010 年 10 月，宁波火车南站扩建正式开工，经过 3 年的修建，新火车南站于 2013 年 12 月 28 日正式通车。宁波新火车南站扩建面积是原来的 8 倍，对周边地块的影响很大：共有 1367 户居民房屋被征收搬迁，原来的董孝子庙整体迁移，南郊盆景园变成新南站和广场的一部分而不复存在，苍松路把宁波市委党校一分为二。由于前期工作到位，没有出现太大的问题，但也有一些小小的波动：第一是建设时噪音和灰尘扰民问题。为此，宁波开展了建设工程扬尘综合整治专项行动，专门召开南站区域建设工地扬尘问题的协调座谈会，明确建设部门的主体责任，施工场地周边道路增加了洒水车洒水的频率，增加和完善车辆过水池和冲洗设备，城管和环保部门加大监管和执法力度，禁止铁路方面施工单位在工地内自拌混凝土。第二，曾设想通过高架连接南站出发平台和机场快速干道永达路，没想到此方案还未进入规划就受到了沿线南都绿洲、南都花城、荣安佳境、海怡花园等小区居民的反对，居民们又是聚众抗议，又是悬挂标语，又是网上发帖。现在机场快速干道永达路连接线工程分成了三段：西段从机场快速干道到益民街采用的是"高架主线＋地面辅道"形式建设；中段从益民街东侧到环城西路西侧采用的是地下隧道敞开段形式建设；东段从环城西路西侧至新火车南站采用的是"隧道主线＋地面辅道"形式建设，建成后的道路主线地下是隧道，隧道上面加上一段地面道路，解决了困扰沿线居民的问题。南站建成后，周边道路和配套设施得到改善，沿线的人居环境反而比以前更好了。

3. 在取得信任后消解

杭州九峰垃圾焚烧发电工程因当地居民不满，曾引发 5000 余名群众在 2014 年 5 月 10 日封堵 02 省道和杭徽高速，打砸车辆和攻击干警等情况，后来余杭区连续三个月组织中泰当地群众 2400 余人次赴广州李坑和江苏南京、常州、苏州、江阴等地参观考察相关环境能源项目，一来让群众增加对垃圾焚烧项目的直观感受，对垃圾焚烧工艺有直观的认识和了解，二来对负责项目建设、运营和管理的光大国际有更多更深的了解，三来增加社会公众对九峰项目工艺的认知，杭州九峰项目计划采用 SNCR＋半干法脱酸＋活性炭吸附＋布袋除尘器＋SCR＋湿法脱酸＋GGH 技术，采用达到国际领先水平的七道烟气净化组合工艺，烟气指标完全达到甚至优于欧盟 2000 标准。污水处理达到一级 A 标准，实现全回用，飞灰经过螯合、固化稳定后进入专业填埋场进行填埋处理，炉渣尽可能进行资源化综合利用处理[1]。经过深入细致的工作，杭州市政府 2014 年 9 月 12 日召开新闻发布会，对九峰环境能源项目的选址范围进行了适当调整，对生活垃圾设施规划图进行了修改完善，同时发布环评第一次公示和规划选址公告，详细介绍环境影响评价的主要工作内容并公开征求公众意见。同年 11 月 24 日，项目环境影响评价进行第二次公示。2015 年 1 月 23 日，浙江省发改委公布《关于光大环保能源（杭州）有限公司杭州九峰垃圾焚烧发电工程核准的通知》，认为该项目符

[1] 魏皓奋.杭州市昨就九峰垃圾焚烧发电工程召开情况说明会［N］.今日早报,2014-09-13（A02）.

合相关要求,社会稳定风险等级为"低风险",杭州九峰垃圾焚烧发电工程更名为余杭九峰环境能源项目,于2015年4月14日正式开工建设。

4.在多方协商后消解

和前面三个案例相比,更复杂的是番禺垃圾焚烧发电工程选址事件。2009年,广州规划在番禺区大石会江兴建生活垃圾焚烧项目,因遭遇周边居民强烈反对而被迫宣布缓建,2011年10月11日,广东省政府发布《广州南沙新区总体概念规划综合方案》,将番禺区大岗、榄核和东涌三镇划归南沙新区管辖,经过两次环评,2013年5月19日,广州市环保局宣布大岗选址环评获得通过。闹出"垃圾焚烧风波"的原番禺大石会江生活垃圾焚烧发电项目,纷扰四年后,改名为第四资源热力电厂,易址南沙区大岗镇装备基地地块,于2013年6月27日举行了奠基仪式。[1] 到2015年,广州"垃圾围城"危机基本破解,垃圾分类处理工作荣获2015中国城市可持续发展范例奖,成功创建全国首批生活垃圾分类示范城市。广州生活垃圾终端处理设施建设取得重大突破。第四资源热力电厂(南沙大岗垃圾焚烧厂)和第七资源热力电厂(从化潭口垃圾焚烧厂)于2016年点火试运行。第三(萝岗)、第五(花都)、第六(增城)等3个资源热力电厂于2017年全部建成投产,接下来重点抓政策法规制度体系的健全,完善再生资源回收网络,抓垃圾分类源头减量和垃圾处理设施运行监管。[2]

综上,"简单型邻避"的特点是:第一,这类邻避现象存在一个"接近性假说",地理位置和空间距离是核心要素,在一定距离内居民的反对态度和反对程度与邻避设施的距离呈反比例关系;第二,采用的邻避行为基本是聚集利益相关者向政府相关部门和相关领导提出反对意见、说明自己的诉求,拉条幅、上网发帖赢得媒体支持以扩大社会影响。在政府与邻避主体几番的协商对话下,双方都能相互体谅相互理解,使事情得到较完满的解决。

[1] 梁怿韬.番禺垃圾焚烧厂易址南沙昨奠基[N].羊城晚报,2013 – 06 – 27(A08G).
[2] 全杰.穗基本破解垃圾围城危机[N].广州日报,2016 – 02 – 17(A2).

三、扩大型邻避背后公民权利的维护

与"简单型邻避"相比,"扩大型邻避"的特点主要有两方面:其一是形式上超出了和平抗议和理智维权的界限,与政府形成对抗,出现了暴力行为;其二是范围上不仅有附近的群众,更有较远的群众参加,有的是区域性的,有的是全国性的,声势浩大,影响面广,形成了邻避症候群。典型案例有二。

例1:从2005年浙江东阳"画水事件"开始扩大到全省的暴力抗争维权

素有东阳"歌山画水"美誉的画水镇有5.3万人口。2001年,画水镇政府以租赁土地的形式建起了占地约千亩,共有13家化工、印染和塑料企业的竹溪工业园区。自建成起,园区的化工厂、农药厂常排出大量有毒废气、废水污染环境,村民一直向画水镇、东阳市、金华市、浙江省和国家环保总局五级上访投诉,均告无效。上访人员以破坏社会稳定为由被抓后,2005年3月起,村民在化工园区邻近各村的出入口自发搭建了十多个毛竹棚,村中老人自愿轮流驻守,堵塞路口,不让化工厂的车辆通行,强烈要求化工厂、农药厂搬迁。4月10日凌晨4点左右,在"东阳市清理非法搭建统一行动指挥部"的统一指挥下,东阳市从公安、城管、建设、交通、妇联等部门及附近乡镇街道抽调了近2000人组成临时"执法队伍",乘坐100多辆租用的客车开赴画水镇画溪村,试图一举拆除这些简易竹棚,清理路障。村民以鞭炮为号聚集,多时有2万—3万人,与政府的"执法人员"发生肢体冲突,造成政府"执法人员"重伤2人(一名副市长和一名派出所所长)、轻伤偏重3人、轻伤18人、轻微伤23人的后果,当地群众的受伤情况未做统计;共毁坏车辆69辆,造成车辆经济损失380余万元。这次邻避是以对抗性的暴力形式进行的,参加者不仅有竹溪工业园区周边的村民,还有外地的务工者,过程中据说还有义乌商人免费供应面包、方便面。

时任浙江省委书记习近平在画水事件发生后的当天上午9时左右做出批示,要求公安机关"不能现场抓人",严禁警民发生进一步的冲突;随后国家公安部和相关部门各级领导也做出批示,要求尽快平息事态、疏散群众。在各级党委政府及相关部门指导下,在地方党员群众的积极配合下,事态逐步得到控制,聚集群众被慢慢疏散,受伤人员及时得到救治,数天后毁坏的车辆都拖离了现场。2005年4月15日,根据浙江省环保局和国家环保总局的意见,东阳市人民政府做出《关于对竹溪工业功能区企业实施环保整治的决定》。4月30日,东阳市人民政府进一步做出《关于对迈克斯(东阳)化工有限公司等6家企业依法予以关停、停产整治的决定》。至9月上旬,化工区有13家企业或被责令关停或实施异地搬迁,已全部搬离竹溪工业功能区,画溪的社会秩序恢复了平静。12月31日,《浙江日报》头版刊登了浙江省纪委、浙江省监察厅关于《严肃查处东阳"4·10"群体性事件责任人》的通报,提出要"严肃查处东阳市画水镇竹溪工业功能区环境污染案及'4·10'群体性事件中有关责任人员",并决定追究画溪事件相关人员的责任,给予东阳市委书记和市长党内严重警告处分,常务副市长,环保局局长、副局长,画水镇党委书记和镇长分别给予行政记过、记大过或撤职的处分。[1]

画水事件中有9名农民作为闹事带头者被抓,当时的北京律协宪法与人权委员会很关注这个案子,许多律师认为画水事件是村民对违法占地、违法污染环境、侵犯公民财产权和人身权的集体维权案件,是正常上访无效后的总爆发,如何对待参与事件的群众实际上是一个人权问题,对这部分群众的处理关系到宪法权利的落实。在当地律师辩护受到地域限制时,北京律师自发专门组织了一个辩护律师团,为被捕的9名农民提供无偿法律援助并做了无罪辩护。律师们提出,事件的起因是:第一,东阳市政府为了发展地方经济,违法违规出租土地;第二,化工区设立前没有严格执行国家的"三同时"制度和环境影响评价制度;第三,市政府在画水镇集中审批和建设了大量农药厂和化工厂,却没有依法建设废气收集设施和污水处理设施;第四,在化工企业严重污染环境、危及居民身体健康和损害群众物质利益时,市政府没有严格行政执法,反而成了严重污

---

[1] 马莉莉,季伟宣.浙江严肃查处东阳"4·10"群体性事件责任人[N].浙江日报,2005-12-31(1).

染企业的保护伞；第五，当地农民的土地、空气、水等长期遭到严重污染，连最基本的生存权都受到了侵害，村民们一而再再而三地采取了上访等合法途径反映民意，上访代表却被抓捕判刑，在污染问题依然得不到解决的情况下，才采取了对抗的极端行为。综上认为过错方在政府不在村民。浙江省政法委副书记刘树枝称"画水事件"是因环保问题引发的"维权抗争冲突"[1]。有人认为这是近年来农民维权少有的胜利，是庶民的胜利，极具标本意义。

画水事件发生后，当年7月份，绍兴新昌县京新药业股份有限公司原料厂发生当地村民与新昌警方及京新药业员工之间连续多日的冲突，新昌江下游的嵊州农民赶来声援；8月份，湖州长兴县浙江天能电源有限公司因造成煤山镇土壤中重金属镉和铅的含量超过国家标准，周边村庄大量儿童铅中毒，多个村庄的农民围堵该企业，数千群众与警方发生冲突，农民向警察投掷石块、推翻警车，警方则发射催泪瓦斯，导致警民双方多人受伤、警车受损。这3起事件都是在污染已导致严重后果、当地农民面临着生存危机、在多次向政府反映问题却得不到解决后采取的私力救济行为，是在农民无计可施、无可奈何、走投无路的情况下发生的。这些事件中，邻避者的行为无疑具有正当性。

例2：从2008年福建厦门"PX事件"开始扩大至全国的平等协调维权

多年来，各地化工事故、化工环境污染频发，人民生命财产安全遭到严重威胁，人们心存恐慌，并把这种邻避心态转移到"PX项目"上，从而开启了全国"PX事件"的序幕。2004年2月，厦门PX项目获国家发改委批准。2005年6月，国家有关部门核准了海沧PX项目，成立股比各为50%的台资企业腾龙芳烃（厦门）有限公司。2006年11月17日，厦门海沧PX项目举行动工典礼。2007年3月，在全国两会上，厦门大学化学系教授、中国科学院院士赵玉芬联合105名全国政协委员提交"关于厦门海沧PX项目迁址建设"的提案，认为PX属危险化学品和高致癌物，海沧PX项目5千米半径内已有超过10万居民，一旦发生

---

[1]　刘树枝.把握群体性事件的新特点，提高危机处理能力[J].中国党政干部论坛，2010（3）：31-33.

极端事故后果不堪设想,建议项目迁址。这份提案引起全国媒体和民众的热切关注。同年 6 月 1 日和 2 日,有 5000 余名市民以集体"散步"的形式在厦门市政府门前表示反对抗议,当局被迫宣布缓建。在市民诉求下,厦门市政府启动公众参与程序,广开言路,听取民意,在官方网站开设投票平台。由于近九成市民和代表反对项目上马,政府最终采纳民意,后将该项目迁往漳州古雷半岛。

厦门事件后,2011 年,大连因受"7·16"油罐爆炸影响,位置紧邻的 PX 项目发生毒气泄漏事件,引起了全市民众的抗议,迫使大连市委市政府于 8 月 14 日决定大连福佳大化有限公司的 PX 项目立即停产,尽快搬迁。2012 年在宁波,2013 年在昆明和九江,2014 年在彭州和茂名,围绕 PX 项目的建设,发生了一连串的"散步"、静坐、上访、抗议行动。这些邻避冲突在政府做出"坚决不上 PX 项目,炼化一体化项目前期工作停止推进,再作科学论证",充分尊重群众意愿,"大多数群众说不上,市人民政府就决定不上"的表态后,事态平息,社会秩序恢复正常。其后,主流媒体一直强调 PX 是低毒性,是人们日常生活必需品的重要原料。然而,2015 年 4 月 6 日,由厦门迁建漳州古雷半岛的 PX 项目的生产装置发生漏油起火事故,加上之前的 2013 年 7 月 30 日,该项目一条尚未投用的加氢裂化管线在加氢压力测试过程中焊缝开裂闪燃爆炸。两年时间内两次爆炸和大火暴露出古雷 PX 项目严重的安全生产问题,联系到中海惠州炼油厂、辽阳石化、大连福佳大化、上海金山石化等 PX 装置都曾经出现过操作不当、油气泄漏、爆炸起火等事故,更让各地人民相信抵制 PX 项目是正确的。

"简单型邻避"的邻避设施负面影响的范围和程度都相对比较小,一般只涉及周边的居民,关系者一般只有政府与居民两方。"简单型邻避"结果是项目继续建设,但政府在妥协中有坚持或在坚持中有妥协,因为这些邻避设施是从城市建设和居民生活的整体出发的,是必需的,选址基本是合理的,其邻避冲突主要是居民出于自身利益的考虑,是操作问题或情感问题,大多是非对抗性的,可以通过做深入细致的群众工作得以解决。"扩大型邻避"的邻避设施基本与化工有关,关系者涉及政府、企业和居民三方,这些企业在生产过程中会造成水、气、土的全面污染,不仅对周边而且对一个地区居民的生命财产都会造成损害,因此,扩大型邻避就逐步演变成"邻避症候群",演变成大规模的环境保护运动。实际上,民众不是反对某一具体化工项目的落地,而是反对超出环境承载能力的开发;不是反对某一具体化工企业的环境污染,而是反对政府 GDP 导向下对污染企业的纵容和环境监管的失责;不是反对某一设施选址不合理,而是反对政府在决策时领导说了算、不听取民意、公信力下降,甚至项目背后还有潜在的利益等。"扩大型邻避"结果都是停建迁建、停产搬迁。这是民众对自身生存权、环境权、财产权的抗争,对政府改变社会治理方式,形成生态文明的执政理念都具有极大的推动作用。

四、邻避冲突对社会发展的正向推动

从政府维稳角度看,邻避冲突是公众环保参与的反向行动,但这个行动对社会发展却具有正向的推进作用,表现在四个方面。

1. 邻避与环境正义关联,能促进政府环境决策科学化

在美国,邻避设施往往倾向于选址在低层贫困人口或少数族裔集中的地区,因为这些地区相对偏远、地价相对便宜,因此很多邻避事件包含着复杂的社会阶级问题,包含着选址的社会不公平和伦理的环境不正义现象。中国的城市不存在西方常有的富人区和穷人区的分野,对发生的邻避事件进行分析,选址时一般不存在刻意要对特定地区照顾或损害的情况,邻避发生的主要原因在于:第一,城市规划跟不上城市化步伐;第二,环境决策大多来自政府部门或行政领导,普通公众缺乏参与机会;第三,特别是前几年,在城市改造和项目上马背后,还隐含着领导干部政绩考核的因素。不断出现的邻避冲突使政府在兴建公共设施时会更多地顾及民意指向,更好地重视利益平衡,更全地研究替代方案,更加关注科学决策,以便用最小的代价获取最大的效率。

2.邻避与环境政策关联,能推动政府管理迈上新台阶

《纽约时报》声称 20 世纪 80 年代的美国处于不折不扣的"邻避时代",那时希望邻避设施落址他处远离自己,一度成为美国的"大众政治哲学"[1]。经历了"垃圾围城"困境重重、公共设施建设举步维艰之后,1990 年 12 月,纽约市规划局颁布了于次年 7 月生效的《城市设施选址标准》,提出执行"城市土地利用审批程序"和"平等共享选址程序",来自公众和各社区委员会的建议和意见有 90% 以上得到听取和采纳,公众参与成为政府决策的重要前置步骤,并贯穿整个土地利用的规划和选址全过程,这个措施使纽约市在美国率先告别了邻避时代。由于国情不同,对邻避的处理过程和结果在中西方是不同的,西方的土地私有,项目落地前实施方与土地所有者及周边居民的协商是不可或缺的环节。中国的土地公有(集体所有),公共设施的建设具有强制性,政府的规划具有极高的权威性,与居民协商也好、听证也好、对话也好,一般只起到修改完善的作用,只有在遇到极强的抵制、项目确有可更改的余地或出于社会稳定和政治方面的考虑,才会做出较大的让步乃至取消项目,公众在整个规划和决策链条中无法施加实质性的影响。为了减少和避免邻避冲突,现在政府环境管理方式有了较大的变化:第一,更重视公众参与。要求涉及公共利益的重大项目建设在规划编制时、规划审批前后公示,建设单位向规划局提出建设项目规划申请时都要及时吸纳公众参与,项目社会意见分歧较多、面广、群众反映较大的项目要进行听证,要有申请人、利害关系人、政府等多方面的协商和会谈,防止行政化规划程序导致纠错机制的缺失和风险管理机制的失灵。第二,更重视规划编制。新中国成立以来,我国城市规划编制办法共经历了四次修订,虽然历次城市规划编制办法的整体规划框架仍基本保持总体规划和详细规划两个层级,但自 2006 年 4 月 1 日起实施的新的编制办法已在规划主体多元化、系统性、科学性、由技术文件转向公共政策和淡化城市设计等方面发生了改变,编制城市规划会在改

---

[1]　William Glaberson . Coping in the Age of NIMBY［N］.NewYork Times,1988-06-19（3）.

善人居环境、方便群众生活、扶助弱势群体、维护公共安全等方面优先考虑，城市规划不仅要设计好空间布局还要跟上城市化速度和人口集聚速度，关照空间背后复杂的社会、经济、政治、生态、居民习俗等人文要素，使政府在城市管理上有新的提升。

3 邻避与环境知识关联，能增强市民的环保责任感

美国学者 Kraft 和 Bruce 研究过本国 100 多次邻避设施选址听证会，发现邻避运动的参与者并不是因为对设施本身或科技风险不了解而反对，恰恰是有认知才会产生忧虑，并不是被狭隘的地域性思想或过激情绪反应所支配而反对，恰恰是有理性才会深入讨论。在听证会中，大多数人的发言是公正平和的，很多人是有准备的，看问题是全面的。[1]邻避行动反映了"草根阶层"的声音，它从更深层次上反思并重新定义经济发展与环境保护之间的关系。邻避运动像是一种累积的社会学习过程，通过它进一步唤醒了人们的环境意识，通过它开拓了环境行动的参与主体，通过它找到了公众和政府在决策模式上的共同点，通过它实现了理性决策和协商民主的进步，通过它增强了公众的环保责任心和使命感。原环境保护部于 2009 年 6 月 5 日开通了全国"010–12369"环保举报热线，受理各地群众对环境污染问题的举报，环保部认真履行"有报必接、违法必查、事事有结果、件件有回音"的服务承诺。据生态环境部办公厅 2018 年 6 月统计，2017 年管理平台共接到举报 618856 件，其中网上举报 79885 件，微信举报 129423 件，电话举报 409548 件，平均受理时间为 3 天，平均办结时间为 24 天，按期办结率全国达到 99.8%。生态环境部加强举报受理人员培训，提升接报服务水平，落实举报办理后"回访"要求，提高群众举报环境违法问题的积极性，鼓励有条件的地区推广有奖举报。同时不断完善环保举报数据联网，着力解决重复举报问题，对各地办理的环保举报进行"回头看"，确保整改措施落实到位，重点打赢"蓝天保卫战"，巩固大气污染防治成

---

[1] Kraft Michael E, Bruce B Clary. Citizen Participation and NIMBY syndrome Public Response to Radioactive Waste Disposal.The Western Political Qarterly, 1991（2）: 299-328.

效。[1]有群众这么多的关心,有政府这么认真的回复和解决,足见我国环境保护事业的发展。

4.邻避与区域治理关联,是对传统差序格局的超越

冯仕政曾于 2003 年在全国范围内对城镇居民遭受环境侵害时采取的主要抗争行动进行综合社会调查,总结出几个特点:第一,投诉抗议居多。遇到环境问题第一个反应就是向街道、居委会或直接向制造污染者抗议,向地方政府有关部门、媒体反应情况或上网投诉,有较严重财产损害时会向法院起诉。如果以上几招都没效果,会选择静坐抗议、游行示威、围堵公路等较极端手段。第二,就事论事居多。许多环境行动基本上是就事论事,围绕特定的具体的事情进行,这个特定的事情一旦缓解或解决,环境行动一般不会持续下去。第三,个体行动居多,环境行动基本是个体的而非集体的,基本是最直接受影响的人群去维权,会有非利益群体加入,但加入程度由环境危害的扩散程度决定[2]。冯仕政借用《乡土中国》中的"差序格局"来解释说明中国环境问题很多,但环境抗争并不多的根源在于一个"私的毛病"。费孝通先生认为,"私的毛病在中国实在比愚和病更普遍得多,从上到下似乎没有不害这毛病的"[3]。而"要讨论私的问题,就得把整个社会结构的格局提出来考虑一下"[4],西洋的社会结构像"一捆一捆扎清楚的柴",而乡土中国的社会格局像"一块石头丢在水面上所发生的一圈圈推出去的波纹"[5],每个人都在他社会影响中心推出去的圈子里,中国传统社会最重要的关系是亲属关系,是一个由亲属关系外推而成的同心圆或由血缘亲情织成的关系网,其中心是"己"和"私"。冯仕政所讲的环境抗争就包含邻避冲突,人们在参与环境活动时确实更倾向于关心自身利益而缺乏整体性思维,更偏向于"私"而不是"公",但笔者恰恰认为,这有其合理性

[1] 生态环境部办公厅函.关于 2017 年全国"12369"环保举报工作情况的通报(环办应急函[2018]500 号)[N].国家生态环保部网站 http://www.mee.gov.cn/gkml/sthjbgw/stbgth/201806/t20180620_443480.htm
[2] 冯仕政.沉默的大多数:差序格局与环境抗争[J].中国人民大学学报,2007(1):122-131.
[3] 费孝通.乡土中国[M].北京:北京出版社,2005:30.
[4] 费孝通.乡土中国[M].北京:北京出版社,2005:30.
[5] 费孝通.乡土中国[M].北京:北京出版社,2005:32.

和进步性。我们知道，邻避关系的主体不是亲属关系而是处于共同地域、面对共同的环境利害关系、共同利益受到侵害形成的利益共同体，它显然具有超越乡土中国的现代社会特色；邻避过程无疑有"私"在作祟，但这个"私"中蕴含着公民的正当权益，它的话语底色应该是，即便邻避设施属于公共领域的公益项目，即便出于公共的目的对大多数人有益，也不应该以牺牲少数群体的利益为代价，这正是邻避的合理性所在，也是许多研究在提出邻避问题解决方案时经常提出合理补偿的原因。然而，正是这个所谓的合理，却往往造成政府操作的困难，因为"合理"这一概念具有模糊性，一来多少是"合理"，没有精确的量化标准，二来什么是合理，是金钱补偿、精神补偿还是物质补偿，没有准确的质的考量，所以各地对同类问题的解决方法是五花八门、各显神通。另外，邻避是普通人环境行为的重要特征，但不是人类所有环境行为的一般规律。当一个政府既能给予每个人最广泛的平等权利（平等自由原则），又能给予最少受惠者最大利益，使各种利益要求达到恰当平衡（差别原则）时，整个社会的公平正义进步就体现出来了。

●　●

第二节　环保公众参与中的协商民主新视角

十九大报告指出："协商民主是实现党的领导的重要方式，是我国社会主义民主政治的特有形式和独特优势。"[1]改革开放以来，党和政府一直"推进协商民主广泛多层制度化发展"，把"公民的有序参与"作为中国特色民主政治的重要内容。如今，公众参与已经从国家的正式领域，扩大到社会的非正式领域，而生态文明建设和环境保护领域是公众参与最活跃的地方之一。在环境保护和生态文明建设方面，人民政协制度与协商民主工作机制始终保持着互动。公众参

[1] 习近平.决胜全面建成小康社会,夺取新时代中国特色社会主义伟大胜利[N].人民日报,2017-10-28（4）.

与理论与协商民主理论本质上有共通之处，尽管我国学者对协商民主语义的理解存在分殊，但它成了环保公众参与的民主启蒙。协商民主的价值精神与环保公众参与的终极目标是一致的。我们正是从环保公众参与中看到了协商民主的前景，看到了国家从治理走向善治的前景。

一、协商民主的语义分殊与环保公众参与的民主启蒙

有一种观点把中国现阶段各地在理论研究抑或基层民主实践中出现的"协商民主热"当成是"西方'协商民主'在中国的误读"。他们认为，"Deliberative Democracy"的"Deliberative"包含着"审议""慎思""商讨"的意思，而中国人民政治协商会议"Chinese People's Political Consultative Conference"的"Consultative"则是"咨询""商议""协商"，此协商非彼协商[1]。但我们认为，其一，目前国内的讨论，并没有把"协商民主"等同于中国的"人民政协"制度，只是发现了两者之间的某种契合和相似，或实质上的共通。但在西方，也有人认为"协商民主指的是为政治生活中的理性讨论提供基本空间的民主政府"[2]，这里的"协商民主"明显包含着"制度"的含义。其二，由于政治体制、意识形态、风俗习惯和话语体系不同，在很多方面，东西方都很难找到一一对应的词语来准确地互译，但既然共同选中了某个词语，说明它表达了大多数人对这个概念的大体理解。其三，一个"热词"、一个理论的价值高低，不是由关注的人物是大还是小、发文的数量是多还是少、讨论的地方更多在澳大利亚还是在美国来决定的，还要看这个理论在这片土地流转的时代背景和历史机缘。其四，西方关于民主的讨论，从"自由民主"到"选举民主"，从"代议民主"到"协商民主"，一次次话题的改变，即便不完全是"转向"，也肯定是围绕同一主题的补充、丰富、创新和发展。

---

[1] 金安平,姚传明.协商民主:在中国的误读、偶合以及创造性转换的可能[J].新视野,2007(5): 63 −67.

[2] 维·库克.协商民主的五种观点,毛里西奥·帕瑟林·登特里维斯主编.作为公共协商的民主:新的视角[M].王英津,袁林,等译.北京:中央编译出版社,2006:15.

党的十八大报告在谈到推进政治建设和政治体制改革要抓好的重要任务时提出了"要健全社会主义协商民主制度。完善协商民主制度和工作机制，推进协商民主广泛、多层、制度化发展"[1]。这是中共党代会报告首次提出"协商民主"概念，并赋予它两层含义：第一，"协商民主政治制度"。这是新中国成立后创建的中国特色社会主义四大政治制度的组成部分，即作为根本政治制度的人民代表大会制度，作为基本政治制度的中国共产党领导的多党合作和政治协商制度、民族区域自治制度以及基层群众自治制度，这些是具有中国特色的党派团体之间进行民主合作的制度安排，是当代中国政治制度的重要特征，也是我国政治制度的优势所在。人民政协是中共领导的多党合作制度和政治协商的重要机构，是各党派共商国是、参政议政的重要场所，是中共推进协商民主、建设公平社会的重要方式。第二，"协商民主工作机制"。2006年，《中共中央关于加强人民政协工作的意见》首次提出选举和协商"是我国社会主义民主的两种重要形式"，十九大报告明确提出要"推动协商民主广泛、多层、制度化发展，统筹推进政党协商、人大协商、政府协商、政协协商、人民团体协商、基层协商以及社会组织协商。加强协商民主制度建设，形成完整的制度程序和参与实践，保证人民在日常政治生活中有广泛持续深入参与的权利"[2]。通过协商民主工作机制可以吸引更多公众参政议政，激发社会各界有序政治参与和关心国家政治活动的热情；可以更好地发挥民主监督功能，反映社情民意，促进党风、政风及社会风气进一步好转；可以及时传递公众的呼声和要求，为群众提供利益诉求的表达平台，提升公众追求合理利益的能力，更好地协调各方关系，构建和谐社会。在现实生活中，人们一般也是从这两个层面来理解"协商民主"的，讨论环境保护公众参与中的协商民主问题，显然着重于第二层面。

改革开放40年来，中国经济高速发展，发达国家在上百年间分阶段显现并

[1]　胡锦涛.坚定不移沿着中国特色社会主义道路前进为全面建成小康社会而奋斗［N］.人民日报,2012－11－9（2）.
[2]　习近平.决胜全面建成小康社会,夺取新时代中国特色社会主义伟大胜利［N］.人民日报,2017－10－28（4）.

逐步得到治理的环境问题，我国在 20 世纪末和 21 世纪初集中爆发，并呈现结构型、复合型、压缩型的特点。在环保意识提高的背景下，公众以各种方式参与环保，表现为：第一，环境信访投诉上升，公众通过电话、网络、来信或直接上访等多种形式向有关部门反映环境问题；第二，针对污染企业和部门的环保自力救济行动不断出现，围堵厂房、破坏机器乃至造成严重人身伤害的事件屡屡见诸报端；第三，在大众传媒普及的时代，一些环境事件如圆明园防渗工程、松花江水源污染等迅速引起公众的关注，产生极大的群体效应和社会反响；第四，在环保过程中，我国出现了如"地球村""自然之友""绿家园"等民间环保组织（NGO），它们有组织地活动，在引导和促进公众参与、推动和帮助政府落实环保政策、监督和帮助企业关注环保等方面发挥着越来越大的作用。

二、协商民主的现实前提与环保公众参与的协商端倪

在工业化程度越来越高的现代社会中，自然与人类的原始对立以一种既必然又无奈的方式结束了，越来越多的人不得不依赖污染越来越严重的自然生存。现在的自然不再是原先给定的"自在的"自然，也不再是可归因的"自为的"自然，它是被工业社会绑定的、附属于文明世界的内部陈设，社会生产的每一次跃进都是对自然与人类关系、人与人社会结构的再调整，科学家、企业家无论做什么，结果总是或增进或损害了他人健康、生产力发展、经济利益、财产权利，总关乎责任、司法，关乎法律和政治。在社会关系、社会生活无不通过政治来调节的社会中，生产、交换、健康都打上了环境价值和绿色政治的烙印。当环境污染或生态危机威胁人的健康和经济社会发展时，实质上一定程度上构成了对社会政治制度的挑战。对自然的伤害要通过社会子系统来加以描述，"这意味着成为工业生产循环一部分的自然的破坏，不再是'纯粹的'自然的破坏，而是变成社会的、政治的和经济的动力的一个组成部分。不可见的自然的社会化之副作用是对自然的破坏和威胁的社会化，以及它们向经济的、社会的和政治的对立

和冲突的转化"[1]。于是，政治与社会两个不同的领域相互贯穿起来：一端是政治组织中的政党、政府、民主、善治，执政方法的改变、政治体制的改革、行政伦理的改造；另一端是社会建设上的社会组织、公民福利、阶层和谐，环境风险带来的个人健康问题、生态退化带来的区域贫困、工业污染导致的财产价值潜在受损的间接剥夺等成为大众媒体持续关注的中心和热议的话题。起源于古希腊的雅典城邦时代的民主制度，是公民政治生活的一种状态，意为人民的统治。从当代中国政治发展逻辑看，民主主要解决两个问题：一是发展人民民主，人民联合为一个有机整体，成为国家主人，参与和运行国家政治、监督和掌握国家权力。二是促使传统国家向现代国家转型，实现民主共和。辛亥革命后，中国就将民主共和作为政治建设的原则与目标，共和的核心就是实现国家内各民族、各党派、各阶层、各团体的共生、共存与共荣，多主体、多文化、多主张、多利益的自觉、自主及公平、正义。共和的实践路径就是协商，人民有权利自主选择自己的政治代理人（领导）、生活方式和社会模式，协商民主符合现代政治精神与形态。伴随着民主政治的发展，参与和协商、解释和反馈、公开和透明、抗议和告诉都是环保公众参与的有效形式，集体行动的自主性和合法性在某种程度上获得了社会和法律的承认。

在环保方面，我们看到了人民政协制度与协商民主工作机制的互动。例如成为公共决策典型案例和广州乃至全国民意与政府博弈焦点的番禺垃圾焚烧发电厂选址事件，就能体现协商民主机制的真谛。

此件事达成民主协商经历了以下几个过程。

1. 跌宕起伏

2006 年 8 月 25 日，历经三年多调研和选址论证的广州市番禺区垃圾焚烧厂取得广州市规划局下发的项目选址意见书。2009 年 2 月 4 日，广州市政府发出通告，决定在番禺区建立生活垃圾焚烧发电厂，计划于 2010 年建成并投入运营。由于前期没有情况通报、听证和意见征集，该计划引发了周边居民的强烈

---

[1] 乌尔里希·贝克著.风险社会［M］.何博闻译.北京:译林出版社,2004 : 97.

不满,引起了群体上访和集体"散步"。11月21日至22日,鉴于北京、南京等地情况,CCTV 的报道把它称为"全国性的公共政策事件"。经过长时间的对话、讨论、交流,2011年4月12日,番禺区政府召开"番禺垃圾综合处理(焚烧发电厂)"新闻发布会,公布5个备选地址。2012年7月11日,通过广泛讨论,根据群众意见、环评分析和专家论证,确定第一选址为大岗装备基地,备选点为东涌镇三沙和大石街会江。经过长达6年的反复讨论,最终确定于2013年4月开工。

2. 多方争论

当时争论的议题有几个:其一,选址之争,邻避情结。当垃圾焚烧厂远离自己居住区域时,它会被看作公益性质的基础设施;当这个设施落户自己居住区域时,它就会被看作是个毒气工厂。当东涌镇、榄核镇、沙湾镇、大岗镇和大石街会江村这五个初步备选点产生后,各方的反对声都相当激烈,各居民小区都不希望这项可能有潜在危险的工程建在自家后院。其二,方法之争,科学处置。2010年1月,为回应民众质疑,广州开展了为期两个月的以"广州垃圾处理,政府问计于民"为主题的公众意见网络征询活动。这个意见征集与厂址"五选一"的性质不同,是让居民选择处理的方式,在"垃圾焚烧""垃圾填埋""垃圾堆肥"三种处理方式中"三选一",讨论的结果是"反烧"变"选烧"。其三,主导权之争,行为引导。究竟是什么决定了垃圾焚烧厂的选址?选址应该由谁说了算,是一般公众、目的公众还是政府?项目环评有无作用、有无价值?能否用行政命令的方式强行压服某个镇接受项目?经过激烈争论得出的结论是:要建立城际或更高一级的沟通、管理及协调机制,建立直接的政府与公众对话机制,在区域协调过程中,确保不同区域的民意得以完整表述,公开决策的步骤和理由,在焚烧项目不得不建设的情况下,保证居民投产后的全程监控。

3. 双重博弈

博弈不仅在政府与公众、不同区域的公众之间进行,企业与公众之间也在进行。《新快报》刊出垃圾发电项目背后可能的经济算盘:根据公开资料,垃圾处理费补贴和上网电价收入是垃圾发电厂成本补偿和利润的主要来源。按每年 6 亿元补贴估算，广日集团特许经营 25 年的广州垃圾发电项目，总共可获得150 亿元补贴。此外，国家为扶持再生能源项目，除保证所发电力全部收购上网外，每度电还补贴 0.25 元，同时免征增值税、减免所得税，按现值估算，25 年共可获得 347 亿元收入。广日集团可能可以从垃圾焚烧和售卖电力两项合计获 500 亿元收益 [1]。这样把人们的注意力引向垃圾项目背后的企业。广东省政协委员邓向端在 2010 年广东省"两会"期间递交了提案，建议在广州建设大型生态公益林场，在林场中央建设生活垃圾焚烧发电厂，让"电厂林场墓园共处"。人们达成一个共识：建立垃圾处理生态补偿机制，用项目的赢利做更多的公益活动，让周边利益受损的百姓得到一些补偿。

4. 媒体跟进

在这场讨论中，广东各个媒体也做足了文章。《广州日报》态度谨慎，立场中立，对新闻事件的选择以反映危机解决的客观事实进展报道为主。《番禺日报》立场鲜明，与政府的立场高度一致，"必须给垃圾找条'出路'""建垃圾焚烧发电厂是民心工程"等评论，使之成为政府的新闻代言人。《南方都市报》发表大量的报道、评论、社论、个论，扮演着公众利益维护者的角色 [2]。正是在媒体的议题引导和有效沟通下，政府开始倾听社情民意；公众对于垃圾焚烧的态度从最初的完全不能接受，逐渐转变为积极寻求垃圾分类等解决途径。地方媒体以现实、透明、随时的态度步步跟进，随着过程的延续和事态进展，媒体的聚合点在变化，从环评到程序，从项目本身到世界其他地方垃圾处理模式的借鉴，从政府决策到民意表达的技术性冲突，并设置引导垃圾分类这一议程，把一个环保议题上升为社会议题，把一个地方性议题上升为全国性议题。可见，权威引导、观念引导、媒体引导在协商民主中始终起到关键作用。政府的政治智慧来自民间，政府与公众不是对立的关系，政府本身就是要做公众要求的事情，这是协商民主的自然基础。

[1] 侯梅新. 垃圾焚烧的利益链条仍有待厘清[N]. 新快报, 2011-04-19（A2）.
[2] 胡丹. "公共议题"参与主体的互动传播 —— 析"番禺垃圾焚烧选址"事件[J]. 新闻爱好者, 2010（5）：4-5.

协商民主在环保公众参与中显现，与风险社会的特色和风险分配相关。乌尔里希·贝克区分了两种类型的主题和冲突。一是"财富－分配"型。"短缺"社会中，贫民要"为面包而斗争"，为摆脱饥饿，人们想方设法多获取一些"财富"。二是"风险－分配"型。在生产力不断发展的今天，由于生态危机的出现，人们想方设法让自己减少一些风险。这里的风险包含了靠近潜在污染源可能造成的健康风险和财产缩水风险，"邻避运动"的根源也在于此。风险社会的到来将改变普通百姓的思考方式和行动模式，意味着政府也要改变管理思路和治理模式。在工业企业落户，机场、基站、变电站、垃圾处理站等公共设施建设中，当地居民出于规避风险考虑的"邻避运动"应该有合理的方面，在环保公众参与中，协商民主工作机制的功能就显示出来了：第一，可以充分反映民意，通过多方协商、群策群力，找出更好的方法尽可能降低健康风险；第二，可以提出多种方案，通过讨价还价，对财产贬值风险寻求合理的补偿；第三，可以提高事务处理的合法性。环境维权从来没有一个各地普遍适用的解决方案，项目的落地往往与地方资源禀赋以及项目本身涉及的技术有关，与地方领导的观念，甚至与当地居民的维权意识和社会动员水平等相关。通过政府、企业、公众的多方协商，可以提高公众对项目的知晓率，尽可能地减少阻力，避免事态的激化。风险转型推动整个中国社会走向风险民主管理的道路，即生态民主政治；也就是拓宽和加强协商民主，从容应对生态灾难并实现可持续发展的目标。"协商式民主模式，与生态民主政治内容和愿望存在着某些亲密的关系。这是因为协商式民主倾向于把普通利益放在核心地位，如维持生态多样化或自然资源的质量，至少比自由民主政治有更多这样的内容。"[1]

[1] 〔荷〕沃特·阿赫特贝格.民主、正义与风险社会：生态民主政治的形态与意义[J].马克思主义与现实，2003（3）：46－52.

三、协商民主的价值精神与环保公众参与的终极目标

科恩认为,"协商民主是判断互相冲突的道德和政治观点的最好制度机制。在协商民主的社团中,成员通过公共协商治理社团事务,而社团的政治讨论则围绕着对公共利益的多种认识进行,不是压制分歧,而是允许在公共协商基础上确保对所有参与者有最大程度的公正"[1]。它是法律和政策合法性唯一来源,是公民自治理想实现的前提。丹尼尔·A.科尔曼认为,"能否以民主的方式赋予公民实现变革的力量,这就决定了我们能否把对地球的爱护转化为实际的行动"[2]。梅维·库克总结出了协商民主五个观点:(1)公共协商过程的教育作用;(2)公共协商过程形成共同体的力量;(3)公共协商程序的公正性;(4)公共协商结果的认识平等;(5)协商民主表述的政治理想与"我们是谁"的一致性。[3]米勒(David Miller)、亨德里克(Carolyn Hendriks)、瓦拉德斯(Jorge.M.Valadez)等把协商民主理解成一种民主的决策体制或理性的决策形式,在这里,每个公民都能平等地参与公共政策的制定,自由地表达意见,都愿意倾听并考虑不同的观点,在理性的讨论和协商中做出具有集体约束力的决策。协商民主的程序为集体决策提供了合法性基础,可以改进解决政治问题的方法,让人们更容易看到真相,可以化解或减少金钱和权力对政治决策的影响。

陈家刚认为,协商民主具有促进合法决策、培养公民美德和精神、矫正自由民主的不足、制约行政权的膨胀、平衡各方社会关系等几个方面的价值[4]。与我国的民主政治相联系,我国学者特别强调它的决策价值或决策功能。李强彬认为,"协商民主的引入有助于维护公共政策议程建构的公共性、合法性、民主性和有效性,有助于为公共政策议程建构机制提供新的思路,有助于规避公共政

[1] 毛里西奥·帕瑟林·登特里维斯主编.作为公共协商的民主:新的视角[M].王英津,袁林,等译.北京:中央编译出版社,2006:6.
[2] 丹尼尔·A.科尔曼著,梅俊杰译.生态政治:建设一个绿色社会[M].上海:上海译文出版社,2002:133.
[3] 毛里西奥·帕瑟林·登特里维斯主编.作为公共协商的民主:新的视角[M].王英津,袁林,等译.北京:中央编译出版社,2006:15.
[4] 陈家刚.协商民主:概念、要素与价值[J].中共天津市委党校学报,2005(3):54-60.

策议程建构中的'隐蔽''垄断'和'不决策'等问题,从而不断提升公共政策品质并促使其得到顺利贯彻"[1]。马奔认为,"协商民主理论重视公民的参与,作为一种新的决策形式,协商民主认为公民应该在信息公开透明的条件下,依据一定的程序,自由而平等地对影响到自己的公共政策进行公开且充分的讨论,通过公共协商来赋予决策合法性,从而为公众参与环境决策提供了支持。"[2]环境公众参与是公共领域民众权力的运用和权力再分配,政府以提供更多施政回馈的渠道响应民意,公众能以更直接的方式参与方案的执行与管理方面的公共事务,进一步促进政府职能转型。我们的政府正是通过环境管理职能的科学转变,开拓了社会环境自治的应有空间。

协商民主拓宽了人们对民主的认知,看到人与人之间不仅存在竞争和对抗,还应有协商和合作;不仅要争取"当家作主",还应学会宽容和包涵;不仅要遵纪守法,还应平等参与决策。在我的理解中,在环保公众参与中,协商民主的价值精神可以体现在以下几个方面:

第一,承认多元。协商民主的前提是存在多元。环保公众参与首先体现出参与主体多元,包括公民个体、企业、非政府民间组织、政府等,既可以以公民个体身份参与,也可以以某个团体、社会组织或小区业主身份参与。其次,主体利益多元,企业主体希望以最少的成本获取最大的利润,以最少的投入得到最大的回报。政府主体希望能快速推进本地经济发展,多出政绩多出成果,同时有维稳压力、环保压力。公众主体则希望有个美丽家园共享天伦之乐,能健康安逸地生活,在利益受损时希望得到合理的补偿……在环保过程中,参与主体是平等的,在法律范围内的各方利益是受到保护的。最后,产生结果多元。每个地方都可以通过协商民主来解决问题,但对每个地方而言到底这种制度与实践是不是最佳选择,并不存在一个普适性的处方。事实证明,在不同的地方不同人群中协商的结果是不一样的,不要试图得到同一个结果。

[1]　李强彬.论协商民主与公共政策议程建构[J].求是,2008(1):70-75.
[2]　马奔.环境正义与公众参与——协商民主论的观点[J].山东社会科学,2006(10):132-134.

第二，尊重差异。多元隐含差异，差异一方面是指各个社会主体所固有的特殊性，这种特殊性始终存在，是不可能被强制削减以达成统一性，也不可能被无故合并归纳成为单一性的。现代社会是由一张相互差别、各自独立的社会子系统组成的网。民办非企业单位，学术性、行业性、专业性、联合性的社会团体，各个社会部门都组织起来，制定自己的标准，保护自己的资源和既得利益，甚至完全不考虑自己的行动会对社会其他部分造成什么影响和后果。不同主体之间存在观点、利益、偏好的差异和分歧，这种多元化和不可替代性是协商民主的逻辑前提和出发点。而协商民主的普遍运行表明政治体系和社会组织越来越重视、尊重和承认这个多元现状，并把它与个人的基本权利及权益相对等。协商民主之所以很重要，是因为有差异存在，差异就是矛盾，协商就是去解决矛盾的。每个人的政治诉求都不会是普遍同意的原则，而是对社会形态具有差异性的理解，让特殊群体拥有表达的机会，这种认识上的转变与我国政治功能由统治管理向分权治理转变是一致的。

第三，体现包容。多元和差异的存在体现包容。包容能整合不同的思想观念和价值理念，能为政策的制定提供尽可能广泛的选择。在包容性的研究中，许多学者从政治学角度来看待"包容"，认为"包容"就是团结一切可以团结的力量，是对其他行为主体的尊重、接纳和联合，也体现对不同信仰、思想和主张的容忍、借鉴和吸纳。包容也是对个性的尊重。协商民主意味着政治共同体中自由、平等的公民，通过参与政治过程、提出自身观点并充分考虑其他人的偏好，根据条件修正自己的理由，实现偏好转换，批判性地审视各种政策建议，从而赋予立法和决策以合法性。政府与公众在环境问题上的价值偏好明显有异，官员以 GDP 为取向，公众以生活为取向。协商并不存在可不可以的问题，问题是政府能不能放下身段去倾听公众的意见、愿不愿意接纳公众的观点、承不承认公众的利益。在环保公众参与中，具体的利益和抽象的环境价值往往是交错在一起的，在保护自身利益时实现了环境价值。但在环保公众参与角度，包容更多是指对各方利益的尊重，并且在不同利益群体发生利益冲突时，通过谈判、协商,各自做出必要的让步,以达到缓和和化解矛盾的目的,并把这种明智的合作上升为一种社会调节机制。

目前,我国的环保公众参与存在着一些误区或危机,过多地裹挟着各种利益诉求和社会宣泄情绪,并且正在陷入"不闹不解决,小闹小解决,大闹大解决"的中国式循环,容易引发环境群体性事件。而环境群体性事件往往导致"三输"结局:地方经济失去合法、合规的项目,审批机构的公信力遭遇挑战,最后是当地的环境的改善也未得到立竿见影的效果。因此,克服环保公众参与危机,就要治疗过分冷漠或过分热情的"感冒发烧症",畅通合法参与的途径和渠道。在我国,协商民主的目的,就是要实现公民有序的政治参与。环保公众参与从协商民主视角需要有几个转向:

1. 从维稳导向转为人权导向。原来,提倡环保公众参与也好,提倡协商民主也好,更多的是从鼓励理性参与、维护社会稳定着眼,但维稳思维其实是应景性的、暂时的,长远看必须走向人权导向,从尊重人权、环境权的高度来看这个问题。环境权是伴随着人类环境危机而产生的一项与多种基本人权或基本法权相交叉的新型法权,是具有鲜明个性、兼有各种权利性质和内容的一项新型权利,它是个体权利、集体权利和代际权利的综合体。环境权是环境法律权利和环境法律义务的高度统一。在环境社会关系中,每个环境权主体在享受和利用环境的同时,必须承担不对其他主体享受和利用环境造成损害的义务;当代人在享受和利用环境的同时,必须承担不对后代的生存和发展构成环境危害的义务。保护公民环境权是政府的职责,这个保护在于能公正有效地处理侵害环境权的民事纠纷,能调整治理环境和经济发展的关系,优化公民生存空间,能站在公平公正的立场协调各方的环境利益。十八大报告提出,要坚持人民主体地位,发挥人民主人翁精神,坚持依法治国这个党领导人民治理国家的基本方略,最广泛地动员和组织人民依法管理国家事务和社会事务、管理经济和文化事业,更好地保障人民当家作主和各种权益,就包含着人权和环境权。只有维护好公民的基本权益,才能保持国家的长治久安。

2. 从单向决定转为多方磋商。哈贝马斯认为，平等性是理性讨论能够有效进行的前提。协商民主的前提是平等。公共选择理论认为，人类社会由"经济市场"和"政治市场"两个市场组成。经济市场的活动主体是厂商（供给者）和消费者（需求者），人们在这里选择能带来最大满足的私人物品；政治市场的活动主体是政治家和官员（供给者）以及选民和利益集团（需求者），人们在这里选择能带来最大利益的政治家、政策、制度。而在这两个市场上活动的实质是同一群人，从行为逻辑上推测，在经济市场上追求自身利益最大化的"利己主义"的"经济人"，在政治市场上要成为自觉追求公共利益最大化的"利他主义"的"社会人"，这种政治经济截然对立的"善恶二元论"是不能成立的。在现实中，政治资源往往成为某些政府官员和帮助利益相关者谋求个人福利的手段，成为腐败滋生的土壤。专制社会的"家长制"或"一言堂"的决策逻辑是"家长"的意志不可违抗，暗含着领导者的观念都是正确的，其决策一定是从公共利益出发的意思。协商民主的决策逻辑是：一方面，政府是社会管理的主体，对于公共决策的供给者政府官员，同样承载着一定的组织利益和组织成员的个人利益，其自身的利益需求、部门的利益及官员个人的利益都会在公共决策中有所体现，通过协商可以最大限度地挤出这部分个人利益；另一方面，协商民主的程序为集体决策提供了合法性基础，可以改进解决政治问题的方法，更容易看到真相，可以化解或减少金钱和权力对政治决策的影响，从而保证在环境决策过程中最大限度地纠正一些地方政府唯经济挂帅、唯 GDP 主义，忽视环境保护和民众健康的状况，同时也可以避免可能的官商勾结、利益输送的状况。

3. 从权宜之计转为制度习惯。为了整治环境，原国家环保总局曾掀起一次次环保风暴：打击违法大公司，包括最大的电力集团；实施区域限批，对违法的地方政府，在整改之前不批准新项目；召开公开听证会叫停圆明园防渗工程，使之成为公众参与、民主决策的典型；研究绿色 GDP 测算、规划环评法规，以解决中国 GDP 崇拜问题。但此类运动式的治理终究不能持续，最后还要通过法律、制度、规范和政府日常管理落地。环保公众参与和环保协商民主成为常态化的最好方式。协商民主对那种认为公民无知识、无能力参与公共决策的观点提出了批判,协商民主在批判现有公共决策的基础上,重新赋予公民参与公共事务的积极性,重视公共决策的合法性,重视公民的参与。其作为一种新的决策形式可以应用到环境决策领域,因为环境决策本身就是公共决策的一部分。澳大利亚国立大学教授德雷泽克认为协商民主在环境决策上更理性化,在协商民主中人们有能力对各种现实环境问题的高度复杂性、不确定性和集体行动做出反应。不断的民主对话有助于提升人们对环境价值多元性的认识,可以在参与者之间产生更多的支持、正当性与信任。

民主时代的政治特征和基本意义是政府的职能进一步缩小,政治国家越来越多地把政治权力归还公民社会,这也是人类社会不可阻挡的历史潮流。"政治协商"从内容上是对国家和地方大政方针、体制道路的协商,从时间上是在决策之前和决策执行过程中进行协商,从职能上是政治协商与民主监督、参政议政相结合,体现的是"大民主"。环保公众参与中的"协商民主"更多的是利益磋商、观点交流、方法共研,体现的是"小民主"。在环境污染、生态危机面前,穷人和富人、政治家和老百姓、社会名流和平头市民是平等的,它涉及每个人的健康权,触及每个人的生命底线,最容易突破孤单个体的恐惧,形成共识。环境维权不挑战现行政治体制的权威,它不改变国家政治治理的框架,更多的是改变治理理念和方法,却促进基层民主进程,维护了社会和谐稳定。"善治是政府与公民之间的积极而有成效的合作,这种合作成功的关键是参与政治管理的权力。公民必须具有足够的政治权力参与选举、决策、管理和监督,才能促使政府并与政府一道共同形成公共权威和公共秩序。"[1]我们正是从环保公众参与中看到了协商民主的前景,看到了国家从治理走向善治的前景。

---

[1] 俞可平.治理与善治[M].北京:社会科学文献出版社,2000:12.

第三节　环保公众参与的政治社会学研究

政治与社会是互动关联、不可分割的，任何政治体系的形成都有其社会历史根源，任何政治治理的方式都会产生一定的社会效应和反馈，任何政治决策、方针、措施都建立于社会基础之上并有着社会的影像和内涵，任何政治体制的改革都必然会引起社会心态的变化、社会利益的调整、社会结构的变动。反之亦然。当某种社会现象、社会事件反复出现并产生逆向作用时，政府总会被要求出台相应的政治制度加以规范；当某些社会力量、社会团体异军突起、迅猛增长时，总会引起政府的思考并及时加以应对；当某类社会思潮、社会意识形态凯歌行进、风生水起时，总会引起国家政治法律的关注并加以引导。当年孟德斯鸠从亚里士多德的地理环境理论中提炼出独特的思维素材，系统地描绘和分析了政治现象与社会环境、自然条件之间的关系，提出生长在不同地区、国家的人们的精神气质、内心情感、性格修养不同的重要原因在于气候的差异，与国家制度和法律之间存在相关性。他正是从地理环境研究出发，成为较早系统地用社会学的观点研究政治体系和政治行为，分析政治现象的启蒙思想家，成为近代政治社会学的开创者。

安德鲁·海伍德列出政治学的基本概念有：政府与治理、权威、市民社会、共识、政策政治、权力、法律、秩序、国家等，核心价值有：自由、民主、平等、回应、自治、正义、人权、共同体、财产权、责任、权利等。[1] 而这些既是政治学考察的内容，实质上也是社会学考察的内容。与以上列举的关乎国家、社会命运前途的宏大叙事不同，环境保护的公众参与似乎只是其中微不足道的部分或环节，但它在全球生态危机的特殊时期凸显出来，与这些政治学、社会学的基本要素密切交合，大有占据当代政治、社会活动的制高点，影响政治权力分配及社会政策

---

[1]　Andrew Heywood：Key Concepts in Politics［M］. Published by Palgrave Macmillan, 2000.

走向的趋势,让人不敢小觑。

一、民主政治里的环保公众参与 —— 社会治理的一个突破口

当代社会与传统社会最大的区别是以前讲"统治"(government),现在讲"治理"(governance)。一字之差,但在政治社会学上的含义却大不相同:"统治"意味着凭借权势、权力来掌控、支配国家或地区,是建立在外在强力基础上的运用强制性手段迫使对方遵守既定规范、规则、法律或屈从于自己的意志。在阶级社会中,统治是以普遍的政治压迫和剥夺为前提的,最直接的后果是"哪里有剥削哪里就有反抗",公众只有服从或反抗、生存或灭亡两种行为方式和两种前途可以选择,表现出社会的"狼性"。"治理"是管理、修正、改善,它是建立在合法性基础上的政府权威的体现,是建立在公正性基础上的社会秩序的维持,它不是单向度的自上而下的控制,而是通过公众的参与和互动、民主和协商来解决存在的问题。格里·斯托克指出了"治理"的五个特点:第一,治理出自政府又不限于政府,其他社会公共机构或行为者的管理只要得到公众认可,也可以行使相关职能;第二,在为社会和经济问题寻求解决方案的治理过程中,其界线和责任是模糊的,现代的"小政府"越来越多地把原先独自承担的庞杂事务转交给"大社会",即各种私人部门和公民自愿性团体;第三,参与共同治理的社会公共机构之间存在着权力依赖性,为达到目的,在涉及集体行为时各个机构之间有必要交换信息和资源;第四,治理意味着行为者网络的自主自治;第五,政府可以使用新的工具和技术手段来控制和指引治理,而不是动不动就发号施令以显示权威。这五个点是互补的,尽管每一点都可能由于遭遇某种困难,消解或削弱其功能,比如,因为治理主体的多元性,有时可能会踢皮球、推卸负责;因为责任趋于模糊有时可能易于逃避或寻找替罪羊;因为治理需要权力,有时可能过于使用强力导致问题恶化等。格里·斯托克认为:"治理所求的终归是创造条件以保证社会秩序和集体行动。因此,治理的产出和统治并无任何不同之处。

如果有什么差异,那也只在于过程。"[1]为了克服治理的失效,有不少学者提出了"善治"(good governance)概念作为补充,"善治"的本质特征是政府与公民对公共事务实施合作管理,使公共利益最大化、社会管理民主化。

改革开放后,伴随经济发展而来的是环境危机的多样化、复合化和全面化,发达国家在上百年间逐步产生、点滴积累的环境问题,我国却在几十年间大量出现、集中爆发。我国环境保护公众参与无论作为政策还是实践都是民主政治发展的结果,它的兴起有三大社会历史背景:第一,政企分开,企业独立主体形成。"文革"结束后,我国的经济体制改革经历了从计划经济到1984年建立"在公有制基础上的有计划的商品经济",再到1992年建立"社会主义市场经济",所有制形式由单一的集体和国家所有,分化为以公有制为主体的多元所有制形式并存的过程,企业成为拥有自主经营权、自负盈亏的独立法人,非公企业大量涌现使社会利益分化,经营潜在的风险和企业间竞争加剧势必滋生出企业的自我保护意识和利益保护机制,企业在罚款不高时顶风排污、为逃避处罚暗中排污、千方百计转移污染成本等行为都与之密切相关。第二,政社分开,各类社会组织涌现。根据民政部统计,截至2019年1月底,在民政部门登记注册的社会组织数量已超过80万家,这些社会组织在环境保护、文化卫生、教育科技、社会管理、慈善公益等方面发挥了重要作用,成为党和政府联系人民群众的桥梁和纽带。各地通过购买服务、转移职能、税收优惠等方式,为社会组织发展创造良好环境。第三,权利分开,治理理念方式改变。新中国成立后以党的"一元化领导"为核心、中央高度集权的"议行合一"的政治体制,即由国家全面控制、垄断一切自然资源和社会资源的"总体性社会"或"全能主义"国家在某种程度上被消解,国家治理的理念和方式、社会治理的状况和格局得以转变,政府决策的民主化和科学化对公民的政治参与、政治公开化、公民自治、政府的廉洁与效率等方面发挥了重要的作用。国家权力向社会的回归是还政于民的过程,是政治国

[1] 格里·斯托克.作为理论的治理:五个论点[J].国际社会科学杂志(中文版),1999(1):19-30.

家与公民社会良好合作的结果。国家权力设定了边界以后，公民的话语表达、自我组织、自我管理的空间无形中释放和扩大了，而非公企业及公民社会的发展壮大反过来必定促进改革的进一步深化和民主政治的进一步完善。

二、制度构架内的环保公众参与 —— 人权的扩展与保障

联合国教科文组织前法律顾问卡雷尔·瓦萨克（Karal Vasak）根据近代史上的考察，提出了"三代人权"理论：第一代人权具有代表性的两个宪法性文件是 1776 年美国的《独立宣言》和 1789 年法国的《人权宣言》，争取的是公民权利和政治权利，如人身自由、言论自由、结社自由等；第二代人权是俄国十月革命之后，争取的是以平等为核心的公民经济、社会和文化的特殊性权利，如生存权、劳动权、社会保障权、受教育权、妇女儿童权利保护等；第三代人权是二战后，以社会连带权利为核心的发展权，主要体现在发展、和平、环境、人类的共同遗产等领域。其中的环境权是一项新型人权，包括国家环境权、法人环境权和公民环境权三个部分，是个体权利和集体权利、个体性和整体性、自决权和发展权的统一[1]。第三代人权基于人类对自然和社会双重的拥有、当今与未来双重的发展，需要个人、公民团体、国家和国际社会共同努力，有广泛的参与性。从个体权利到集体权利到团体权利，从自由到平等到发展，是一种人权的趋势，也是各国宪法和国际法中基本权利的价值走向。

西方环境权的思想受到"环境公共财产理论"和"环境管理公共信托理论"的启示。这两个理论认为，水、空气、土地、湖泊等是人类生存必须具备的生活、生产要素，理应成为世界公民的"公共财产"，任何国家、任何人都不能随意对其占有、支配和损害；环境公有财产要由公民作为信托人、政府作为受托人，依照相关法律和规则进行管理，国家只是接受共有人的委托行使环境管理权而已，不能滥用委托权。公众的环境权要由公众参与来加以保护，这成为西方环保公

---

[1] 沈宗灵,黄枬森主编.西方人权学说（下）[M].成都:四川人民出版社,1993:250-282.

众参与理论的前提和基础。当然，中国的国土资源是国家所有，中国的环境管理不是委托管理，那么中国公民的环境权应如何体现如何实现，是个需要研究的课题。

一般认为，环境权主要包括环境资源利用权、环境状况知情权、环境侵害请求权等，它是道义权利和应有权利之法定化，是集体权利和个体权利之交融化，是公民权利和环境义务的统一化，是一种新型法权。我国虽然还没有一部法律提及"环境权"一词，但可以从中推定出环境权的内容。如《宪法》第 26 条规定："国家保护和改善生活环境和生态环境，防治污染和其他公害"；《民法通则》第 98 条规定："公民享有生命健康权"；《环境保护法》第 1 条规定："保护和改善环境，防治污染和其他公害，保障公众健康"；等等。环境权的保障与公众环境意识的觉醒和环保活动的参与密不可分，"公众对环境保护的具体参与是环境权的真正体现：它不仅使个人行使他所享有的权利，还使他在这方面承担了应承担的义务。而且，公众因此不再是消极的权利享有者，而要分担管理整个集体利益的责任"[1]。"环境保护领域是中国较早确立公众参与观念、较早通过立法确认公众参与原则，也是目前公众参与法制保障最为完备的部门。"[2]目前，我国环保公众参与的主要形式有参与环境影响评价、参与行政立法听证、参与环境行政许可听证、参与环境公益诉讼等。2005 年 11 月 16 日，沈阳市人民政府发布的《沈阳市公众参与保护办法》是我国第一个公众参与环境保护的专门地方立法。2006 年环保总局发布的《环境影响评价公众参与暂行办法》是中国环保领域的第一部公众参与的规范性文件。2007 年环保总局发布的《环境信息公开办法》、2009 年国务院制定的《规划环境影响评价条例》、2010 年环保部下发的《关于培育引导环保社会组织有序发展的指导意见》等相关法律制度、部门规章予以进一步的明确和落实。

---

[1] 亚历山大·基斯著.国际环境法［M］.张若思译.北京:法律出版社,2000:21.
[2] 竺效.中国公众参与环境保护的法律保障及案例分析［J］.环境经济,2011（12）:22-31.

三、社会主体上的环保公众参与 —— 广泛性与特殊性的合离

环保公众参与显而易见是民主政治向环保领域的扩伸。任何活动的参与都有一个主体,不同的学派有不同的民主参与主张,卢梭、穆勒、马勃等主张最大限度地扩大普通公民直接参与制订政策的机会,认为可以将更多决策权下放给地方共同体,让公民以投票来决定政策;戴维·米勒、韦农·波格丹诺在谈到政治参与时,认为政治参与是"参与制订、通过或贯彻公共政策的行动。这一宽泛的定义适用于从事这类行动的任何人,无论是当选的政治家、政府官员或是普通公民,只要他是在政治制度内以任何方式参加政策的形成过程"[1];熊彼特等则主张较为有限的和间断的公众参与,认为当选的职业政治家与普通公民应有一种政治分工。可见,公众的政治参与存在着公民主体还是政治家主体、全程参与还是间歇参与的争论。

在环保公众参与中,《奥胡斯公约》对"公众"有一个明确的定义,即"指一个或多个自然人或法人以及按照国家立法或实践兼指这种自然人或法人的协会组织或团体"。公众既可以是个体也可以是群体,既可以是自然人也可以法人,是参与环境事务和环保活动的任何人。而在我国,却往往被理解为"政府为之服务的主体群众"[2],更多的是普通老百姓,这实际上是把一些重要的个人和组织排除在外了。其实,环保内容的丰富性使所有社会成员都涉及其中。环保公众参与的领域越来越广泛,环保的主体也越来越扩大。应该说,环境保护人人有责任,环保参与人人有义务。如果说前一个"公众"规定的是"参与"主体的话,《奥胡斯公约》还提到"所涉公众","指正在受或可能受环境决策影响或在环境决策中有自己利益的公众;为本定义的目的,倡导环境保护并符合本国法律之下任何相关要求的非政府组织应视为有自己的利益。"那么这个"公众"更

---

[1] 戴维·米勒,韦农·波格丹诺.布莱克维尔政治学百科全书[M].北京:中国政法大学出版社,1992:563.

[2] 潘岳.环境保护与公众参与 —— 在科学发展观世界环境名人报告会上的演讲[N].环保部网站 http://www.zhb.gov.cn/gkml/hbb/qt/200910/t20091030_180620.htm

多地突出了不同公众背后隐藏的利益关系，是"利益"主体。从利益角度分析，环境参与公众或许应分为四大群体：政府、企业、所涉公众、公众。政府工作的双重性主要集中于环境保护与经济发展的矛盾性，有些地方政府在推动地方经济发展过程中，没有树立正确的发展观和政绩观，往往以牺牲环境为代价，有时充当了污染企业的保护伞，但由于环境保护也是政府的重要职责，政府会在两者间做艰难的平衡；企业就其是否向外排污或排污的程度可分为重度污染企业、轻度污染企业和无污染企业，对污染企业的监管和污染企业的行为倾向，成为环保成败的关键；所涉公众在环境权、个体利益受到侵害时，会产生强烈的维权意愿和行动，在中国特殊的社会背景和文化传统下，他们利益的保护程度、维权的活动深度和社会影响度成正比。环保主体具有广泛性，但每个主体的利益却具有特殊性，导致参与方式及程度上的差异性，而政府、企业、所涉公众、公众四者的理性交往与良性互动，是环保事件圆满解决的前提条件。

由于在环境危机和灾害面前难有幸免者，决定了每个人都是环保的参与主体。从生活角度看，人人都是环境资源的消耗者，都是生活垃圾的制造者，也决定了每个人都是环保的参与主体。在研究环保公众参与行为时，我们通常会发现它首先具有工具性，即人们是否参与某项环保活动主要取决于对预期收益及成本的估判、对自己能否实现目标的力量的评价，取决于能否促进或捍卫参与者的利益；其次具有发展性，即通过参与会提高参与者的环保认知、社会责任感，处理好私人利益和公共利益的关系，有助于吸引更多人关心公共事务、提高公共利益，大量开发出公众中蕴藏的社会所需要的能量和创造性，焕发社会活力。

四、实践效果中的环保公众参与 —— 功能与价值预期

从国际经验看，在环境保护等公共事务上，市场调节总体导向失灵，处于转型期的政府对庞杂、繁复社会事务的管理显得力不从心，良性的公众参与成了

政府力量的补充。我国的环保公众参与经过一段时间的运行，在实践中取得了较大的成效。

1. 促进环境信息公开化

环境信息公开是一种全新的环境管理手段，它承认公众的环境知情权和批评权，借用公众舆论和公众监督，对环境污染破坏的制造者和环境秩序管理者施加压力，督促其履行职责、规范行为。一般来说，环境信息有两类：政府环境信息，即环保部门在履行环境保护职责中制作或者获取的，以一定形式记录、保存的信息；企业环境信息，即企业以一定形式记录、保存的，与企业经营活动产生的环境影响和企业环境行为有关的信息。自2008年5月1日《环境信息公开办法（试行）》施行以来，政府环境信息公开迈出了可喜的一步，许多政府通过网站、报刊、广播、电视等平台，定期公布环境保护法律、法规、标准和其他规范性文件，突发环境事件预报、发生和处置情况，排污费征收及环保行政事业性收费的项目、标准和程序，每年公布环境质量状况，每月公布大江大河水质状况，经济较发达的城市每天公布空气质量指数（AQI）、可实时查询$PM_{2.5}$等。相比之下，最薄弱的是企业环境信息公开，存在的主要问题是：多数城市对企业日常监管记录和对污染企业的处罚信息的公开数量有限且不完整，企业污染物排放公开制度至今尚未确立，依申请公开的信息不能满足公众维护环境权益的需要。企业本身也不主动、不愿意充分公开环境信息，担心招来不必要的麻烦。环境信息公开涉及公众的知情权、生存权和发展权，信息不对称下的公众参与有时反而会走向歧途。我们在进一步推动政府信息公开的同时，还要使企业树立正确的观念，即企业可以通过保护环境或者是宣传保护环境做得好的信息，吸引消费者来购买它的产品和服务，公开企业信息也是树立企业形象，获得社会认同感的一种途径。

2. 取得环境政策合法化

合法性是一个政治学概念，从字面上理解是"符合法律"、遵守规则，涉及政治系统的公平、公正，意味着某种政治秩序和社会价值被认可。环境政策的合法性受三方面的制约：就主体而言，这个政策需要获得尽可能多的公民或者至少是利益相关者的普遍认同与支持，要避免从个私立场出发，为了狭隘的个人或集团目的行使权力；就内容而言，它的价值诉求和目标指向是符合科学发展、可持续发展的要求，是体现了环境公平和正义原则；就过程而言，政策信息的筛选、议程的设定、政策的反馈与协调、运作能符合法律程序和法定步骤、能有效贯彻实施至关重要。环保公众参与可以建立一个"合法的政治秩序"，否则民众就没有服从的义务。环保公众参与是参与式民主的组成部分，桑利、皮尔斯等认为公众参与是人民在决策程序中争取更多权利的重要手段，弗里德曼认为这是增进公众理解规划程序的重要战略，安斯坦认为："公众参与是一种公民权力的运用，是一种权力的再分配，使目前在政治、经济等活动中，无法掌握权力的民众，其意见在未来能有计划地被加以考虑。"[1]环保政策的制定过程，实质上是各个利益集团之间的智力、权力、影响力的博弈过程，来自各个层面的公众诉求和愿望，都应充分得以表达并成为重要考量因素。一个新政策出台，不会自动达到预期的效果或公众期望的目标，公众必须对政府执行政策的力度、政策规制对象遵守政策的程度、政策系统整体运行的透明度进行监督，成为环保新政策的坚定支持者和有力推动者。

3. 保障环境决策科学化

我党历来都十分重视、一贯要求公众参与决策，"从群众中来到群众中去"是这一思想的朴素表达。党的十八大要求"坚持科学决策、民主决策、依法决策，健全决策机制和程序，建立决策问责和纠错制度。凡是涉及群众切身利益的决策都要充分听取群众意见，凡是损害群众利益的做法都要坚决防止和纠正"。十九大报告要求"健全依法决策机制，构建决策科学、执行坚决、监督有力的权力运行机制"。公众参与环保政策制定，一方面是因为政策制定者的人数相对较少，学识和阅历有限，体制内的专家可能无法获得制定政策所需的全部信息，甚至得不到正确的信息。库伊曼（J. Kooiman）说："不论是公共部门还是私

[1]　王名扬. 美国行政法［M］. 北京：中国法制出版社，1995：858.

人部门，没有一个个体行动者能够拥有解决综合、动态、多样化问题所需要的全部知识与信息；也没有一个个体行动者有足够的知识和能力去应用所有有效的工具"。[1]尽可能多的公众参与就是保证政策相对全面和科学的前提。另一方面，科学决策必须了解决策实施对象的感受，厦门的 PX 项目、什邡的钼铜矿项目、被当作"民心工程"的广州番禺区生活垃圾焚烧发电厂项目，遭遇公众的"不领情"而流产，都是因为决策者不了解公众的思想动向，决策在行政系统内部封闭运行，屏蔽和隔绝了公众的利益表达和参与，所以主动识别公众类型并分类引导，充分估计公众在职业、教育、社会角色等方面的差异带来的意见倾向性，采用不同的沟通技术显得很有必要。传统的环境决策是应急反应式的，是政府发现问题后再进行对策商讨，总是滞后于问题发展进程，现在许多国家的环境决策已从专注于末端治理的导向转到针对环境问题根源的治理。提前预见风险和隐患，也是科学决策的应有之义。

4. 推动公众参与组织化

中国的环保民间组织不断地成熟起来，在中国社会组织公共服务平台中即时查询得知，到 2019 年 1 月 20 日，全国用"环境"命名的社会组织共有 1582 个，以"环保"命名的有 920 个，还有一些环保民间组织在工商部门登记注册，许多是没有公开注册的学校、机关事业单位内部的组织或二级社团。据 2018 年 12 月 25 日，中国社科院社会学研究所发布的中国志愿服务参与状况调查数据，在 17 类志愿服务中，排在前三的依次为：老年关怀（10.6%），环境保护（9.9%）和儿童关爱（8.2%）。不断壮大的中国环保民间组织作为环境保护的重要力量主要起了以下几方面的社会作用：第一，从环境宣传教育做起，为社会公众认可接纳，在社会中立稳脚跟；第二，运用专业知识和组织力量，通过调解、监督、诉讼或提供资金援助等方式，维护污染受害者正当的环境权，在一定范围内维护了环境正义、弱化了环境污染引发的社会矛盾；第三，通过实地勘察、调查研究、

---

[1] Jan. Kooiman : Governance and Governability : Using Complexity[M].Dynamics and Diversity. In J. Kooiman edited : Modern Governance. London : SAGE Publications，1993 : 252.

走访问卷、理论研讨等多种形式,及时发现存在的问题,及时向各级政府及相关部门反映民众的意见和建议,为政府决策提供咨询参考和智力支持;第四,携手逐渐涌现的富有社会责任感的企业和具有公益道德心的企业家,共同开展环保公益活动,促进企业自觉自律,从源头上减少污染的发生;第五,通过项目合作、参加国际会议等加强与国际环保组织的交流,受到国际社会的广泛关注,用民间声音向世界传递了中国政府在环境问题上对人民负责、对世界负责的积极态度。但社会上对环保民间组织也有一些批评,认为这些组织的活动多半是搞"公众教育",而这个活动的对象是"无法评估的目标群体",还背负着"把环保责任推给公众"的质疑。

5. 公众参与的嘉兴模式借鉴

在环境保护与治理方面,嘉兴在公众参与领域做出了一些尝试,提出了相对可行的治理措施,取得了一定的成效,形成了"嘉兴模式"。"所谓'嘉兴模式',主要是嘉兴市在公众参与环境保护过程中形成的'一会三团一中心'公众参与机制。即嘉兴市环保联合会、环保市民检查团、专家服务团、生态文明宣讲团、环境权益维护中心为主要协同形式,骨干公众代表为主要参与人员的多元互助合作的治理主体结构。嘉兴市推进公众参与环境保护的实践经验做法主要体现在六个方面,基本内容包括:'大环保',即社会共同参与,包括嘉兴市环保联合会、市民检查团、建设项目公众参与团和环保专家服务团;'圆桌会',即开展市民专家建言献策'圆桌会'活动,建设项目论证会,行政执法通报会和治理方案恳谈会等;'陪审员',即赋予公众充当'环境法官'的权力,决定罚多罚少,使环境执法体察民意;'道歉书',即要求不良企业公开承诺,签署《致全市人民道歉信》,通过媒体向社会发表;'点单式',即公众代表随机抽查点名的全程专项执法行动;'联动化',即公众参与区域污染防治监督的联动等。"[1]

嘉兴模式在环境治理中的优势体现在以下方面:第一,公众参与的积极性提升。以往的公众参与中,话语权主要掌握在环保部门,查哪个企业、怎么查、

---

[1]　虞伟.“嘉兴模式”中的公众参与[J].中华环境,2014(7):66-67.

处罚多少等都是由环保部门说了算。在嘉兴模式中引入了"点单式"执法，公众对调查哪个企业有了发言权与决策权，就避免了官商勾结。与此同时，对严重污染企业的处罚以及是否"摘帽"也是由公众陪审员说了算，公众的权力大大提升，已经不单纯是原来的只能作为旁听者从公众参与中了解一些情况、获得一些信息，因此公众的参与积极性得以提升。第二，参与主体的多元化。在环境治理的嘉兴模式中，"大环保"便是从参与的主体上来说的。参与人员除了环保部门、相关企业、专家，还有环保协会、市民检查团与公众参与团以及其他的科研单位或是院校的环境保护研究与公益组织。各种团体在此形成了监督网，环保部门牵头治理、专家团体进行监测、环保组织进行维护与监督、公众参与决策、公益组织进行宣讲、相关企业进行自治与接受监督。嘉兴模式针对缓解社会公共事务中"政府失灵"无疑是具有良好效果的尝试，但是在公众参与过程中也要避免可能出现的两个问题：其一，公民陪审团中公民的选择。在现实中，对公民陪审团成员的选择过程中会依据户籍、年龄、职业等信息进行招募与筛选，然后在具体的项目评审中，从已有的陪审团名单中选出陪审员，在此过程中需要考虑陪审员职业与经验等相关信息是否与所选项目相契合。第二，专家宣讲团对公众独立判断的影响。专家在环境保护中可以起到的作用是多方面的，如受环保部门的委托参与环境污染指标的监测、针对相关的项目对如何判断污染对公众进行宣讲、为公众提供环境污染物指标及相关标准的咨询与答复，因此，专家在环境治理方面所起到的作用是多维的，他可以代表的利益也是多方面的，应避免专家在为公众提供咨询过程中的价值负载与引导。

在许多情况下，仅仅为环保而环保的公众参与会囿于某个具体环境问题的解决而缺乏持续性，会囿于所涉群体关注范围的有限而缺乏普遍性。当今环保公众参与常常与其他社会力量和目标结合在一起形成一股强大的潮流，如西方的绿党提出"生态优先"、基层民主、非暴力、环境公平正义、反对核能等政治主张，获得了广泛的社会支持；有些国家环保组织会影响到总统选举、议会议席，也影响人们的消费方式和行为方式；20 世纪 80 年代的台湾地区反对核能运动与反对国民党独裁统治的民主化运动结盟，导致"台独"势力抬头、民进党上台和国民党政治权威下降，影响到整个台湾地区的稳定和经济发展。公众参与会释放出正负两种相反的能量，公众的参与行为有些是可控的、平和的，有些是失控的、混乱的，在主张和争取环境权时，有些地方有些时候会出现"轻暴力"倾向，包括静坐请愿、集会抗议、示威游行，有时会伴着打砸抢烧，危及社会治安和群众的生命财产，走向愿望的反面。我们在传递正能量的同时，要防止无序参与可能带来的负效应，更要防止不同势力插手环境问题带来的社会风险。

第六章

中国社会主义生态文明进步的
理念布新

中国社会主义生态文明建设与中国共产党以人为本的发展宗旨、中国社会的发展阶段及中国未来的发展前景是紧密联系的。改革开放后,特别是进入 21 世纪后,随着我国经济总量不断扩大,资源要素的制约、生态环境的压力、内外市场的约束相继凸显,导致"成长中的烦恼"不断。在环境保护和生态文明建设的实践中,习近平运用马克思主义基本原理提出了许多独具中国语言色彩、富有中国生态智慧、解决中国环境难题的生态文明思想新命题,产生了内涵十分丰富的生态文明思想。李干杰把它们概括为"八个观":生态兴则文明兴、生态衰则文明衰的深邃历史观;坚持人与自然和谐共生的科学自然观;绿水青山就是金山银山的绿色发展观;良好生态环境是最普惠的民生福祉的基本民生观;山水林田湖草是生命共同体的整体系统观;用最严格制度保护生态环境的严密法治观;全社会共同建设美丽中国的全民行动观;共谋全球生态文明建设之路的共赢全球观。[1] 本章着重研究习近平关于生态文明的"四论":"绿水青山就是金山银山"的"两山理论","腾笼换鸟""凤凰涅槃"的"两只鸟论",不能"竭泽

---

[1] 李干杰.大力宣传习近平生态文明思想推动全民共同参与建设美丽中国[N].中国环境报,
2018-06-07（1）.

而渔""缘木求鱼"的"两条鱼论",以及嵌入"新发展理念"的"绿色发展论"。这些命题是对全球范围内人类社会发展共享、和谐共生、协调共赢辩证思考的理论结晶,是对可持续发展思想的升华、丰富和最新诠释,标志着马克思主义和中国国情相结合达到了一个新的高度,标志着我们党对发展问题的认识达到一个新的高度。

● ♠

第一节　"两山理论":由理念转变实现的平衡发展

出生于 20 世纪 50 年代初期的习近平是与共和国同成长的,他从黄土高坡梁家河到三关雄镇正定,从八闽大地福建到之江水乡浙江,从金融中心上海再到祖国首都北京的四十多年里,正是中国从落后的农业国逐步建立自己的工业体系,进入工业化的过程,正是中国经济在快速起飞中环境保护与经济发展矛盾尖锐化的过程,正是国民从对生态知识知之甚少到逐步树立起生态文明理念的过程。许多学者看到"两山理论"中包含的经济与环境平衡发展的思想,实际上,如果把"两山理论"与习近平早年的知青生活经历和十八大以后治国理政的系列讲话、举措联系起来综合加以研究,我们能在其中挖掘出更多的生态智慧和人文情怀。

一、地方性知识和"两山理论"的酝酿

人类都是在一定的地理背景中生存的,在长期的适应环境过程中,每个地方的人都会总结出一套行之有效的应对自然的方法,从而产生独特的"地方性知识"。"地方性知识是在特定社会背景中产生和由普通百姓在日常生活中使用的知识,是各个民族民间传统智慧的结晶,其中蕴涵着许多生态智慧与生态技能。在地方'情境的逻辑'中去分析与研究当地人对其生态环境与社区经济

发展的理解,可以寻求到一条既能发展地方经济又能维持生态平衡的和谐发展途径。"[1]每一种地方性知识都具有自己的语言解释系统、自己的逻辑推理范式、自己的资料累积途径、自己的社会价值取向,这些知识和智慧与人们所处地区的生态系统互相渗透、互为依存、互为补充,"地方性知识"与"普同性知识"既对立又统一,它携带当地居民与自然抗争,同时与自然和谐的生存基因,凭借生态人类学的理论和方法,可以找到防止生态环境恶化、解决经济和环境矛盾的最佳办法。

中央党校策划组织的系列采访实录《习近平的七年知青岁月》于2016年11月28日在《学习时报》首次刊出后,国内外网站纷纷转载,网友们在微信、微博平台转载和热议,引起社会各界强烈反响。系列采访通过当事人的回忆真实地再现了习近平的知青生活,一方面反映了总书记平易近人的性格、踏实肯干的作风,另一方面也记录了总书记从最基层一路走来,见证了中国从用手工工具搞饭吃到新科技、新技术、新工艺、新材料广泛应用,从一穷二白到建成全面小康社会的发展历程,也展现了人与自然关系的变迁以及人对自然环境认识的变化。

四十多年前,梁家河村偏远、闭塞、交通状况落后,与外界联系靠的是一条弯弯曲曲的泥泞土路,两山夹一川,最狭窄的地方连两个轮的架子车都没法通过。生产能力低下,有经验的当地农民去种田,而没有经验的下放知青成立了一个基建队,主要工作是打坝,即用土坝抬高山口,使山谷里的土地平整,为山多地少的陕北增加一些土地面积,能多打点粮食。当时的农业生产十分落后,主要靠人力,最多凭借简单的锄头、镰刀、铧犁等手工工具。搞农田基本建设打坝也靠人力,先把一层层土铺好,然后直接用手抓住绳子,用沉重的夯石把松软的土砸紧。生活条件艰苦,吃的是粗糙的五谷杂粮,大米等精粮逢年过节都不一定能吃上,没有通电,只能用煤油灯照明。在毫无工业、毫无现代农业可言的20世纪六七十年代的陕北,尽管当地没有任何工业污染,但自然环境与人类生

[1] 袁同凯.地方性知识中的生态关怀:生态人类学的视角[J].思想战线,2008(1):6-8.

存的矛盾却显而易见：由于生产力的极端低下，即便是"苦其心智劳其筋骨"也只能"饿其体肤"，连最基本的温饱都成问题。可见，自然山水不见得天然适合人的生存，自然山水本身不会自动地提高劳动生产力，自然山水更不会主动地迎合人类的需求。只有发挥人的主观能动性，撸起袖子干，才能变"穷山恶水"为"青山绿水"。为了改变当地穷困落后的面貌，习近平主要做成了三件事：第一，打淤地坝。梁家河村地处黄土高原，山上植被稀疏、土壤存不住水分，晴天土地干旱、雨季山洪暴发，水土流失很严重，为此，习近平带领村民建设了较大规模的淤地坝。为了防止打好的坝被山洪破坏，他跑到县上找水利部门现场考察，严格计算好排洪的相关数据，按标准建造排洪沟，既扩大了农田面积又减轻了水患。[1] 第二，修沼气池。习近平做了大队支部书记后，一直想找一个推动经济发展的切入点，当他看到《人民日报》头版有一条四川省很多地方实行沼气化消息后，就多次赴四川学习办沼气的方法，以解决当地缺煤缺柴问题。他指导建设的沼气池是当时全省第一池，梁家河村是全省用沼第一村，全村 70% 以上的农户用上了沼气。[2] 第三，种植蔬菜。以前村里除了土豆，可以吃的菜很少，习近平买来种子，在河滩的 6 亩平地上种了辣椒、豆角、洋柿子、茄子、香菜等，还在村里建起了磨坊、铁业社、裁缝铺、代销店等，改善和方便了村民生活。他利用自己所学的知识，发挥主观能动性，亲力亲为，在遵循自然规律的前提下对自然进行改造，使生活于其间的居民能改善生活条件，提高生活水平。知青生活让习近平切身感受到自然环境好，生产才会有搞头，幸福生活才会有盼头。

二、"两山"比喻到"两山理论"的演进

一般认为，2005 年 8 月 15 日，时任浙江省委书记的习近平到安吉县余村考察民主法治工作，当他得知村里为了杜绝粉尘和泥灰污染村庄，为了还村民一

---

[1] 邱然,黄珊,陈思.习近平的七年知青岁月[N].学习时报,2016－12－03（3）.
[2] 邱然,黄珊,陈思.我和近平一起到四川学习办沼气[N].学习时报,2017－02－10（3）.

个绿水青山，而不惜关停村里的"支柱产业"——矿区和水泥厂时，对此"高明之举"给予了高度评价："当鱼和熊掌不可兼得的时候，要学会放弃，要知道选择。发展有多种多样，要走可持续发展的道路，绿水青山就是金山银山！"[1] 在这次与村民座谈中，首提"绿水青山就是金山银山"这一命题。正是在此次调研基础上，习近平在 2005 年 8 月 24 日《浙江日报》"之江新语"栏目发表了题为《绿水青山也是金山银山》的文章，他写道："我们追求人与自然的和谐，经济与社会的和谐，通俗地讲，就是既要绿水青山，又要金山银山。"[2] 而在他以后的多次讲话中，多次提到这个话题，并添加了丰富的内容。习近平总书记 2013 年 9 月 7日在哈萨克斯坦纳扎尔巴耶夫大学发表了题为《弘扬人民友谊，共创美好未来》的重要演讲，在回答学生提出的关于环境保护问题时，他强调，建设生态文明是关系人民福祉、关系民族未来的大计，中国明确把生态环境保护摆在更加突出的位置。我们既要绿水青山，也要金山银山。宁要绿水青山，不要金山银山，而且绿水青山就是金山银山。我们绝不能以牺牲生态环境为代价换取经济的一时发展。我们提出了建设生态文明、建设美丽中国的战略任务，给子孙留下天蓝、地绿、水净的美好家园。[3] 这是对"两山"思想的高度凝练，并在国际社会传播。习近平 2015 年 3 月 24 日主持召开的中央政治局会议通过了《中共中央国务院关于加快推进生态文明建设的意见》，《意见》把"坚持绿水青山就是金山银山"写入中央文件之中，成为中国推进生态文明建设的指导思想。中国环保部和联合国环境规划署在 2016 年 5 月 26 日召开的第二届联合国环境大会高级别会议上共同发布了《绿水青山就是金山银山：中国生态文明战略与行动》报告，标志着中国"两山"发展理念正式被联合国采纳，成为全球新理念。

"两山理论"主要包括四方面内容：第一，绿水青山基础论。作为清华大学马克思主义理论与思想政治教育专业毕业的博士，习近平熟知马克思关于"自然界是人为了不致死亡而必须与之不断交往的、人的身体""人直接地是自然

---

[1] 黄平,陈毛燕.十年巨变看余村[N].经济日报,2015－06－10(1).
[2] 习近平.之江新语[M].杭州:浙江人民出版社,2007:153.
[3] 杜尚泽,丁伟,等.弘扬人民友谊,共同建设"丝绸之路经济带"[N].人民日报,2013－09－08(1).

存在物""自然界,就其本身不是人的身体而言,是人的无机的身体,人靠自然界生活"[1]等论述,把自然 — 人 — 社会看成是一个有机系统。经历过知青时期对"穷山恶水"的艰苦改造,更懂得良好的自然环境是人们生产和生活的基础和前提,生态环境没有替代品,用之不觉,失之难存。"绿水青山可带来金山银山,但金山银山却买不到绿水青山"。[2]第二,"两山"辩证统一论。习近平认为,浙江有"七山一水两分田"的良好环境,"如果能够把这些生态环境优势转化为生态农业、生态工业、生态旅游等生态经济的优势,那么绿水青山也就变成了金山银山"[3]。习近平在这里首次阐述绿水青山和金山银山之间的辩证关系,两者不是天生一致的,处理得不好,可能会产生尖锐的矛盾,但又可以通过人的努力使之协调统一。第三,"两山"认识阶段论。在安吉余村讲话前后,习近平在浙江丽水、杭州、衢州多地调研时多次说到"两山"的关系,并从实践中总结出人们对"两山"关系认识的发展过程:"第一个阶段是用绿水青山去换金山银山,不考虑或者很少考虑环境的承载能力,一味索取资源。第二个阶段是既要金山银山,但是也要保住绿水青山,这时候经济发展和资源匮乏、环境恶化之间的矛盾凸显出来,人们意识到环境是我们生存发展的根本,要留得青山在,才能有柴烧。第三个阶段是认识到绿水青山可以源源不断地带来金山银山,绿水青山本身就是金山银山,我们种的常青树就是摇钱树,生态优势变成经济优势,形成了一种浑然一体、和谐统一的关系。"[4]第四,"两山"困境破解论。习近平认识到,经济发展和环境保护是传统发展模式中一对"两难"矛盾,我们不能对环境污染和生态破坏采取无所作为的消极态度,坐等经济发展后再来治理,而要善于选择、学会扬弃,做到有所为有所不为,找准方向创造条件,走科技先导型、环境友好型、资源节约型发展道路,落实好环保优先政策,"实现由'环境换取增长'向'环境优化增长'的转变,由经济发展与环境保护的'两难'向两者协调发展的'双赢'

[1]　马克思,恩格斯.马克思恩格斯全集(第42卷)[M].北京:人民出版社,1995:95.
[2]　习近平.之江新语[M].杭州:浙江人民出版社,2007:153.
[3]　习近平.之江新语[M].杭州:浙江人民出版社,2007:153.
[4]　习近平.之江新语[M].杭州:浙江人民出版社,2007:186.

的转变,才能真正做到经济建设与生态建设同步推进,产业竞争力与环境竞争力一起提升,物质文化与生态文明共同发展",[1]把"绿水青山"培育成为新的经济增长点,让绿水青山源源不断地带来金山银山,同时保护好"绿水青山",为生态建设作贡献。

可见,一开始,"两山"的论述只是对经济与社会、经济与环境关系的通俗比喻,以后逐步成熟和定型为"两山理论"。它随着习近平领导地位的提高,影响力也从浙江扩大到全国,扩大到世界。作为"一种发展理念,一种生态文化","两山"思想同时在城乡、区域的协调发展中得到体现,在不同地域的差异发展中得到体现。

三、"两山理论"的延伸与摆脱贫困

中国不仅有绿水青山也有恶水穷山。《气候变化与贫困 —— 中国案例研究》报告有一个重要发现,中国的贫困地区与生态环境脆弱地带高度相关,贫困人口分布与生态环境脆弱区地理空间分布高度一致,在生态敏感地带的人口中,74% 生活在贫困县内,约占贫困县总人口的 81%。全国绝对贫困人口中有95% 是生活在生态环境极度脆弱、生态资源极度贫乏的老少边穷地区。[2]中国的贫困地区一般有三个共同特征:一是自然条件恶劣。大多数地区都较为偏僻,交通不畅,远离经济中心,地理位置十分不利,加上旱、冻、涝、沙、风等灾害频繁,生态环境脆弱。二是资源缺乏,特别是水资源、土地资源等短缺,无论农业还是工业,没有水和土地都无法发展。三是人口增长过快,基础设施薄弱,人的主动性、积极性、创造性不够,教育和卫生等基本社会服务水平低。这从另一侧面为"绿水青山就是金山银山"的命题提供了科学佐证,也为"摆脱贫困""精准扶贫"提出了课题、找准了方向。"消除贫困依然是当今世界面临的最大全球

[1]　习近平.之江新语[M].杭州:浙江人民出版社,2007:223 –224.
[2]　马世铭,孙兰东,等.气候变化与贫困 —— 中国案例研究[R].内部版第 5 页,http://news.163.com/special/00013A7D/climatePoverty.html

性挑战",习近平说:"40 多年来,我先后在中国的县、市、省、中央工作,扶贫始终是我工作的一个重要内容,我花的精力最多。"[1]习近平工作过的地方,有的很发达,有的相对贫困,工作的内容从当知青天天"修理地球",到当国家主席管理整个国家,祖国的山山水水始终是他思考的对象、关心的对象。由于中国的地区差异巨大,所处的经济发展阶段也不同。认真学习习近平的文章和论述可以发现,他的"两山理论"其实还包含着另一个内容,即通过发挥主观能动性自觉地改造穷山恶水,使之更好地适应人的生存,使贫困地区更快地赶上发达地区的步伐。

　　1988 年 6 月,习近平到宁德任地委书记,7 月初就偕同地区几位领导同志走了闽东九个县,还顺带走了毗邻的浙南温州、苍南、乐清等地,9 月份写了一篇名为《弱鸟如何先飞 —— 闽东九县调查随感》的报告。他提出,人们习惯用"老、少、边、岛、贫"五字来描写闽东,这里交通闭塞、信息短缺,发展商品经济显得步履艰难,但地方贫困,观念不能"贫困",不能"等、靠、要""安贫乐道""穷自在",弱鸟有望先飞,至贫可能先富,我们头脑里要先有这种意识,有改变贫困的主动性和勇气,再研究"弱鸟"可否先飞、如何先飞、起飞的要点在哪、方向在哪,把尊重客观规律和发挥人的主观能动性充分结合起来。正如项南在《摆脱贫困》的序中写的:"同贫困作斗争,是一项长期的历史任务。贫困地区要收到经济、社会、生态三方面的效益,没有愚公移山的精神,不从治山治水这个'笨'工作上下功夫,是改变不了贫困落后的面貌的。"[2]在浙江工作时,他主持推出了"八八战略",其中有一条是"进一步发挥浙江的山海资源优势,大力发展海洋经济,推动欠发达地区跨越式发展,努力使海洋经济和欠发达地区的发展成为我省经济新的增长点"。通过协作,发达和欠发达地区相互帮助以共同提高。

　　十八大以来,习近平于 2013 年 2 月初绕过九曲十八弯到甘肃省定西市渭源县元古堆村和临夏回族自治州东乡族自治县布楞沟村,2014 年 1 月 26 日到

---

[1]　习近平.携手消除贫困,促进共同发展[N].人民日报,2015 - 10 - 17(2).
[2]　习近平.摆脱贫困[M].福州:福建人民出版社,1992:3.

内蒙古兴安盟阿尔山市，2015 年 1 月 19 日到全市 11 个区县中有 10 个属于乌蒙山集中连片特困地区的云南昭通市，2016 年 1 月 4 日至 6 日到"集大城市、大农村、大山区、大库区于一体"的山城重庆，2017 年 1 月 24 日到张家口张北县，连续五年的第一次国内考察调研都是到贫困地区。2018 年 2 月，在春节来临之际，习总书记来到凉山彝族自治州、阿坝藏族羌族自治州、成都市等地，考察脱贫攻坚和经济社会发展工作，考察汶川灾后恢复重建发展情况。他不仅从道义上关心困难群众，而且提出"精准扶贫"新理念，使扶贫扶到点上、扶到根上、扶到家里。他把脱贫攻坚作为"十三五"时期的头等大事来抓，表示要坚决打赢脱贫攻坚战，坚决守住民生的最底线，提出通过"发展生产脱贫一批、易地搬迁脱贫一批、生态补偿脱贫一批、发展教育脱贫一批、社会保障兜底一批"[1] 的"五个一批"思路和方法，以实现从"大水漫灌式"的全面扶贫向"滴灌式"的精准扶贫转变，从"输血式"的生活救济型扶贫向提升贫困地区内生动力的"造血式"开发型扶贫转变，开创了扶贫开发的新模式、新战略和新路径。

习近平特别重视"找贫根"，找到根本原因后再因户施策、因人施策、因地施策：有些地方着重"扶志"，通过教育让贫困地区的人摆脱"意识贫困""思路贫困"，"依靠自身的努力、政策、长处、优势在特定领域'先飞'，以弥补贫困带来的劣势"[2]。把人的主观能动性挖掘出来，把人的自觉性积极性挖掘出来。有些地方安排"搬迁"，把一些地处崇山峻岭、交通不便、信息不通、自然环境相对恶劣、不适合人居的地方的居民异地安置到环境相对较好的地方。有些地方考虑"补偿"，一些处于不同生态区边缘交替地带的生态脆弱区，各要素的相互作用强烈，生态系统稳定性差、抗干扰能力弱，不合理开发利用很容易造成生态环境恶化而得不偿失，需要通过财政转移支付和生态补偿给予保护。有些地方强调"开发"，由于历史原因落后了或处于"后发"地区的，要把扶贫和开发相结合，充分利用当地优势资源因地制宜地发展生产、搞活经济。发展一

---

[1] 习近平. 习近平总书记重要讲话文章选编［M］. 北京:中央文献出版社,2016: 290 -292.
[2] 习近平. 摆脱贫困［M］. 福州:福建人民出版社,1992: 2.

直是减贫的根本途径。

对中国这样一个地域广阔、地区差异巨大、自然条件不同的国度,一方面要保护绿水青山,一方面要改造恶水穷山,从而获取"金山银山",实现民族复兴的"中国梦"。

四、"两山理论"的实质与现实意义

习近平用一句话归纳出"两山理论"的实质:就是"守住发展和生态两条底线",平衡经济发展和环境保护的关系。它在理论和实践上都具有重大意义。

1."两山理论"的启蒙价值和实践引导

据笔者文献研究发现,最早出现的"两山"表述来自时任《东南商报》副总编的许雄辉在《时代潮》2001 年第 24 期发表的《一座花园城市的魅力 —— 解读宁波的青春韵味》一文。这篇文章中记载了他采访滕头村的见闻:农家楼前花木葱郁,清香扑鼻,环境优美;在发展过程中为保护环境,5 年拒绝 23 个污染项目;为保护环境,村里成立了全国第一个村级环保委员会,老人和红领巾都被动员起来做了环境监督员。问起经验,滕头人说:"我们是既要'金山银山',更要'绿水青山',正是'绿水青山'给滕头村带来了一个个的'金山银山'。"[1]2002年,张文蔚有篇文章提到去扬州考察时,感觉扬州人很重视环境保护的宣传教育,不断提高市民素质,强化了可持续发展观念,提出"既要小康、又要健康""既要保护环境,又要营造环境"等口号,全市上下树立了"既要金山银山,又要绿水青山""有了绿水青山,才有金山银山""绿水青山就是金山银山"的意识[2];王翰林、张海燕于 2003 年发表了题为《"金山银山"与"绿水青山"变奏曲》的文章,介绍江苏人在 20 世纪 70、80、90 年代的不同阶段思想观念的变化,由于对环境

---

[1] 许雄辉.一座花园城市的魅力 —— 解读宁波的青春韵味[J].时代潮,2001（24）:48 –49.
[2] 张文蔚.保护、营造良好的生态环境 —— 扬州市开展生态市建设的启示[J].福建环境,2002（6）.

保护的重视,促使江苏的经济更好地发展[1];2004年,雷加富在全国森林资源管理研讨班上发表了一个讲话,提到江西省孟建柱书记在江西省林业大会上提出"绿水青山就是金山银山",深刻地揭示了经济发展同林业发展的内在规律和关系等[2]。《之江新语》有篇写于2003年8月8日题目为《环境保护要靠自觉自为》的文章,谈到人们对生态建设和环境保护的认识有一个从自然自发到自觉自为的过程,"只要金山银山,不管绿水青山,只要经济,只重发展,不考虑环境,不考虑长远,'吃了祖宗饭,断了子孙路'而不自知,这是认识的第一阶段"[3]中,就有"金山银山"和"绿水青山"的形容了。可见,那段时间,民间和政界出现了类似的、零星的、口语化的话语表达,而江苏、浙江、福建这些经济发达地区,已经尝到在发展经济中不重视环境保护之苦,正在进行积极反思,这些地区的感受更强烈。而习近平在《浙江日报》"之江新语"栏目中发表大量文章从不同角度阐述这个命题,逐渐形成了思路清晰、较完整的体系,所以确认"两山理论"是习近平的一个创新是有充分的根据的。"两山理论"在思想上具有启蒙意义,更重要的是,通过"生态省建设""八八战略""千村整治,万村示范""美丽乡村建设"等一系列政策和实践,浙江的生态环境变好了,使"干在实处,走在前列"的浙江发展的经验迅速在全国传播,起到了榜样和引领作用。

2.消除经济和环境的对立,变"两难"为"双赢"

在看待和处置生态环境和经济发展矛盾问题上,存在两种观点:其一,西方社会影响最大的是"双零增长"论。早在20世纪70年代,罗马俱乐部通过对人口、资源、粮食、教育、工业化、污染、贫困等全球性问题的系统研究后,发表《增长的极限》这份关于人类困境的报告,认为石油、煤炭、铁矿等不可再生的自然资源的供给的有限性使得经济的增长不可能无限持续下去,为了避免全球灾难的来临,他们提出的对策是经济和人口的"双零增长"。其二,在中国传播相对广泛的是"代价论"。认为出现环境问题是各国经济快速发展阶段的共性存在,

[1] 王翰林,张海燕."金山银山"与"绿水青山"变奏曲[N].科技日报,2003-03-17(1).
[2] 雷加富.在全国森林资源管理研讨班上的讲话[J].林业资源管理,2004(10):1-4.
[3] 习近平.之江新语[M].杭州:浙江人民出版社,2007:13.

我国正处于城镇化和工业化高速发展时期，发达国家在几百年间渐次经历的环境污染和发生的环境问题，在我国压缩到短短几十年内，并常常以突发环境事件的方式集中地爆发出来，有些环境灾难对生命财产造成了极大的威胁和损害。这些环境污染和社会问题，是工业化、现代化不可逾越的阶段、必须付出的代价。"双零增长"和"代价论"有一定的道理，但不是我们想要的结果。如果在生态环境承载力范围内发展经济，在经济发展中注意解决生态环境问题，在经济建设和生态环境保护之间找到一个结合点，实现经济效益、生态效益和社会效益三者相统一的最大化，"两难"是有条件变成"双赢"的。人们经常提到"经济不生态"和"生态不经济"，觉得实体经济的发展必然要付出昂贵的生态和资源代价，生态环境的保持必然会限制经济的发展，把两者对立起来。其实这不是绝对的。如新加坡裕廊工业园，是亚洲最早成立的开发区之一，其开发模式一直是亚洲其他发展中国家借鉴和模仿的对象，这里重化工业云集，却鸟语花香，环境优美。而有些所谓的绿色经济，搞不好也会变成污染源。如近年来，长江流域各省市格外重视旅游产业发展，将精品长江游与本地乡村游结合起来，给长江沿线群众带来了实惠，但"由于配套设施不完善，旅游带来的餐厨垃圾和白色污染无法消解，有些被直接倒入江中，已经成为威胁长江生态的重要污染源"。[1]可见，生态和经济不是决然对立的，而是与只顾经济发展不顾环境保护相对立。要科学地正确地处理好国民经济发展同生态环境保护的关系，牢固树立改善生态环境就是发展生产力、保护生态环境就是保护生产力的理念，更加自觉地推动循环发展、绿色发展和低碳发展，决不以牺牲人类和动植物赖以生存的自然环境为代价去换取一时一地的经济增长。

3.衡量经济的标准不只是 GDP 的总量，还有 GDP 的含绿量

在习近平"两山理论"指导下，经过全省上下一段时间的共同努力，浙江通过实施帮扶开发、统筹城乡区域等发展战略，使淳安、永嘉等 26 个欠发达县在经济总量、财政收入和城乡居民收入水平等主要指标上均超过全国县域经济的

---

[1]　韩振.跳出"生态经济不生态"怪圈[N].新华每日电讯,2016 - 02 - 26（6）.

平均水平,2015 年 2 月 27 日,浙江正式决定给 26 个欠发达县"摘帽",这在浙江历史上具有标志性意义,欠发达县这一"穷帽子"和"旧标签"已退出浙江历史舞台。在新常态下,为了缩小区域发展差距,率先全面建成小康社会,推动 26 个县继续实现跨越式发展,浙江一方面维持原有的扶持政策、财政支持,实施转移支付、结对帮扶及山海协作等扶贫方式的力度,一方面取消对 26 个县的 GDP 总量考核,更加注重生态文明的建设导向,以经济发展速度、发展质量、民生保障、生态环保等指标进行综合排名。对工作表现较好的县予以财政奖励,对经济发展仍无起色的县则罚减 10% 的补助资金。[1] 浙江出台一系列扶持政策,帮助这些地方走出绿色发展、生态富民、科学跨越的新路子,发展特色产业、高效生态农业、生态旅游业、现代服务业等,强化自我"造血"功能,切实增强特色产业竞争力,努力蜕变成"绿富美"。习近平在浙江工作时就提出,要因地制宜,不要不顾当地的情况一味发展工业,而是宜工业则工业、宜农业则农业。浙江领先全国一步消灭贫困县,这既是实施"两山理论"的现实成果,更让人看到了全面建成小康社会的希望。

4.树立绿色发展理念,使生态文化在全社会扎根

浙江已进入新的发展阶段,现在已全面建成小康社会、提前基本实现现代化的步伐,因此,不能盲目地追求速度,给后人留下环境污染的沉重负担,而要追求质量、速度和效益的统一,追求人口、资源和环境三者的有机统一。特别是浙江人多地少、自然资源相对不足,如果走传统的粗放的、外延式的经济发展道路,环境资源将不堪重负,从而会对经济发展与人民生活质量的提高产生适得其反的结果。因此,我们必须既要 GDP,又要绿色 GDP,既要着眼当前,又要考虑长远,牢固树立科学发展观。习近平认为,生态文化的核心是一种价值理念和行为准则,有了它就会自觉地体现在社会生产生活的方方面面。例如,有了生态思想,就会在城市建设中自觉地全面考虑建筑设计、建筑结构、建筑材料对城市生态环境的影响;有了生态思想,就会在产业发展中认真制定和实施清洁

[1] 蒋文龙,朱海洋.浙江 26 个欠发达县"摘帽"［N］.农民日报,2015 –02 –28（1）.

生产和环境保护规划；有了生态思想，就会在产品生产中严格执行绿色环保政策和质量安全标准；有了生态思想，就会在日常生活中自觉善待地球上生存的所有生命和注意我们周边的环境卫生；有了生态思想，就会在现实生活中自觉抵制违法排污、违规建筑、滥砍滥伐、乱捕滥杀等无视生态规律和破坏环境的行为。进一步加强生态文化建设，需要我们长期不懈地努力。

"两山理论"是习近平同志留给浙江的宝贵精神财富，在这一理论指导下，浙江先行先试，从 1.0 版的加快发展升级为 2.0 版的绿色发展，成为全国率先实施绿色发展，为绿色发展理念赋予定位高、目标高、优先级高的省份。我们要在以习近平同志为核心的党中央领导下，继续奋发有为、敢于担当，干在实处、永无止境，走在前列、再谋新篇，深入实施"八八战略"，打好"五水共治""三改一拆""剿灭劣 V 类""四边三化""一打三整治"战斗，照着绿水青山就是金山银山的路子走下去。坚持生态立省、绿色富省、绿色惠民，加快建设资源节约型、环境友好型"两型"社会，促进资源、人口、环境和经济协调发展，构建绿色发展方式和生活方式，推动形成人与自然和谐发展的现代化建设新格局，建设好"两富""两美"浙江。

第二节　"两只鸟论"：由转型升级推动的绿色发展

改革开放以来，浙江的工业化从低门槛、较灵活的家庭手工工场、轻小工业起步，能够走在全国前列，较早进入发达地区的行列，实属不易。由于先天营养不足，浙江经济一直存在结构层次比较低下、经营方式比较粗放的缺陷，导致"成长中的烦恼"不断。进入 21 世纪后，随着经济总量不断扩大，资源要素的制约、生态环境的压力、内外市场的约束紧跟着凸显出来。习近平主政浙江期间，着手推动这些难题的解决。他一方面提出"两山理论"——"绿水青山就是金山银山"，以平衡经济和环境的关系；另一方面提出"两只鸟论"——"腾笼换鸟、凤凰涅槃",以推进经济结构战略性调整和增长方式根本性转变。从时间上看,"两山理论"和"两只鸟论"是同一时期提出的,认真研究两者的内容可以发现,它们是互为因果的,综合起来就是要通过调整结构转型升级达到经济和环境双赢的绿色发展目标。

一、"两只鸟论"中蕴含的绿色发展思想

2002 年至 2007 年习近平在浙江工作期间,正值党的十六届三中全会提出科学发展观重要战略思想,也是浙江开始重视环境保护,提出"生态省建设"和经济从粗放走向集约、从污染走向绿色的转折时期。从公开文献可以看到,无论是在省委全会上作报告、在全省经济工作会议上讲话,还是参加省部级主要领导干部专题研究班发言,他都紧紧围绕着学习贯彻科学发展观展开。"调结构、转方式"是习近平施政浙江的一项重要内容,"两只鸟论"是他这一阶段经济思想的通俗表达。他根据浙江的实际,用要养好"两只鸟"来形象地概括浙江转型发展工作的两项主要内容:"一个是'凤凰涅槃',另一个是'腾笼换鸟'。所谓'凤凰涅槃',就是要拿出壮士断腕的勇气,摆脱对粗放型增长的依赖,大力提高自主创新能力,建设科技强省和品牌大省,以信息化带动工业化,打造先进制造业基地,发展现代服务业,变制造为创造,变贴牌为创牌,实现产业和企业的浴火重生、脱胎换骨。所谓'腾笼换鸟',就是要拿出浙江人勇闯天下的气概,跳出浙江发展浙江,按照统筹区域发展的要求,积极参与全国的区域合作和交流,为浙江的产业高度化腾出发展空间;并把'走出去'与'引进来'结合起来,引进优质的外资和内资,促进产业结构的调整,弥补产业链的短项,对接国际市场,从而培育和引进吃得少、产蛋多、飞得高的'俊鸟'"。[1] 他认为,实现"凤凰涅槃"和"腾笼换鸟"是促进产业进一步提升、推动经济进一步发展的客观趋势和必然选择,而敢于放弃过去熟悉的东西,在新的起点上重新出发,正是主动提高追求

---

[1] 习近平.之江新语[M].杭州:浙江人民出版社,2007:184.

境界的"浙江精神"在新时期的生动体现。

"两只鸟论"中包含了环保、创新、转型、升级等绿色发展的关键内容。习近平认识到,当环境承载力和环境容纳力在饱和边缘、传统的模式不能再持续下去时,就必须寻找一种新的方法。某种经济模式和发展模式的出现背后固然有其时代和历史的必然性及偶然性,然而也有其习惯的路径依赖和惰性的不思进取,如果穷能思变、困能思改,柳暗花明的那天一定会到来。习近平在提出经济转型发展的同时,推动了"平安浙江""文化浙江""绿色浙江""法治浙江"等"四个浙江"和海洋强省建设,把生态建设与其他方面的建设统一起来、结合起来。

二、安吉余村的变化 —— 转型的无奈和收获

安吉余村是习近平提出"两山理论"的所在地,也是养好"两只鸟"的典型代表。20 世纪 90 年代,余村山里蕴藏的优质石灰岩资源,使之成为安吉县规模最大的石灰石开采区,靠山吃山的余村每年有低则 100 多万元、高则 300 多万元的净利润,是全县响当当的首富村,但经济发展以粉尘遮天蔽日、溪水色似酱油、果树生花不挂果、连生命力顽强的山笋也连年减产为代价。采石除了饱尝环境破坏的恶果,村民们还经常遭遇"飞来横祸",短短几年内就因为安全事故先后死了 5 名矿工,村党支部书记胡加仁自己也因炮声震耳而导致一只耳朵失聪。2003 年,安吉提出要创建全国首个生态县的目标,迫使村里陆续关停矿山和水泥厂,半数以上以此谋生的村民失去了工作,断了经济来源,对未来充满了迷惘的村民不得不另谋生路……2005 年 8 月 15 日,时任浙江省委书记的习近平在安吉余村考察时得知村里关停矿山和水泥厂,认为这是"高明之举",给予高度评价,感慨地提出"绿水青山就是金山银山"的论断,并鼓励村民建设资源节约型社会,走可持续发展的、不同于以往的绿色发展之路。

经过十余年的发展,现在走进余村就可发现,这里的村民有的办起了农家乐,村中始建于五代后梁时期的千年古刹隆庆禅院、千年的古银杏、交织生长的

参天水杉、潺潺的溪水、百岁的娃娃鱼、山里浓度很高的负氧离子和采石遗留的矿坑溶洞等吸引着一批又一批城里人来观光或短暂休闲；有的专营农产品销售，外地人除了现场消费，总要带一些土特产回去，农家乐带动了茶叶、笋干、土鸡等农产品销售；有的搞起了漂流，在村里治水的基础上，利用冷水洞水库的河道在山间弯转而下的自然条件，出钱请人加固堤岸、清理溪道，设计了溪道坡度的落差，搞起了荷花山漂流；有的组建观光车队，为方便日益增多的游客，村里人自己开办旅行社，在游客较集中的上海、杭州、苏州之间开通"农家乐直通车"，打通"吃住游行"一条龙服务；有的设计搞生态采摘，开辟许多"园"，使之成为有果可采、有花可赏、有景可游的四季果园，园里开春是白茶采摘，6月第一批葡萄成熟……村民进一步开动脑筋，借助专家学者的外脑，合理设计、科学规划，把生态景观、民俗节庆、农耕文明、地质探险等元素进一步加以整合和提升，形成可游可赏、亦耕亦采、有趣有乐的新型乡村生态经济。村里还发展了以当地毛竹为原料的竹制品工厂，将厂子搬进了工业区，便于统一生产、统一管理、统一治污。当今余村的创收早已是原先开矿、办水泥厂时的几倍，村民在绿色产业中重新找到了职业，找到了发财致富的路子。

从经济业态看，实际上余村依然在"靠山吃山"，但多了个"养山用山"。人永远都无法脱离一定的自然环境而生存，但如何"吃"却大有讲究。以前靠挖石开矿耗费不可再生的自然资源、竭泽而渔式地去"吃"，终究会"坐吃山空"，换来的是生态破坏事故频发，青山满眼疮疤，环境污染让村民身心俱痛，村子不过"独领风骚"数十余年；靠保护自然山水美景而充分利用和享用自然的奉献地去"吃"，才能"源远流长"。余村人守着这一份绿水青山，享受着它带来的生态富矿。"凤凰涅槃"的重点不是慷慨赴死而是向死而生，"腾笼换鸟"的关键不是污染转移而是减少和消除污染。有了转型的痛，更觉新生的甜，学会放弃才会有更多收获。

余村是由倒逼走向主动的又一个典型例子。由于浙江人多地少资源匮乏，逼着企业"无中生有"促进新发展，逼着浙商东奔西走开辟新天地，可以说浙江的活力和实力都是"倒逼"出来的。现如今,现实经济活动中资源要素瓶颈以及国家出台的种种宏观调控政策形成了新的倒逼机制,形成了调整经济结构和转变增长方式的新契机。"逼出了'腾笼换鸟'、提升内涵的新思路,逼出了'借地升天'、集约利用的新办法,逼出了节能环保、循环经济的新转折,从而用'倒逼'之'苦'换来发展之'甜',争取实现'凤凰涅槃、浴火重生'的新飞跃。"[1]

三、飞跃集团的重生 —— 战略的调整和提升

飞跃集团和它的董事长邱继宝在浙江乃至中国民营经济发展中,都是颇具象征意义的一个航标。1982 年,20 岁的鞋匠邱继宝到信用社贷款 300 元,办起了缝纫机配件家庭作坊,4 年后转而生产缝纫机整机。当时,中国国内中低档缝纫机产品市场几乎被几家老牌国有企业垄断,而中高档缝纫机产品市场又几乎被海外厂家全部占领,这么个新闯入者的生存空间异常狭小。他开始艰苦地开拓打拼,一方面提高质量做好品牌,扩大产品在国内的知名度,另一方面背上缝纫机在国外找市场。1989 年成功打入南美市场,签下首批 2 万美元的单子,1995 年至 1996 年成功开辟东南亚和中东国际市场 …… 正当事业做得风生水起时,却接连遭遇了 1994 年墨西哥经济危机、1997 年东南亚金融危机、2008 年全球金融危机三次危机。

特别是 2008 年,在人民币升值、原材料价格猛涨、产品销路不畅等多重因素叠加困扰下,飞跃集团资金链全线吃紧,资产负债率高达 85%,一度面临 20 多亿元债务。被誉为"国宝"企业家的邱继宝从峰顶跌入了创业以来的谷底,极具符号意义的飞跃集团陷入了重重财务危机。如何通过转型升级走出低谷? 转型怎么转? 飞跃的做法是:第一,淘汰低端产品,研发高端产品。2009 年初,邱继宝对缝制设备主营业务重组后成立"新飞跃",逐步淘汰低端客户、低端技术和低端产品,进行"瘦身强体"改革,同时加速研发以家用电脑绣花

[1] 习近平.之江新语[M].杭州:浙江人民出版社,2007:133.

机为代表的中高端产品，集团新开发的特种环保管材和智能化服装吊挂设备等都是浙江省"十二五"重大项目。第二，创新营销渠道，大力开拓国内市场，在已开设的专卖店和电子商务平台基础上，旗下的"飞跃爱家"大举进入电器城和大型超市，并引入电视购物和邮购等营销模式。2010年，"新飞跃"多功能家用缝纫机在国内市场的销量达到10余万台，占据总市场份额的一半。第三，多条腿走路，主副并行。产业过于单一，风险就高度集中。为避免缝制设备"一业独大"的产业格局，转型要围绕的轴是邱继宝提出的"一个坚持，三个不做"："一个坚持"即坚守实体产业和制造业这一根本，因为实体产业是命、是根、是本；"三个不做"即国家不鼓励的不做、产能过剩的不做、5年内做不到行业前列的不做。邱继宝在危机前已经开始试水战略性新兴产业，在对缝制设备产业"瘦身"、主营业务实施重组、砍掉一些研发项目时，他保留了"飞跃双星"和"飞跃中科"两个属于高新技术但非主业的项目，还谋划再生资源综合利用与深加工产业链。一是与新加坡双星集团合资成立的"飞跃双星"，其生产的智能化服装吊挂设备拥有35项发明和实用新型专利，能够帮助服装企业降低两个百分点的生产损耗、提高30%的生产效率，被列为国家级高新技术企业，综合实力已位居亚洲第一、全球第二。二是与中科院计算所合作成立的"飞跃中科"，这是专门研发纺织服装机械电脑控制系统的，其产品一直供不应求。三是成立于2010年5月的"飞跃管业"，曾创造"当年论证、当年投产、当年盈利、当年引进战略投资者"的发展"奇迹"。其生产的特种新型环保节能管材，是传统水泥管道的替代产品，生产原料既可以用新料也可以用再生料，主要技术指标国际领先，已被广泛应用于石化、冶金、核电、城市污水处理等领域。有了缝制设备、高新技术、再生资源这三驾"新马车"，飞跃集团2010年的资产负债率已降到不足30%，负债额不到4亿元。2012年3月全国两会期间，时任中央政治局常委、国家副主席的习近平特意来到浙江代表团驻地看望各位代表，希望浙江要全面把握中央"稳中求进"的工作总基调，开拓创新，围绕着稳增长、调结构、抓改革、控物价、促和谐、惠民生做好各项工作。飞跃集团邱继宝向习近平汇报工作时说："飞跃集团通过转型升级,实现了'凤凰涅槃'。产业链更长了,产业面更宽了,产业层次更高了。不但把缝纫设备继续做精做优,同时在高端制造、资源再利用两大领域有了突破,取得了效益!"习近平回答:"很好! 希望飞跃集团继续做大做强,在转型升级中走在前列!"[1]飞跃这个凭300元贷款起步的大型现代化民营跨国企业集团,邱继宝这个从"草根"变成"明星",再变成"国宝"的企业家,犹如凤凰涅槃,一次次浴火重生。他的秘籍就是要敢于、善于转型升级。

以前"腾笼换鸟"一般都是外延型的,或把厂房建得更高,如一层变六层,单位产值理论上能相应增加六倍;或抬高门槛,关停并转迁,为新型产业腾出空间。而飞跃赋予"腾笼换鸟"以新的含义:一是自换笼中鸟。产业升级了,产业面更宽了,产业层次更高了,产业链更长了,综合竞争力更强了,自身效益增加了。二是引新鸟入笼。让一个行业或相关企业来一起创业,发挥集聚效应,为需要的企业打造全新平台。2016年新年伊始,飞跃集团对原来一区、二区、三区、六区旧厂房进行改造,建设一个"飞跃科创园"。建设飞跃科创园是积极响应"中国制造2025"和省、市关于推进智能制造号召的结果,是"十三五"省级工业转型升级重点建设项目,它正在开创一个工业转型发展的新模式 —— 盘活存量、整合资源,接轨全球商机和高科技,打造浙江第一个4.0方向的智能制造示范园区,一个面向世界的工业4.0智造小镇,助推中小高新技术企业提高全要素生产率。[2]

通过引进一批高端装备制造、节能环保、电子信息、仪器仪表、航空元器件、电子商务等战略性新兴产业,"飞跃科创园"将重组产业链分工,率先实践工业4.0战略,成为台州的"智造中心",成为台州最具潜力和吸引力的高新产业集聚平台之一,成为国内领先的制造业转型升级示范基地,为台州产城融合、调整结构、走新型工业化道路做出新的贡献。如果说飞跃集团从一企独大

[1]　金波,周咏南.习近平寄语浙江:转方式调结构走在前列[N].浙江日报,2012－03－07(1).
[2]　胡文雄.飞跃的转型已上升到国家层面[N].台州日报,2016－01－06(1).

到股份合作是经营之术的话,那么,从"着眼企业抓发展"到"立足产城融合促'双创'",则是企业家的担当之道,是一次精神的转型和飞跃。飞跃的"凤凰涅槃"浴火重生给更多的浙江企业树立了信心、开阔了视野,为浙江经济的长远健康发展积蓄了许多向好向上的正能量。中国社会科学院专家说:"飞跃的转型已上升到国家层面。"变化的是经济环境,不变的是企业家敢闯敢拼的精神,浙江企业家创业初的"四千精神"变成了一个可以传承的基因,代代相传。

转变经济方式实现绿色发展既是攻坚战也是持久战。习近平说:"多年来的实践证明,转变经济增长方式,是解决经济运行中一系列难题的关键,是一个复杂的系统工程,一项长期的战略任务。要真正实现转变经济增长方式的目标,关键是要认识和处理好转变经济增长方式与实现经济增长速度的辩证关系。"[1] 我们要更加深入学习贯彻习近平治国理政的系列思想,通过"腾笼换鸟"和"凤凰涅槃",使青山绿水常在,使金山银山不倒,使绿色发展永续长存。

●●

第三节 "两条鱼论":由环经共进确保持续发展

在发展中如何处理经济和环境的关系,如何使发展具有可持续性,这是世界性的讨论话题,环保悲观主义和环保乐观主义观点各异,争论激烈。习近平用马克思主义唯物辩证法看问题,用"两条鱼论"说明,社会发展的前提是有良好的自然资源环境,基础是激励和促进经济的发展,而目标是改善和提高人类生活质量。

---

[1] 习近平.之江新语[M].杭州:浙江人民出版社,2007:158.

一、古语新说与"两条鱼论"的提出

有两个成语在中国几乎尽人皆知：其一是"竭泽而渔"。语出《吕氏春秋·义赏》。当年晋文公与楚国人在城濮作战，用咎犯"诈"的计谋取得了胜利，但在论功行赏时反而重赏了雍季，因为雍季看到："竭泽而渔，岂不获得？而明年无鱼；焚薮而田，岂不获得？而明年无兽。诈伪之道，虽今偷可，后将无复，非长术也。"[1]雍季向晋文公进言，把池塘的水全部放掉去抓鱼，肯定抓得到鱼，但这么一来池塘明年就不再有鱼了；把沼泽地里的草木烧掉去狩猎，肯定打得到兽，但是这么一来明年就不再有兽了。同样，诈骗和伪善只能在一时得逞，并非长远之计，是没有前途的。《淮南子·本经》说道："逮至衰世，镌山石，锲金玉，摘蚌蜃，消铜铁，而万物不滋。刳胎杀夭，麒麟不游；覆巢毁卵，凤凰不翔；钻燧取火，构木为台；焚林而田，竭泽而渔；人械不足，畜藏有余；而万物不繁兆，萌芽、卵、胎而不成者，处之太半矣。"[2]统治者驱使人民一味地开采山石金玉，挑开蚌蛤摘取珍珠做成饰品，消熔铜铁制成器具，毫无节制地消耗不可再生的自然资源，会使万物不得滋养而耗尽。剖开兽胎杀死幼兽，麒麟就不会再游走；掀翻鸟巢捣毁鸟卵，凤凰就不会再飞翔；焚毁林木猎杀禽兽，放干池水捕捞鱼虾，万物就不能繁衍萌芽了，这正是走向"衰世"的表现。《明史·文震孟传》记载，明朝大臣文震孟曾进谏崇祯帝："先收人心以遏寇盗，徐议濬财之源，毋徒竭泽而渔。"[3]"竭泽而渔"说明自然的不可再生资源是有限的，无节制地使用总有枯竭的时候；自然的可再生资源是需要涵养的，无原则的索取会有不济的危险。其二是"缘木求鱼"。成语出自《孟子·梁惠王上》："以若所为，求若所欲，犹缘木而求鱼也。"[4]当了解到齐宣王最大愿望是扩张疆土，君临中原而安抚四夷，让诸如秦、楚这些大国都来朝贡自己时，孟子说，以宣王现在的做法若要实现自己的愿望，就好像

---

[1] 张双棣，殷国光，等译注.吕氏春秋译注（上）［M］.吉林文史出版社，1987：404.

[2] 顾迁译注.淮南子·卷八·本经训［M］.北京：中华书局，2009：129.

[3] 张廷玉.明史·文震孟［M］.北京：中华书局，1974：6498.

[4] 万丽华，蓝旭译注，孟子著.孟子［M］.北京：中华书局，2007：15.

爬到树上去捉鱼一样,肯定抓不到想要的鱼。"缘木求鱼"说明如果方向不对或办法不对,不可能达到目的。

初步研究表明,谙熟古典文化的习近平曾两次提到这两个成语:第一次是2013年4月,习近平结束了博鳌亚洲论坛年会相关活动,到琼海、三亚等地看望广大干部群众,他深入渔港、国际邮轮港、特色农业产业园考察调研基层工作后,发表了关于生态文明建设的讲话,提出"经济发展不应是对资源和生态环境的竭泽而渔,生态环境保护也不是舍弃经济发展的缘木求鱼,要始终做到保护和发展并举"[1]。第二次是2018年4月26日,习近平到宜昌、荆州、岳阳、武汉以及三峡坝区等地考察,到乡村、企业、社区等地做了调研,沿途听取了湖北、湖南有关负责同志的情况汇报,在武汉发表《在深入推动长江经济带发展座谈会上的讲话》,再次提到"发展经济不能对资源和生态环境竭泽而渔,生态环境保护也不是舍弃经济发展而缘木求鱼,要坚持在发展中保护、在保护中发展,实现经济社会发展与人口、资源、环境相协调,使绿水青山产生巨大生态效益、经济效益、社会效益"[2]。习近平用"两条鱼论"再一次强调发展经济与保护环境必须是辩证统一的,忽视任何一方整个社会都无法持续下去,忽视任何一方全面建成小康都会大打折扣。

二、"竭泽而渔"的现象及其溯因

在我国"竭泽而渔"的事情已经发生或正在发生,这里仅举两个实例。第一,在长期的生产过程中,我国形成了以当地特有的矿产、森林等自然资源开采、加工为主导的产业,作为国家发展所需的基础能源和重要原材料供应地而存在的城市,被称为资源型城市(包括资源型地区)。根据统计,我国共有煤炭、石油、森林工业等各类资源型城市118个(煤炭城市最多,有63座,另有有色金属城

[1] 罗保铭.坚定不移实践中国特色社会主义 —— 深入学习贯彻习近平同志考察海南重要讲话精神[N].人民日报,2013-08-30(12).
[2] 习近平.在深入推动长江经济带发展座谈会上的讲话[N].人民日报,2018-06-14(2).

市 12 座, 石油城市 9 座, 冶金城市 8 座), 约占全国城市总量的 18%, 其中有 30 个资源型城市在东三省, 约占全国资源型城市的 1/4, 覆盖总人口 1.54 亿左右。[1] 资源型城市往往以开采煤炭、有色金属等矿产为主业, 产业结构十分单一, 经过数十年甚至上百年的持续开采后, 许多已经或行将进入资源枯竭期。因采矿形成了大量废弃土地, 这些土地或因地底掏空而塌陷, 或因表面污染而闲置, 或因堆放尾料杂物而废弃, 地区开发强度过大、生产难以为继、地质灾害隐患不断、经济日渐萧条、人民创收增收困难, 引发了社会与环境的综合危机。国家发展改革委员会、国土资源部和国务院振兴东北办公室于 2008 年 3 月确定首批 12 个、2009 年确定第二批 32 个、2011 年确定第三批 25 个, 分三批共确定 69 个资源枯竭型城市 (县、区), 另加大兴安岭 9 个县级单位参照执行, 实际有 78 座城市。

　　第二, 与人民生活密不可分的地下水严重污染或超采, 向人们发出了警告。地下水是河湖湿地生态系统重要的涵养水源, 是一种良好的蓄水介质和一种改善水质的手段, 可以平衡丰枯年水资源的利用; 地下水是诸如草甸植被、水生植被、沼泽植被等陆域非地带性植被即隐域植被的基础性支撑条件。地下水通过流动和植物吸收挥发加入整个水体的循环, 一旦地下水超采, 打破平衡导致地下水位下降, 就会使得非地带性植被演替和区域湖沼湿地系统退化, 从而带来生态系统风险。随着城市人口增加, 城市化、工业化进程的加快, 我国除了土壤和地面水污染严重, 地下水污染也很严重。我国大中城市近一半的城区地下水污染呈加重趋势, 主要分布在华北平原、松辽平原、江汉平原和长江三角洲等地区, 北方城市重于南方城市, 部分城市浅层地下水已不能直接饮用, 并有从点状污染向带状和面状污染发展趋势。此外, 地下水超采问题十分严重, 全国以城市和农村井灌区为中心形成了 400 多个地下水超采区, 西北部分地区由于地下水位埋深下降, 出现了植被退化、土地沙化、荒漠化加剧等问题, 东部平原地下水过量开采产生了区域性的地面沉降等问题。原本东北地区以旱作农业为主, 正常年份灌溉需求量较少, 大部分为雨养, 只有到干旱年份才需灌溉补充。

---

[1]　杜宝贵.资源型地区转型发展的几个重要关系[J].国家治理,2018 (4): 15 - 19.

由于东北的米好吃，销量一直看好，近年来我国东北地区水稻种植面积迅速增加，水稻用水量定额较高，逐年扩大的水稻种植面积带来灌溉用水需求量不断增加，局部地区用水供需矛盾突出。2017年6月，国家发改委、农业部、环保部、水利部等六部委联合印发的《东北黑土地保护规划纲要（2017—2030年）》中指出，近些年东北地区水稻面积逐年扩大，使"松嫩平原和辽河平原浅层地下水超采最为严重，地下水位降落漏斗总面积达到480平方公里，漏斗中心地下水位下降30米—60米"。而华北平原从20世纪70年代开始大规模打井抗旱，随后地下水开采逐步常态化且愈演愈烈。"华北平原每年超采地下水约100亿立方米，超过全国平原区地下水超采量的60%；其中河北省地下水超采最为严重，每年超采约60亿立方米。"[1] 所以在以地下水为水源的地区，必须科学地确定灌溉发展布局与规模，合理开发利用地下水资源，尤其是在旱田发展灌溉，必须做好水资源论证，严格控制地下水开采总量，避免造成地下水超采及相应的生态环境问题。还有海洋渔业过度捕捞、森林资源过度砍伐等问题，就不一一列出。

"竭泽而渔"现象背后的深层原因主要有三个：第一是经济利益的驱使。如自2000年以来，海南的天然林和天然次生林被一轮轮大规模砍伐，原来密密麻麻、郁郁葱葱的天然林被整齐划一的、价格更高的橡胶、槟榔、杧果等经济林取而代之，使山上几乎没有飞禽走兽，没有蝉鸣鸟叫，没有灌木野草，严重破坏了天然林净化空气、涵养水源、调节气候、防风固沙的功能，严重破坏了生物物种的遗传和进化、生物多样性保持、生物更新换代、生态平衡和生态景观。第二，资源利用水平低下。根据国家发改委前些年的数据显示，我国资源利用的总体状况是资源消耗高、单位资源所产生的效益差。我国能源利用效率为33%，比发达国家低10个百分点；石化、有色、钢铁、电力、轻工、建材、化工、纺织8个高耗能行业的主要产品单位能耗比国际先进水平平均高出40%，燃煤工业锅炉运行效率比国际先进水平平均低15%—20%；矿产资源总回采率仅为30%，比世界平均水平低20个百分点；工业用水重复利用率比国外先进水平低15—

---

[1] 唐婷.东北地下水超采严重，专家呼吁勿蹈华北覆辙[N].科技日报，2018－03－22（1）.

25 个百分点；单位建筑面积采暖能耗相当于气候条件相近的发达国家的 2—3 倍；土地资源浪费严重，土地产出率和非农业建设用地产出率均较低。[1] 资源利用有很大的提升空间。第三，人口总量平稳增长。我国的国土总面积不会有很大的变化，在一定时期、一定生产力水平下，土地资源的生产能力是有限的，人口增多必定导致土地超负荷、掠夺式使用，使土地肥力下降，再生资源活力减弱。1994 年，美国学者莱斯特·布朗在《世界观察》杂志上发表名为《谁来养活中国？》的文章，曾一度引起中国国内对粮食安全的极大关注，现在尽管我国粮食产量连续几年增长，但依然不能有半点马虎。为此，国务院于 2014 年 12 月出台《关于建立健全粮食安全省长责任制的若干意见》，明确了地方政府所担负的保障国家粮食安全的责任，实行粮食安全省长负责制。国务院办公厅于 2015 年 11 月 3 日印发《粮食安全省长责任制考核办法》，首次以专项文件的形式对省级人民政府的粮食安全责任进行考核。

习近平多次讲到领导干部要有"底线思维能力"，要善于运用"底线思维"方法。"底线思维"就是客观地设定最低目标，找出最基本的立足点，凡事从坏处准备，这样才能遇事不慌、有备无患，但同时要胸怀最大的期望值，要有积极的进取心，牢牢把握事态变化的主动权，努力争取最好的结果。习近平告诫不"竭泽而渔"与坚持底线思维是一致的，实际上是从生态角度告知全体国民，搞经济建设必须充分考虑生态资源环境的承载底线，充分认识经济发展无限性和生态资源有限性之间的矛盾，以有节制的发展、转型发展、多元发展保持持续性发展。从生态管理角度要求各级领导干部增强忧患意识，做好环境风险评估，提高防范、化解重大风险能力，筑牢生态和社会安全网，准确把握外部环境的变化对我国改革发展稳定带来的新情况、新问题、新挑战，保持经济持续健康发展和社会大局稳定。

---

[1] 国家发展改革委员会．我国资源利用的总体状况，2005－12－29，中国政府门户网站：http：//www.gov.cn/ztzl/2005-12/29/content_141079.htm

三、"缘木求鱼"的怪象及其修正

当前在党和政府的主导和推动下,我国公民的生态文明意识在提升,全社会的环境投入在增加,结合各区域实际政策的措施在出台,环境优化对经济发展的作用在显现,但我国的环境状况是局部有所改善、总体尚未遏制、压力继续增大、形势依然严峻。为了更好地适应经济发展转方式、调结构、稳增长、惠民生的新常态,更好地发挥环境保护在优化经济发展中的作用,更好地统筹各方力量,加大污染源监管,强化政府的环保主体责任,更好地帮助和推动各省市解决新常态下环境保护工作面临的问题,2016 年至 2017 年,中央派出环保督察组对全国 31 个省份进行了第一轮督察,2018 年 10 月 30 日至 11 月 6 日,第二批中央生态环境保护督察"回头看"五个督察组进驻辽宁、吉林、山西、山东、湖北、湖南、安徽、四川、贵州、陕西 10 个省份。在雷厉风行、雷霆万钧的环境整治,特别是在中央环保督察的压力之下,个别地方使出了一些怪招,出现了一些怪象:因担心问责或采取"先停再说""一律关停"等方法消极逃避,或采取假装整改、表面整改、督察组在的时间短期整改等方法敷衍应付,或采取集中停工停业停产等简单粗暴的方法。如为了改善空气应付督察,在中央环保督察组进驻期间,山西太原市迎泽区康乐片区严禁用煤,市民无法采暖过冬;东部某市直接关停所有广告公司做喷漆的项目,导致政府部门和商家做一个展板都找不到喷漆工人;为了改善水质,太湖流域的个别政府"闻印染色变",几乎关停封杀了整个印染行业,很多设备和技术升级换代完成,完全达到环保标准的印染企业也不幸被"冤杀",导致许多印染厂家技术升级步伐被阻。[1] 这些做法既损害党和政府的形象,又给人民群众生产生活带来不便。2018 年 5 月,生态环境部下发《禁止环保"一刀切"工作意见》,特别点出工程施工、生活服务、畜禽养殖、特色产业、工业园区、城市管理、采石采砂采矿等七大重点领域,要实施"一园一策""一厂一策""一事一办"举措,要按时序推进,加强政策衔接,不得简单扩大停产整

[1] 澎湃新闻网.铁腕治污,但不能搞"一律截肢"[N].报刊文摘,2018-04-09(1).

治范围,不得不分青红皂白采取一律停产的方式进行整治,避免短期突击关停;对城市管理中的违规建设、产城混杂、占道经营、噪声污染、路边烧烤、气味扰民等问题,要通过不断提升城市现代化、精细化管理水平去解决;对于采石采砂采矿企业,如果符合环境保护要求又有合法手续的,不得采取集中停产的方式进行整治,对有合法手续但环保没过关的企业,要有针对性的整改措施;对于各类无相关正规经营手续,又无污染治理设施的"小作坊""散乱污"企业,地方则应借力借势综合整治,防止"劣币驱逐良币",以加快淘汰落后产能,促进产业转型升级,推动供给侧结构性改革。

照笔者理解,中央督察组禁止环保"一刀切"的做法正是深刻领会了习近平关于不"缘木求鱼"思想的表现。一个国家和地区的产业业态形成和经济发展都有一定的历史沿革,一个国家和地区的发展都要政府有环境治理的管理责任。过去在以 GDP 考核为导向时,有些地方倾向于充当污染企业的保护伞而敷衍上级检查,现在重视环境考核时有些地方又倾向于不顾企业合理诉求和合法利益,做表面文章,同样是在敷衍上级检查。过去将所谓的"发展"凌驾于百姓的环境权和健康权之上,一味强调发展,是一种错误的政绩观,但走向另一极端,对涉污企业或行业不分青红皂白人为设定关停指标、清退时限,把本可以刮骨疗毒的企业"一律截肢",一味强调环境,是对生态文明建设的误解。不去通过深入细致的调研制定产业政策,引导企业搞清洁生产,淘汰落后产能,促进技术和产品更新换代,只考虑如何假装治污,快速"对付"过关,是一种懒政怠政。有些地方平时对环境破坏和环境污染不作为、慢作为,而为应付督察又乱作为、胡作为。可见,"一刀切"行为是生态环境领域形式主义、官僚主义的重要表现形式,重则会损害当地的经济环境。中央对环保进行督察,是为了传导环保压力、压实工作责任,使地方在环境保护、污染治理和生态文明建设上坚持真改实改、精准治理,树立"四个意识",坚决扛起生态文明建设和生态环境保护的政治责任。

不"缘木求鱼",在保护环境的同时发展经济是生态文明的实质所在,它关系着民族未来。基本资源（如土地面积、人口、自然资源）、经济力量、军事力量和科技力量等，是一个国家看得见、摸得着的物质力量，是一种支配性硬实力，是一个国家强盛和具有国际竞争力的重要标志，其中经济力量是人发挥主观能动性改造自然获取物质资源生活资源的能力，是人类主体与客观对象的连接，是影响军事和科技力量的基础性的力量。实体经济是大国经济稳定增长和发展活力的根基，也是科学革命、技术创新的源泉和载体，当实体经济和产业发展不被注重时，科学进步和技术创新就会失去需求和动力，如果没有重大科学革命技术革新所催生的新兴产业和传统产业的转型发展，就难以适应或支撑国际国内经济周期性变化的波动，从而降低抵御风险和抗击危机的能力。企业是实体经济或产业经济的主要依靠，是经济增长和技术创新的主体，发展经济必须保护企业，必须把握、引领、适应经济发展新常态。随着我国环境容量越来越小、人民群众对美好环境的要求越来越强烈，国家要重点资助清洁能源和可再生能源产业的技术开发，节能、环保、清洁生产、绿色生产一定是企业发展的方向，但也要给其他企业一个明确的预期、一个相对稳定的发展环境，不能以环境保护为由，运动式地粗暴对待合法经营的企业。

不"缘木求鱼"，在保护环境的同时发展经济是生态文明的魅力所在，它关系人民福祉。习近平说，良好的生态环境是最普惠的民生福祉、是最公平的公共产品、是最有活力的生产力要素，人民希望有更舒适的居住条件、更宽阔的活动空间、更优美的生产环境，人民对美好生活的向往，就是我们的奋斗目标。改善生态环境就是发展生产力，保护生态环境就是保护生产力，保护生态环境既是发展问题也是民生问题。但生态环境保护不是为保护而保护、为环境而环境，不是消极被动而要积极主动。没有经济实力作后盾，环境保护既没有资金基础也没有技术支持。在海南视察时，习近平说海南最大的本钱和最强的优势就是独特的生态环境，必须自觉扛起生态担当，做好保护，但保护不是不做任何开发—味地维持原始状态，发展不是不计环境成本唯利是图胡乱开发，而是科学选择绿色、低碳、高科技、高附加值、适应海南经济定位的项目和产业。他强调，海南作为全国最大的经济特区，要以国际旅游岛建设为总抓手，利用全国最大经济特区的发展潜力大和后发优势多的特点，在"增绿""护蓝"上下功夫，努力建成全国生态文明的示范区，争创中国特色社会主义的实践范例，闯出一条跨越式的发展路子，为子孙后代留下可持续发展的"绿色银行"，体现党的国际视野和生态自觉。

四、"两条鱼论"中经济和环境的辩证关系

在环境与经济的关系问题上、在环境保护问题上，世界上有环境悲观主义和环境乐观主义两种观点：罗马俱乐部及其成员是环境悲观主义者代表，他们于 1972 年发表第一个研究报告《增长的极限 —— 罗马俱乐部关于人类困境的报告》(*The Limit to Growth*：*A Report for the Club of Rome's Project on the Predicament of Mankind*)认为，经济增长不可能无限持续下去，因为石油、煤炭等自然资源的供给总量是有限的，传统的高消耗、高污染排放生产方式是以不可再生资源加速耗尽、生态环境严重破坏为代价的，"高增长"模式会使人类与自然环境处于尖锐的对立和矛盾之中，会给人类自身和地球带来毁灭性灾难。报告构建了包括世界人口增长、粮食生产、资源消耗、工业发展和环境污染等 5 项基本因素在内的世界系统运行模型，预言到 20 世纪末或 21 世纪，全球增长将达到极限，并将连续不断受到自然的报复，只有改变这种增长趋势并建立稳定的生态和经济的条件，实现人口和经济"双零增长"才有可能支撑遥远未来的发展。《增长的极限》一出版就大卖，引起了公众的极大关注。此后陆续出版的《人类处在转折点》(1974)、《重建国际秩序》(1976)、《人类的目标》(1978)、《微电子学和社会》(1982)等从各角度深入阐述了这派的观点。后来，保罗·埃尔利希提出一个更简化的公式：$I = P \times A \times T$，I 代表影响力，P 代表人口，A 代表财富，T 代表技术，提出人类对环境的影响力等于人口、财富和技术的乘积，人口越多、财富越多、技术越先进对环境资源的危害也越严重，为了保护自然环

境,必须控制世界人口,降低生活标准,限制新技术的使用。与此相反,环境乐观主义者的代表如朱利安·林肯·西蒙则认为罗马俱乐部用技术分析的方法去预测未来有许多难题,往往与历史的实际进展相差甚远,他逐条反驳了悲观主义者的观点,认为几十年过去了,矿产资源没有比过去更短缺,"自然资源的供应在任何一种经济意义上说都是无限的"[1],随着科技的发展人类还可以找到更廉价高效的能源如核能,另外价格也会对原材料进行调节,从而抑制对一种物品过多过快的消耗,以达到供需平衡。自创世纪以来,地球上的人口一直在增长,不要"夸大了人口增长的威胁,煽动人们对人口的恐惧心理"[2],人固然会消耗资源但同时也能创造财富。说经济越发达造成的污染越多、污染的总量取决于整个工业的规模也不是绝对的,环境恶化只是工业化过程中的暂时现象,治理得当,污染是可控的。许多西方学者都认为经济与环境犹如跷跷板的两端,之间存在不可避免的替代关系,要提高环境舒适度就必须付出经济的代价,要发展经济就必须忍受环境恶化的折磨。

"两条鱼论"是习近平用马克思主义唯物辩证法指导中国特色社会主义生态文明建设的生动体现。他看到,"生态环境保护和经济发展不是矛盾对立的关系,而是辩证统一的关系","要深刻理解把握共抓大保护、不搞大开发和生态优先、绿色发展的内涵。共抓大保护和生态优先讲的是生态环境保护问题,是前提;不搞大开发和绿色发展讲的是经济发展问题,是结果;共抓大保护、不搞大开发侧重当前和策略方法;生态优先、绿色发展强调未来和方向路径,彼此是辩证统一的。"[3]可持续发展的核心就是要协调经济增长与人口增长、资源消耗、环境污染之间的关系,也就是要科学处理好"两条鱼"的关系,并把握两个重点。

1. 推动资源型城市转型

2007 年 12 月 24 日,国务院发布《国务院关于促进资源型城市可持续发展的若干意见(国发〔2007〕38 号)》,国家发改委为支持资源枯竭城市转型,专门

---

[1] 朱利安·林肯·西蒙著. 没有极限的增长[M]. 江南,等译. 成都:四川人民出版社,1985:37.
[2] 朱利安·林肯·西蒙著. 没有极限的增长[M]. 江南,等译. 成都:四川人民出版社,1985:165.
[3] 习近平. 在深入推动长江经济带发展座谈会上的讲话[N]. 人民日报,2018-06-14(2).

设立了资源综合利用、就业吸纳安置、多元化产业体系培育等多个专项投资项目，中央财政给予预算内财力性转移支付，促进资源型地区平稳、有序与健康转型。2010 年 12 月，国家批准设立山西"资源型经济转型综合配套改革试验区"，这是全国唯一的"全省域、全方位、系统型"国家级综合改革配套试验区，目的是开展试点工作，为资源枯竭型城市转型提供实践经验。2013 年 11 月 12 日，国务院印发《全国资源型城市可持续发展规划（2013—2020 年）》（国发〔2013〕45 号），规划将资源型城市划分为成长型、成熟型、衰退型和再生型四种类型，正视差异、突出重点、分类指导、特色发展。大幅提高历史遗留的矿山地质环境的恢复治理率，对矿山开采损毁的土地全面复垦利用，有效控制污染物排放总量和重金属污染，基本恢复重点地区的生态功能。统筹重要资源开发与保护，优化资源开发布局，培育扶持优势替代产业。提出到 2020 年，要基本解决资源枯竭、城市历史遗留问题，转变经济发展方式，取得实质性进展，基本完成转型任务，经济社会发展相协调、地区资源开发与生态环境保护相统一的格局基本形成，建立健全促进资源节约型城市可持续发展的长效机制，可持续发展能力显著增强。

资源枯竭型城市转型是世界性的难题，发达国家有大量成功的案例，如美国匹兹堡把沿江两岸的炼钢厂都改造成公园，使这座老工业基地"锈带"中的重镇变身为文化与艺术名城，成为"复兴型"范例；曾以煤炭、钢铁、化学工业发达而声名远播的德国鲁尔区，推出新的区域经济政策，大力发展休闲、健康、生物医药、IT 和信息产业，成为"转型型"范例。在我国，资源枯竭型城市都在寻找转型的突破口，变化也有目共睹。如第一批列入的大兴安岭，一方面大量植树造林以遏制森林资源枯竭的势头，另一方面通过发展养殖、林下种植、产品采集加工等特色产业，有效对冲了停伐减伐木材对主营业务的损失；一方面与科研院校合作，向种养殖户传授森林猪、兴安雪菊、中草药、蜜蜂等种养殖技术，搞雪乡旅游、餐饮服务，培育新业态，另一方面组建绿色产业联盟，全区林产品加工企业统一使用"大兴安岭"品牌，抱团闯市场，合力促销售。第二批列入的甘肃玉门市,找了转型主线,统筹推进体制机制、发展动能、生态建设、城乡发展和民生保障"五大转型",实现了由石油"鬼城"到"国家园林城市"的华丽转身。第三批列入的河南濮阳市,确立了"规划引领、产业支撑、项目带动、油地合作、民生改善"思路,以转型促发展、以发展带转型,培育壮大接续替代产业、加强生态环境建设、完善提升城市功能,十年转型,荣获了全国文明城市、国际花园城市、中国人居环境范例奖等荣誉,并被列为全国生态文明先行示范区建设试点市。十九大报告明确提出支持资源型地区经济转型发展,为这些地区提供了强有力的后盾。资源型地区转型发展的核心问题是产业转型。2018年9月,习近平在东北三省考察实地了解东北振兴情况后,强调了东北地区在维护国家国防安全、能源安全、粮食安全、产业安全、生态安全上的重要战略地位,希望东北能重塑环境全方位振兴,形成对国家重大战略的坚强支撑。从2008年开始,10年来,我国资源枯竭城市转型已取得阶段性成果,资源枯竭城市充分发挥中央预算内投资和财政转移支付资金的"撬动作用",逐步改变资源型产业"一业独大"的产业格局,加快培育多元并举、多极支撑的产业体系,走上可持续发展的良性轨道,使城乡人居环境发生根本性变化。[1]

2. 着力落实好两项制度

为了最大限度地防止"竭泽而渔",2013年《中共中央关于全面深化改革若干重大问题的决定》从党和政府环境管理角度提出两项制度:"探索编制自然资源资产负债表,对领导干部实行自然资源资产离任审计。"近年来,在资源和环境双重压力下,越来越多的国家和地区尝试将自然资源资产列入国家资产负债表,自然资源资产负债表成为未来国家环境经济核算体系和经济统计体系的重要组成部分。编制自然资源资产负债表是以核算账户的形式对全国或一个地区主要自然资源资产的存量以及增减变化进行分类核算,以较准确把握经济主体对自然资源产权的占有、使用、消耗、恢复和增值的活动情况,为政府政绩考

---

[1] 张鸿昊,杨守华. 我国资源枯竭城市转型已取得阶段性成果[N].2018－12－15.中国财经网 http://finance.china.com.cn/news/20181215/4840244.shtm

核评估、地区环境与发展综合决策、领导干部自然资源资产离任审计等提供重要依据。2014 年 7 月,德稻环境金融研究院(IGI)与三亚市政府合作,在全国率先探索城市自然资源资产负债表编制。2015 年 2 月,三亚发布了其自然资源资产负债表的初步成果。11 月底,国务院办公厅印发《编制自然资源资产负债表试点方案》,标志着探索编制自然资源资产负债表工作正式启动。2015 年出台的《生态文明体制改革总体方案》将内蒙古的呼伦贝尔市、湖南的娄底市、浙江的湖州市、陕西的延安市、贵州的赤水市等 5 个市率先纳入领导干部自然资源资产离任审计试点。2017 年 6 月出台的《领导干部自然资源资产离任审计规定(试行)》标志着由试点进入全面推开阶段,向规范化、制度化、科学化更进了一步。审计内容从最初的围绕森林、矿产、土地、水等 4 个要素,拓展为森林、土地、水环境、水资源、海洋、草原、矿产、土壤、大气等 9 个要素,着重对资源环境管理行为进行分解,在审计中实现了对资源环境的要素和行为的全覆盖。由于自然资源具有耗竭性和可更新性,如何对其进行确认与计量、如何在国家资产负债表中披露与列示等细节上存在着诸多难题。自然资源和生态环境的涉及范围太广,自然资源资产离任审计是问责还是评价,指标体系和总体评价的科学性如何等问题都有待进一步探讨,但这两项制度对官员生态意识的提高、经济发展方式的改变、阻止破坏环境事件的发生都起着有效的作用。

第四节　"新发展理念"与中共发展理论的演进

20 世纪 90 年代后,整个世界的发展理念都在转变,正如联合国教科文组织认为的,"发展越来越被看作是社会灵魂的一种觉醒",每过一个阶段,人们就会带着新的问题、面向新的未来站在新的发展起点上。发展是当今世界的主题,也是当代中国的主题。发展从人类整体角度看是世界范围内实现现代化的过程,从中国特殊国情看是全面建成小康社会,实现社会主义现代化的过程。发展是中国共产党人不变的价值追求。中国共产党自成立起就不断探索中国的发展之路：中国共产党领导全国夺取了新民主主义革命的胜利，建立起社会主义基本制度，为中华民族的发展提供了前提和条件。接着"摸着石头过河"，突破了过去计划经济的僵化体制和观念窠臼，及时转变发展策略和方针，找到了一条具有中国特色的社会主义建设道路，实现了社会主义同市场经济的结合，使中国的发展凯歌行进，中国成为世界第二大经济体。党的十八大以来，以习近平同志为核心的党中央着眼新的发展实践，深入推进党的理论创新，在发展目标、发展动力、发展布局、发展保障等方面形成了一系列新理念新思想新战略。当前，中国的发展成就前所未有、发展机遇前所未有、面临的挑战前所未有，我们党正在深刻认识我国发展出现的新的阶段性特征的基础上，全力推进新型工业化、城镇化、信息化、农业现代化工业化和绿色化。

一、十八大前中共发展理论的"四形态"

"形态"是指客观事物、社会历史和人类认知在一定条件下的表现形式，或存在的客观样貌。发展理念作为一种认识形态，内含着独特的结构性要素，有时——时间尺度、形——空间尺度、态——变化性状三种属性，且三种属性以某种固有的逻辑相互关联着，有自身的运行和变化规律。十八大前，中共发展理论可凝练为四个命题，笔者称之为"四形态"，命题中的生态含量占比一个比一个多、一个比一个大。

1. "社会主义革命的目的是为了解放生产力"

毛泽东一生忧国忧民、为国为民，怀揣救亡革新、改造社会的远大志向，带领中国人民取得了新民主主义革命的伟大胜利，建立了无产阶级专政的新政权。1949年3月在河北省平山县西柏坡村举行的中共七届二中全会上，毛泽东提出在夺取全国胜利的局面下，党的工作重心必须由乡村移到城市，城市工作必须以生产建设为中心，党必须采取正确的政策，使中国由农业国转变为工业国、由新民主主义社会向社会主义社会发展。为改变国家贫穷落后面貌，新中国成立初，毛泽东带领全党全国人民进行了对农业、手工业、资本主义工商业的社会主义改造，开始了"五年计划"，为社会主义的发展奠定了经济和制度的基础。毛泽东明确了发展方向是建设强大的社会主义国家，"社会主义革命的目的是为了解放生产力"。[1]"我国人民应该有一个远大的规划，要在几十年内，努力改变我国在经济上和科学文化上的落后状况，迅速达到世界上的先进水平"[2]。发展的主体是"一定要努力把党内党外、国内国外的一切积极的因素，直接的、间接的积极因素，全部调动起来"[3]。发展的动力是社会主义基本矛盾，"没有矛盾就没有运动。社会总是运动发展的。在社会主义时代，矛盾仍然是社会运动发展的动力"[4]。而我们国内的主要矛盾已经是人民对于建立先进的工业国的要求同落后的农业国的现实之间的矛盾，已经是人民对于经济文化迅速发展的需要同当前经济文化不能满足人民需要状况的矛盾。快速巩固新生的社会主义国家政权，发展社会主义经济，探索一条与苏联模式不同的社会主义道路，自力更生自立于世界民族之林，是这个时期的主要任务。但后来，由于"文化大革命"的暴发，我们的主要任务偏离了经济建设的中心。

2."发展才是硬道理"

粉碎"四人帮"后，党的十一届三中全会结束了"以阶级斗争为纲"的口号，把党和国家的工作重心重新转移到经济建设上来。邓小平认为，当今世界的主题是和平与发展，作为改革开放的总设计师，他围绕"什么是社会主义，怎样建设社会主义"这一根本问题进行深入探索。在邓小平看来，第一，社会主义的中心任务是解放和发展生产力。"贫穷不是社会主义，发展太慢也不是社会主义，只有集中精力、聚精会神搞建设才能促进生产力发展，才能表明社会主义的优越性；社会主义的优越性归根到底要体现在它的生产力比资本主义发展得更快

[1]　毛泽东.毛泽东文集（第7卷）[M].北京:人民出版社,1999:2.
[2]　毛泽东.毛泽东文集（第7卷）[M].北京:人民出版社,1999:2.
[3]　毛泽东.毛泽东文集（第7卷）[M].北京:人民出版社,1999:44.
[4]　毛泽东.毛泽东文集（第8卷）[M].北京:人民出版社,1999:133.

一些、更高一些,并且在发展生产力的基础上不断改善人民的物质文化生活。"[1]
中国要坚持社会主义制度,关键在于必须实现我们的发展战略,争取更快的增
长速度。第二,中国解决所有问题的关键是要靠自己的发展。一方面要解放思
想、实事求是、团结一致向前看,清除人们头脑中的"左"的倾向,通过各方面的
改革,把生产力从僵化的社会体制下解放出来,另一方面看到在全球化的浪潮
前,整个世界更加开放了,中国要独立自主,但这不意味着关起门来搞建设,我
们要学习世界先进的科学技术、先进的管理经验,才能赶上和超越世界先进水
平。改革开放是决定中国命运的关键一招,是加快发展的根本条件和动力。第
三,发展才是硬道理。邓小平提出计划和市场都是经济手段,资本主义有计划,
社会主义也有市场,市场多一点还是计划多一点,不是资本主义和社会主义的
本质区别。找到了各种形式的国度间,社会发展中存在的共同的运行体制,以
此解开了过去困扰国人头脑的姓"社"姓"资"的死扣。他提出判断各方面工作
的"三个有利于"标准。即要看是否有利于提高人民的生活水平、是否有利于发
展社会主义社会的生产力、是否有利于增强社会主义国家的综合国力。提出打
破"一大二公""平均主义""吃大锅饭"的分配体制,让一部分人先富起来,以
先富带后富,走共同富裕的发展道路。

3."发展是执政兴国的第一要务"

随着改革开放的不断深入和社会主义市场经济的快速发展,中国社会发
生了广泛而深刻的变化,旧的平衡已经打破,新的平衡尚待建立,在世纪之交,
江泽民从全面总结党的历史经验和如何适应新形势新任务的要求出发,阐述了
"三个代表"重要思想,并指出,我们共产党要承担起推动中国社会发展的历史
使命和时代重任,就必须牢牢抓住发展这个执政兴国的第一要务,改变一切束
缚发展的做法和规定、冲破一切妨碍发展的思想和观念、革除一切影响发展的
体制和弊端,集中起全国人民的聪明智慧和力量,一心一意谋发展、聚精会神搞
建设,立足中国现实,顺应时代潮流,不断开拓促进先进生产力和先进文化发展

---

[1] 邓小平.邓小平文选(第3卷)[M].北京:人民出版社,1993:63.

的新途径。总之,"解决中国的所有问题,关键在发展;解决人们的思想认识问题,说服那些不相信社会主义的人,坚定人们对社会主义和祖国未来前途的信念与信心,最终也要靠发展"[1]。江泽民强调三点:第一,发展是我党获得执政合法性和实现长期执政的关键所在。我们党"能不能解决好发展问题,直接关系人心向背、事业兴衰"[2]。第二,处理好改革、发展、稳定的关系。江泽民把改革、发展、稳定的关系作为关系全局的重大问题的总纲提了出来,改革是动力,是社会主义制度的自我完善和发展,没有改革,不可能开辟和拓展中国特色的社会主义道路;发展是硬道理,是解决中国所有问题的关键,没有发展不可能实现社会主义现代化;稳定是前提,发展和改革必须要有稳定的政治和社会环境,没有稳定,改革和发展一切都无从谈起,一切都无从进行。江泽民1995年在党的十四届五中全会闭幕时的讲话、1997年在十五大报告和1998年在纪念十一届三中全会20周年大会的讲话中都强调:必须把改革的力度、发展的速度和社会的承受程度统一起来,在改革、发展中保持社会政治的稳定,在社会政治稳定中推进社会的改革、发展。要实现我们党的奋斗目标和战略任务,必须牢牢把握,抓住机遇,深化改革,扩大开放,促进发展,保持稳定的大局。第三,创新是一个民族进步的灵魂。当今世界的竞争,实质是制度质量、知识总量、科技当量和人才标量的竞争,归根到底,是综合国力的竞争。科技是第一生产力,是经济社会发展的巨大动力。中国发展的唯一选择是走自主创新之路,建设创新型国家,创造、发明、发现最先进的科技,并运用到实际生产中去,才能实现社会生产力的跨越式发展。创新是一个民族进步的灵魂,是一个国家兴旺发达不竭的动力。江泽民在1995年全国科学技术大会上讲道:"创新是一个民族进步的灵魂,是一个国家兴旺发达的不竭动力。科技创新越来越成为当今社会生产力解放和发展的重要基础和标志,越来越决定着一个国家、一个民族的发展进程。如果不能创新,一个民族就难以兴盛,难以屹立于世界民族之林。"[3]他提出改革要有

[1]　江泽民.论"三个代表"[M].北京:人民出版社,2001:123.
[2]　江泽民.江泽民文选(第3卷)[M].北京:人民出版社,2006:538.
[3]　江泽民.江泽民文选(第3卷)[M].北京:人民出版社,2006:392.

新思路,开放要有新局面,发展要有新突破,各项工作要有新举措,从而丰富了社会主义现代化建设的理论和实践。

4.科学发展观

科学发展观的提出,标志着马克思主义和中国国情相结合达到了一个新的高度,标志着我们党对发展问题的认识达到一个新的高度。党的十六大以来,胡锦涛同志总结当下中国发展实践,适应中国发展要求,借鉴同期外国发展经验,立足于社会主义初级阶段基本国情,提出科学发展观的战略思想,党的十七大把"科学发展观"写入了新党章,上升为我们党的指导思想。科学发展观进一步深化了对社会主义建设规律、共产党执政规律和人类社会发展规律的认识,试图从执政理念上解决当今中国如何实现又好又快发展的问题,是新时代党的执政理念的升华和新飞跃。科学发展观有四方面要点:首先,第一要义是发展。牢牢抓住经济建设这个中心,聚精会神搞建设,一心一意谋发展,不断解放和发展社会生产力,要创新发展理念、破解发展难题、把握发展规律、提高发展质量、转变发展方式,实现又好又快发展,为巩固中国特色社会主义制度和全面建设小康社会打下坚实的物质基础。其次,核心是以人为本。大力扭转以 GDP 为中心的发展观和政绩观,把党和国家一切工作的出发点和落脚点始终放在维护好、实现好、发展好最广大人民的根本利益上面,尊重人民主体地位,发挥人民首创精神,保障人民权益权利,满足人民合理要求,促进人的全面发展,走共同富裕的道路,做到发展为了人民、发展依靠人民、发展服务人民、发展成果由人民共享。再次,基本要求是全面协调可持续。全面是指各方面全方位的发展,而不是片面的、不计代价的、竭泽而渔式的发展。协调是尽力消除生产力发展不平衡,使各个方面的发展相互适应,实现良性互动。可持续是要解决好我国能源、资源、环境瓶颈制约日益突出和经济发展与人口资源环境的矛盾日益突出的问题,使发展进程更加持久、政治局面更加稳定、民主法治更加健全、经济文化更加繁荣、科教文卫更加进步、人民生活更加殷实、自然社会更加和谐。最后,根本方法是统筹兼顾。既要抓住事关群众利益、牵动全局的主要工作的突出问题，又要总揽全局，统筹规划，做到统筹城市乡村发展、统筹经济社会发展、统筹区域区位发展、统筹人与自然和谐发展、统筹国内发展和对外开放等"五个统筹"，充分调动一切积极因素，着力加强经济社会发展的薄弱环节。

二、"新发展理念"与中共发展理论的新探索

发展理念之所以重要，就因为它对发展实践会产生全局性、根本性、主导性的影响，就因为它对发展道路、发展模式和发展战略会产生持续的稳定的长期的作用。习近平总书记在 2015 年 10 月召开的十八届五中全会上提出创新、协调、绿色、开放、共享五大发展理念，并把它写进"十三五"规划建议之中。这"五大发展理念"是改革开放 40 多年来我国发展经验的集中体现，是我国发展方向、发展思路、发展着力点的集中体现。

中国未来的发展要以创新为先，创新是引领发展的第一动力。"创新是一个民族进步的灵魂，是一个国家兴旺发达的不竭动力，也是中华民族最深沉的民族禀赋。在激烈的国际竞争中，惟创新者进，惟创新者强，惟创新者胜。"[1] 中国经过改革开放后持续 40 年的高速发展，而新一轮科技和产业革命创造的历史性机遇，催生着"互联网+"、3D 打印、共享经济、智能制造等新业态，改造着传统产业的组织结构和管理形式。今后的发展必须以"全面改革"来破局，以"创新驱动"来推进，依靠技术变革实现精工制作、提高生产要素的产出率，依靠科技进步改变社会组织结构、聚集内在动力促进经济增长。科技创新是国家核心竞争力之一，是全面创新的"牛鼻头"和"火车头"，科技创新需要理论创新、范式创新、制度创新、文化创新的同步保障和支持。以理论创新激发整个自然和社会科学领域的革命性飞跃，探寻发展方法论依据；以范式创新构建一套共同体成员共同享有共同遵从的理想信念、价值目标和行为方式的集合体，为发展

---

[1] 习近平. 在欧美同学会成立一百周年庆祝大会上的讲话[N]. 人民日报，2013 - 10 - 22（1）.

提供可借鉴的模型；以制度创新扫清发展过程中的体制机制障碍，为新常态下的变革开辟道路；以文化创新永葆民族刻苦拼搏、奋发向上的精神动力、主体活力，为发展提供不竭的思想源泉、智慧潜能。

中国未来的发展要以协调为轴，协调是持续健康发展的内在要求。轴是穿在轴承或齿轮中间的圆柱形物件，是支撑转动零件并与之一起回转以传递运动、扭矩或弯矩的机械零件，轴一旦变形或损坏，轻则影响机器的性能、精度、运转，重则导致停摆、滞行。协调就是运用辩证法、善于"弹钢琴"，抓住不同时期出现的重点问题和主要矛盾，妥善加以处理，尽可能避免"按下葫芦浮起瓢"，在保持轴的平衡的基础上，使整个国家之轮既快又稳地转运，驱动社会文明之车既快又好地向前。1956 年 4 月，毛泽东在听取了中央工业、农业、运输业、商业、财政等 34 个部门的工作汇报后，研究了苏联模式的优势和缺陷，总结了我国社会主义建设和改造中出现的问题，提出了发展中需要协调的带有全局性的"十大关系"。现在这十大基本关系在某种程度上依然存在，不过在新的历史条件下变得更加复杂，如农、轻、重的关系变身为新型工业化、农业现代化、信息化、城镇化和绿色化同步发展，沿海和内地的关系变身为西部大开发、中部崛起、振兴东北老工业基地以缩小与东部沿海发达地区的差距，经济建设和国防建设的关系变身为在和平与发展的国际背景下要注重增强国家硬实力与提升国家软实力并重。此外，把分配关系、中央和地方关系、民族关系、是非关系、政党关系等都要放在中国特色社会主义事业总体中进行布局，注重发展的整体效能。

中国未来的发展以绿色为要，绿色是人民对美好生活追求的重要内容，也是可持续发展的必要条件。绿色是大自然的本色，绿水青山是大自然赠予人类的最好礼物，恶劣的自然环境不仅不宜于人居住，同样不宜于生产。所以要遵循自然规律，坚持保护优先、自然恢复为主，筑牢生态安全屏障；要贯彻节约资源和保护环境的基本国策，坚定走生产发展、生活富裕、生态良好的发展道路；要把保障人民健康和改善环境质量作为地方政府更具约束性的硬指标，以完善的政策制度来保证推动绿色发展；要遏止生态环境恶化势头，筑牢绿色发展底线，让百姓能"望得见山、看得见水、记得住乡愁"，诗意地栖居在"美丽中国"的大地上。

中国未来的发展以开放为平台，开放是国家繁荣发展的必由之路。在全球化浪潮下，中国的发展离不开世界，世界的发展也离不开中国。开放是一方舞台。在开放中，中国积极走出去参与联合国、二十国集团、亚太经合组织、上海合作组织等国际治理机制，扩大了在国际事务中的影响力；在开放中，中国企业大胆"走出去"，以全球视野配置资源，培育出一流的国际化企业和中国品牌，开放的主动必将赢得国际竞争的主动和国内发展的主动。开放是一种眼界。在开放中，我们向国外学习了先进的科学技术和管理经验，促进了思想文化交流，增进了相互信任和理解，树立起命运共同体意识，优势互补、互通有无、互利共赢，在谋求自身发展中促进各国共同发展，不断扩大共同利益汇合点。开放是一个胸怀。我国的开放是双向的，一方面扩大产品出口，另一方面大量招商引资；一方面致力于维护本国经济社会的利益，另一方面履行大国义务和承担国际责任，着眼于建构公平公正的国际关系新秩序。

中国未来的发展以共享为本，共享是新时代中国特色社会主义的本质要求。邓小平认为，社会主义的本质特征是解放和发展生产力，消灭人剥削人的现象，消除社会中的两极分化，最终达到共同富裕。习近平提出，要让发展成果普惠到每一个中国人，让每个人都享有梦想成真的机会、人生出彩的机会、同祖国和时代一同成长进步的机会。这都是"共享"的要义。共建共享是全体社会成员期盼的美好理想，立党为公、执政为民，全心全意为人民服务的宗旨是保持党的先进性的根本要求。

三、"新发展理念"与绿色发展践履

中共历届领导人自觉把发展作为执政兴国的第一要务。中共发展理论既是与时俱进又是一脉相承的，中国的发展实践既是充满坎坷艰辛又是持续进步上升的。

读毛泽东的著作时，笔者有两个很深的印象：一是强调速度，怀着一种急迫的心情，要赶英超美。英美是世界上两个经济发达的资本主义国家，是工业化走在前列的国家。斯大林模式从发展模式看也是力图采用工业化的方式，从快速发展重工业入手，力图更快地在科学技术上、在工业成就上达到世界先进水平。区别是，老牌资本主义国家走上工业化经历了上百年的时间，是在不断的积累中逐步完成的，有足够的时间去处理工业化出现的社会和环境问题，而我们却用十几年最多是几十年时间来赶超，快速发展的弊端也快速显现出来。二是强调钢铁。如毛泽东在 1956 年 8 月 30 日召开的党的八大预备会议上的讲话说："过去人家看我们不起是有理由的。因为你没有什么贡献，钢一年只有几十万吨，还拿在日本人手里。国民党蒋介石专政二十二年，一年只搞到几万吨。我们现在也还不多，但是搞起一点来了，今年是四百多万吨，明年突破五百万吨，第二个五年计划要超过一千万吨，第三个五年计划就可能超过两千万吨。我们要努力实现这个目标。"[1] "美国建国只有一百八十年，它的钢在六十年前也只有四百万吨，我们比它落后六十年。假如我们再有五十年、六十年，就完全应该赶过它。这是一种责任。你有那么多人，你有那么一块大地方，资源那么丰富，又听说搞了社会主义，据说是有优越性，结果你搞了五六十年还不能超过美国，你像个什么样子呢？那就要从地球上开除你的球籍！所以，超过美国，不仅有可能，而且完全有必要，完全应该。如果不是这样，那我们中华民族就对不起全世界各民族，我们对人类的贡献就不大。"[2] 这些与后来的"大炼钢铁""大跃进"有很强的逻辑联系。而毛泽东这两个主导观念，来自对当时形势的判断，如，1955年在农业方面存在的许多困难基本上得到改变，许多曾经被认为办不到的事情现在办到了；1956 年基本上完成了对农业、手工业和资本主义工商业的社会主义改造，建立起了社会主义的基本经济和社会制度；1957 年"一五"计划规定的

[1]　毛泽东.毛泽东文集(第7卷)[M].北京:人民出版社,1999:88.
[2]　毛泽东.毛泽东文集(第7卷)[M].北京:人民出版社,1999:89.

许多指标提前超额完成，为国家工业化打下了初步基础，于是提出还要迅速赶超，以适应社会主义革命高潮的新形势。

改革开放40多年来，每届领导人都面对着不同的国际国内局势，都承担着不同的历史任务，因而都刻下了很明显的阶段性时代烙印。邓小平时代主要解决解放思想、拨乱反正、团结一致向前看的问题，1978年12月党的十一届三中全会冲破"左"倾错误长期的严重的束缚，重新恢复党的实事求是、民主集中制的优良传统，重新确立马克思主义的思想路线、政治路线、认识路线和组织路线，把工作重点转移到社会主义现代化建设上来。提出了建设有中国特色的社会主义理论，在社会主义本质、市场经济的性质、反"左"防右等问题认识上有重大突破，并在大胆的尝大胆的试中"摸着石头过河"，开始了有别于苏联模式、不同于毛泽东时期的又一轮新探索，拉开了改革开放的大幕。江泽民时期主要是推动从乡村型农业社会向城市型工业社会、从计划经济向市场经济的两个历史性转型问题。这个时期的国有企业改革提速、职工下岗比例趋多、工业结构调整加快、各类产业变动剧烈、企业淘汰破产增加；这个时期的城市化大量扩展，城乡格局迅速变化，庞大的农村剩余劳动力持续向城市转移；这个时期社会结构快速转换，收入差距、地区差距有所扩大，社会治安在大局稳定中出现一些破坏稳定的潜在因素。在社会改革稳中向好、经济发展凯歌行进的过程中，国民的环境意识却少得可怜，环境一直在为发展让道，人与自然的矛盾被遮蔽而不被人重视，直到进入新世纪，全国各地环境问题全面爆发，它才引起国民普遍关注，才摆进政府议事日程，于是有胡锦涛提出的科学发展观，有"生态文明"第一次写入十七大报告。

十八大以来，以习近平同志为核心的党中央对我国所处的历史方位有一个基本判断，即经济发展面临速度换挡节点、结构调整节点、动力转换节点，进入了"新常态"，这个状态的出现有其内在必然性，我们要以新理念把握引领新常态，因势而谋、因势而动、因势而进，牢固树立生态文明意识，把绿色发展贯穿于各项政策终始。

1. 从"三位一体"到"五体一体"丰富了中国特色"现代化"的理论体系

关于中国特色社会主义建设的内容，我们的认识和建设有一个发展的过程。"文革"结束后，为弥补忽视发展生产力的缺陷，我们特别重视"以经济建设为中心"抓物质文明；1986 年 9 月，党的十二届六中全会通过的《中共中央关于社会主义精神文明建设指导方针的决议》，形成了"两个文明"一起抓的格局；十六大确立了中国特色社会主义现代化建设必须是政治建设、经济建设、文化建设"三位一体"的目标，十七大增加一项内容变成政治建设、经济建设、文化建设和社会建设"四位一体"，十八大报告进一步拓展到政治建设、经济建设、文化建设、社会建设和生态文明建设"五位一体"的总体布局。这"五位"中政治建设是根本，经济建设是中心，文化建设是灵魂，社会建设是保障，生态文明建设是基础。加入生态文明建设就是要从源头上扭转生态环境恶化的趋势，把生态建设全面贯穿于政治、经济、社会、文化建设之中，并组成一个有机整体，形成经济富裕、政治民主、文化繁荣、社会公平、生态良好的发展格局，真正把我国建设成为富强民主文明和谐美丽的社会主义现代化强国。

2. 从"四化同步"到"五化协同"促成中国国家治理现代化的战略转型

党的十八大提出"四化同步"，即坚持走中国特色新型工业化、信息化、城镇化、农业现代化道路，实现工业化以保障供给、推进信息化以互联互动、深入城镇化以扩大需求、建设农业现代化以稳定根本，推动工业化和信息化深度融合、城镇化和工业化良性互动、城镇化和农业现代化相互协调。2015 年 3 月 24 日的政治局会议审议通过《关于加快推进生态文明建设的意见》，最大的亮点是首次提出"绿色化"的新概念。加入了被定性为"政治任务"的"绿色化"后，意味着"四化同步"变成了"五化协同"。中国未来的最大创新是绿色创新，最大的变革是绿色变革。这里的"绿色化"，不仅有生产方式和生活方式的表层内容，还有社会主义核心价值观的深层理念；不仅有战略战术的变化和改革发展实践作为切入口，还配置了法律法规和相关制度保障；不仅有国内政策的引导，还建立广泛的国际合作并融入国际生态保护和绿色行动之中。以此给自然留下更多自我修复和自在发展空间，给农业生产留下更多良田、森林和湖泊，给子孙后代留下天蓝、地绿、水净的美好家园和良好生态系统，以此实现经济生产力、社会生产力、文化生产力和生态生产力的整体持续发展。

3. 从"五个坚持"变身"新发展"是我党发展理论的重大升华

2010 年 9 月召开的党的十七届四中全会，以科学发展为主题，在科学发展观的指导下，以加快转变经济发展方式为主线，提出发展要具有全面性、协调性和可持续性，把加快转变经济发展方式贯穿于经济社会发展全过程和各领域，明确坚持经济结构战略性调整作为加快转变经济发展方式的主攻方向，坚持把科技进步和创新作为加快转变经济发展方式的重要支撑，坚持把保障和改善民生作为加快转变经济发展方式的根本出发点和落脚点，坚持把建设资源节约型、环境友好型的"两型社会"作为加快转变经济发展方式的重要着力点，坚持把改革开放作为加快转变经济发展方式的强大动力，把"五个坚持"作为"十二五"规划的遵循和基调，培育发展战略性新兴产业以提高产业核心竞争力，促进区域经济优势互补以提高国土空间高效利用，建设"两型社会"以引导人与自然和谐相处，实施人才强国和科教兴国战略以建设创新型国家。"五个坚持"使中国的经济结构战略性调整取得重大突破，使国民经济保持平稳较快的发展，"是发展行动的先导，是发展思路、发展方向、发展着力点的集中体现"，五大发展理念既各有侧重又相互支撑，共同构成了一个系统化的逻辑体系，并在五大发展理念的引领下把握经济保持中高速增长、产业迈向中高端水平的新常态，适应发展速度变化、结构优化、动力转换的新特点，探索全球化条件下破解发展难题的新路径。

习近平在十九大报告中强调："发展是解决我国一切问题的基础和关键，发展必须是科学发展，必须坚定不移贯彻创新、协调、绿色、开放、共享的发展理念。必须坚持和完善我国社会主义基本经济制度和分配制度，毫不动摇巩固和发展公有制经济，毫不动摇鼓励、支持、引导非公有制经济发展，使市场在资源配置中起决定性作用，更好发挥政府作用，推动新型工业化、信息化、城镇化、农业现代化同步发展，主动参与和推动经济全球化进程，发展更高层次的开放型经济，不断壮大我国经济实力和综合国力。"[1] 习近平新时代中国特色社会主义思想中包含着"八个明确""十四条基本方略"，这是我们今后一个时期发展的指导思想和总纲，在以习近平同志为核心的党中央正确领导下，中华民族伟大复兴中国梦一定能实现。

[1] 习近平.决胜全面建成小康社会,夺取新时代中国特色社会主义伟大胜利[N].人民日报,
2017 −10 −28（4）.

中国社会主义生态文明建设的发展逻辑

近年来，我国学术界对理论或现实问题的分析有一个小小的却也足以让人感受到的改变，过去动不动就要"揭示 ×× 发展规律"，现在却时不时"研究 ×× 发展逻辑"。本书之所以研究社会主义生态文明建设的"发展逻辑"，原因有三。

第一，逻辑的抽象，使之与规律相比更具有张力。逻辑与规律相比具有更大的张力。一般认为，规律是指自然界和社会诸现象内部或之间的内在的、本质的、必然的、稳定的联系，是客观的、不以人的意志为转移的，决定着事物发展的必然趋向。狭义的逻辑特指逻辑学，广义的逻辑也有规律和规则的意思。从哲学角度看，逻辑是客观事物和现象传递出来的信息得获主体捕捉和解释的过程，是事物流动的顺序和规则的表征。如果说规律偏向于客观性，逻辑则着重于主观性；如果说规律强调认识的至上性，逻辑则看到认识的非至上性；如果说规律一般发现于过程的终结点，逻辑则产生于活动的延续性；如果说规律的结论中包含着更多真理的绝对性，逻辑则展示着真理颗粒中的相对性。

第二，逻辑的梳理，使生态文明发展过程更加明晰。与人类活动相关联的世界，是由全部已经发生的事实和实际情况的总和构成的，"世界就是所发生的一切东西"[1]。人是有意识的,正如人们不能在时间之外思考时间客体或在空间之外思考空间客体一样,也不能脱离人的活动及人与其他客体的联系来思考世界和历史的发展。"哲学的目的是使思想在逻辑上明晰。哲学不是理论,而是活动。哲学工作主要是由解释构成的。哲学的结果不是某些数量的'哲学命题',而是使命题明晰。"[2]笔者的研究不在于要创造什么新的名词概念,不在于有多少理论突破和创新,只在于尽量梳理中国历史上、新中国成立后,特别是改革开放以来生态文明建设从无意识到有意识、从不自觉到自觉的整个过程,尽量描述全国上下为改变发展方式、为人与自然的和谐相处所做的努力、所获的成果,并使之通过文字明晰地呈现出来。

第三,逻辑的表达,使生态文明思想有自身特色。研究发展逻辑只是强调,事实的逻辑形象就是思想,是主体对客观的认识和描写。由于每个描述者的知识水平、价值理念、起点和目的不同,展现出的世界图景和逻辑形象也是有区别的。通过个体思维凝结的文字不过是自我本质力量的展现,而非取代或否定他人的思维方式和思维结果。坚信"凡是能够说的事情,都能够说清楚。凡是不能说的事情,就应该沉默"。[3]本书是以研究的方式在言说,但只是言说笔者自认为可以说清楚的部分,也只对纷繁复杂的整体中有代表性的部分进行言说。

当前,我国社会主义生态文明建设正向纵深发展,本书对发展逻辑的研究,是从理论和实践两方面来"统摄"。

理论上,第一,我国生态文明建设传承着中华文化的生态智慧。方克立先生说:"面对着困扰当今人类的两大难题 —— 生态破坏与文明冲突,古老的中国哲学早已为此提供了富有启发性的智慧成果,或者说其中早已蕴含着解决这些矛盾和冲突的正确的思想原则,这就是'天人合一'与'和而不同'的智慧。"[4]中华民族处理天人关系时讲"天人合一",看到人是自然界的产物,是自然界的

---

[1] 维特根斯坦.逻辑哲学论[M].北京:商务印书馆,1985:22.
[2] 维特根斯坦.逻辑哲学论[M].北京:商务印书馆,1985:45.
[3] 维特根斯坦.逻辑哲学论[M].北京:商务印书馆,1985:20.
[4] 方克立.21世纪中国哲学走向[M].北京:商务印书馆,2003:3.

一部分，人类不能离开大自然的母体生存与发展，人类只有跟随自然界的演化和发展节奏，与天地万物和谐相处，才能实现人自身的目的，否则就会受到自然界的惩罚；处理人际关系时讲"和而不同"，一个"和"字，包含了同一社会中不同观点、不同看法甚至不同政见的存在，包含了世界上不同国家、民族、文化之间差异的并存。"和而不同"作为一种具有普遍意义的文化观，是化解不同文明冲突的苦口良方；作为一种具有现代意义的政治观，是国家治理协商民主的基本原则。中国传统的生态智慧与现代价值理念相结合，变身为中国文化薪火传承和走向世界的最好契机，具有特别重要的现实意义。

第二，我国生态文明建设催生着生态伦理、环境正义等新价值观拉伸了传统道德的视域。环境破坏和环境保护两股相持力量的拉锯战，触发传统伦理学扩展了研究范围，把研究人在处理自身与大自然、与周边动物关系时应遵守的道德规范，以及人从事与自然生态相关的活动中形成的环境伦理原则纳入其中，形成新兴的生态伦理学或环境伦理学。环境正义倡导代内公平，即地球上生存的所有人，不分国籍、区域、性别、种族、贫富、教育等，都有自由平等地享受清洁、秩序、优美的自然环境和免遭环境破坏、环境污染侵害的权利；倡导代际公平，即人类每一代人都是后一代人的财产托管人，当代人的发展不能以危及和损害后一代人生存和发展所需的各种环境条件作为代价。环境伦理与环境正义是现代环境保护运动和公民环境权利、环境意识双双觉醒的产物。通过生态文明建设，我国社会的生态理念逐步树立起来，并在政府决策或国民的日常行为中都得到了某种体现。

第三，我国生态文明建设确立了"保护环境就是发展生产力"的新经济观。习近平总书记在不同场合的讲话中多次表达过这样一个思想：保护了生态环境就保护了生产力，改善了生态环境就发展了生产力。传统的发展是建立在人对自然的索取、人对自然的征服基础上的，而在生态文明时代，不可再生的自然生态资源成为稀缺要素，环境成为生产力中最为重要的因素。继"科学技术是第一生产力"之后，"保护环境就是发展生产力"无疑发现了在当代促进生产力发展、推动经济繁荣的又一个秘密。改变传统的以破坏环境为代价的单纯的GDP增长，摒弃环境不经济、经济不环境的对立，花大力气改变工业空间布局、降低能源消耗水平、增加资源利用方式，自觉地推动绿色发展、循环发展和低碳发展，已经成为引领中国未来发展的"新常态"。只有充分发挥环境保护，推动经济保持平稳较快发展的先导、扩容、增效和倒逼作用，以环境管理优化产业结构，以环境容量优化区域布局，以环境成本优化增长方式，才能最终推动创新转型和绿色发展。

第四，生态文明建设巩固了统筹兼顾协调发展的宏观战略思想。1989年1月，习近平在基层的实际工作中发现，"修了一道堤，人行车通问题解决了，但水的回流没有了，生态平衡破坏了；大量使用地热水，疗疾洗浴问题解决了，群众很高兴，但地面建筑下沉了，带来了更为棘手的后果"[1]。从中，他看到办实事要有科学思考和科学论证，不能只看眼前需求，还要看是否会有"解决一个问题，留下十个遗憾"的后遗症。生态文明建设让我们更清楚地认识到要素的普遍联系性和相互作用性，更清楚地体会到要有系统的、整体的思维，要注重顶层设计、注重各领域的协同推进，把生态文明建设全面融入经济建设、政治建设、文化建设和社会建设的各个环节和全过程。

第五，我国生态文明建设的光明前景推动生态理念广泛传播。一个重要的标志是"生态"一词不仅成为各类媒体经常提及的热词，而且在其他众多领域被广泛地运用。"生态"本意是指生物在特定的自然环境下生存的状态，在一定范围的空间内，生物与周边环境之间相互影响、相互制约、相互交错，构成了一个既相对稳定又动态平衡、既整体统一又独具个性、既释放能量又获取补给的系统，如果一个环节遭受干扰出现问题，时空的秩序就会被搅乱，就会影响整体的运行。现在人们用"政治生态"比喻一个地方的政治生活现状和政治发展环境，用"文化生态"说明各地区各民族从祖先传下来的自然而然的原生性的日常生活习俗，用"经济生态"指称多方共赢可持续发展的环形市场经济模式和相互帮

[1] 习近平. 摆脱贫困[M]. 福州：福建人民出版社，1992：14.

扶的良性经营平台,用"社会生态"描述人类社会和自然环境的和谐关系……

实践上,第一,生态文明建设是中国模式最亮丽的组成部分。"中国模式"是指中国在向市场经济过渡过程中,主要是根据本国的国情"摸着石头过河",制定改革的政策、规则和路径来完成制度变迁,而不是依靠外部"输入"或"引进"发达国家现成的规章制度来实现。"中国模式"意味着中国开创了一条中国式的制度创新道路和"内生性制度安排",从而丰富和发展了世界发展模式。中国模式体制上不同于自由放任的市场经济体制,在主要以市场机制配置资源的基础上,更加合理地发挥政府宏观调控和战略指导的作用;结构上合理调整农轻重比例和工业化与城市化的不协调,通过实施创新驱动发展战略、乡村振兴战略、区域协调发展战略等,实现可持续发展;增长方式上改变主要依靠高投入、高消耗、粗放式发展经济的情况,强调依靠管理和技术进步,实现低投入、高产出、高效益的集约型增长,建设"资源节约型环境友好型社会";工作内容上突出抓重点、补短板、强弱项,坚决打好防范、化解重大风险,精准脱贫,污染防治的攻坚战。

第二,生态文明建设是中国国家治理体系和治理能力现代化的重要内容。习近平把国家治理体系和治理能力现代化看成是一个国家制度创设能力和行政执行能力的集中体现,他说:"国家治理体系是在党领导下管理国家的制度体系,包括经济、政治、文化、社会、生态文明和党的建设等各领域体制机制、法律法规安排,也就是一整套紧密相连、相互协调的国家制度。"[1] 十八大以来,中共中央、国务院印发《关于加快推进生态文明建设的意见》、出台《生态文明体制改革总体方案》等,就是实现党、国家、社会各项事务治理制度化、规范化、程序化,实现国家治理功能、主体、方式和运行机制现代化的过程,就是把各方面制度优势转化为管理国家效能的生动体现。

第三,生态文明建设是我国协调民主政治发展的无形推手。美国约翰·霍普金斯大学高级国际研究学院教授皮特·鲍泰利(Pieter Bottlier)在接受《21世

---

[1] 习近平.切实把思想统一到党的十八届三中全会精神上来[N].中国青年报,2014-01-01(2).

纪经济报道》记者采访时曾认为,"或许中国会成为有史以来第一个通过一党制来实现民主的国家,尽管之前没人做到过"[1]。其实无论一个国家的政党制度是采用一党制、两党制抑或多党制,只要能了解民意、反映民意、代表民意,能做到权为民所用、情为民所系、利为民所谋,就把握了民主的要义。中国一方面开启了一党执政多党参政的民主制先河,另一方面中国在生态文明推进中,发挥了政府的主导和监管作用,发挥了社会组织和公众的参与和监督作用,发挥了企业积极性和自我约束作用。在自然生态治理中,强调公民参与、对话、协商,实现了政府、企业、社会组织和公民个体之间的多向互动和多元治理,最终凝聚了共识,使公共利益最大化。

第四,生态文明建设是深化国际交流和务实合作的重点领域。环保不仅是中国的问题,也是世界性的问题。作为国际社会负责任的大国,中国政府坚持主动作为和国际合作相结合,把加强生态环境保护作为自觉行为,一直积极参与联合国等有影响力的国际组织发起的环境保护公约和行动计划,积极参加全球治理体系规则的构建。中国是国际气候合作的主动参与者,并通过国内政策来履行国际义务:1972年,中国参加了联合国斯德哥尔摩人类环境大会后,开始在国家层面制定环境保护政策;1992年,中国成为第五个批准《联合国气候变化框架公约》的国家;2007年6月,发布我国第一部也是发展中国家在该领域的第一部应对气候变化的政策性文件《应对气候变化国家方案》;积极参与《京都议定书》、"巴厘岛路线图"、《哥本哈根协议》等国际气候谈判,参加自贸协定和环境产品清单等相关的谈判。同时,在国内采取一系列政策与措施以减缓温室气体排放,包括政府投资数以亿计,用于建设风电场、核电站、太阳能工厂以及可再生能源技术的研发,制定产业政策与经济激励政策,提出可持续发展战略、建立健全环境法律体系等。中国与其他国家分享破解发展和环境矛盾的经验,坚持互利共赢,成为全球生态文明建设的重要参与者、贡献者、引领者。

社会主义生态文明建设的发展逻辑与中国发展前景是紧密结合的。发展

---

[1] 皮特·鲍泰利.中国将证明一党制与民主并不冲突[N].21世纪经济报道,2013-12-12(4).

理论涵盖了四个主要组成部分："发展的本质论"——研究何谓发展，发展的核心内涵和实质是什么；"发展的方法论"——研究如何发展，通过什么方式、方法和途径，寻找最切合本国实际、最适合本民族的发展道路；"发展的目的论"——研究为何发展，即发展的目的、动机和出发点是什么，国家中各个族群、各个阶层如何共建共享；"发展的检验论"——研究发展评价，用什么价值尺度对发展成果做出判断，用什么衡量标准对发展过程做出矫正。在目前的中国，发展理论的每个组成部分，都包含着创新、协调、绿色、开放、共享的发展理念，都渗透着生态文明建设的发展逻辑，都促进着中国走向一片光明的发展前景。

后记 ▊

　　哲学要通过相对完整的"逻辑体系"和独特的"话语体系"来构建。后现代思想家福柯认为,在社会中,人与世界在某种意义上是一种话语关系,人类的一切知识都通过"话语"来获得来传递来理解,人类世界中脱离"话语"的事物是不存在的,"话语"意味着某个社会团体通过发出自己的声音将自己理解的意义传播于社会之中,以此说服其他团体赞同其观点,并确立其社会地位。生态文明是当今中国学术界讨论的热门议题之一,成千上万个喉咙在这个领域发出形形色色的声响,如何既让自己融入这时代的大合唱,又尽量做到匠心独具、卓尔不群,里面包含着两个基础条件。第一要有能力。话语权不是天生就有的,不是自己加封的,更没有人会恩赐给你,它要靠全力争取才能获得,要靠全力维护才能保持,要靠全力发展才能延续,一旦放松即会前功尽弃。话语权的获得来自它能获得更多人的赞同、认可和支持,而要做到这一点必须内容和形式双创新,既要抓住研究的基础性要素和关键性内容,又要突破旧范式的框架束缚。第二要有吸力。马克思在《黑格尔法哲学批判》导言中曾表达过这样的意思:"理论只要说服人,就能掌握群众;而理论只要彻底,就能说服人。所谓彻底,就是抓住事物的根本。"[1]就是说理论要解开群众头脑的疑惑、要回答群众真切的关注、

---

[1]　马克思,恩格斯.马克思恩格斯选集(第1卷)[M].北京:人民出版社,2013:9.

要引起群众内心的共鸣、要运用群众喜爱的语言,才能掌握群众并被群众掌握,才能吸引群众、说服群众,进而变成物质力量。思想表述得越好,就越能抓住要领,它的价值就越大。我自知我的逻辑能力和表达能力实际上妨碍着我最终高质量地完成这个任务,但我确实一直在努力着,并在这个过程中欣慰地发现自己的表达技巧和功力与过去相比的点滴进步。

"社会主义生态文明建设的发展逻辑研究"是2012年立项的国家社科基金项目,本书是在项目成果基础上写成的。这个课题做了7年,这本书也写了7年,期间完成了2项浙江省社科规划课题、2项宁波市软科学课题、6项宁波市社科规划课题,公开发表了15篇文章。对它的研究成了我学习的主要目标、工作的主要内容、生活的主要乐趣。几年来,我要求自己成为一个冷静的观察者,奔赴西藏、云南、贵州、广西、福建、江苏、江西等省调研生态文明建设的特色和模式,到安吉、长兴、桐庐、缙云、温州、台州等地研究浙江美丽乡村建设的内容和成就,更跑遍了宁波的每一个县、市、区,去静观生态文明理念提出后中国社会从政治治理、企业生产和居民生活等各个领域的发展和变化。我要求自己成为一个理性的思考者,去思索生态文明作为高于原始文明、农业文明、工业文明的后工业社会中衍生的人类迄今最高的文明形态的内涵本质和重要意义,思考生态文明在本民族历史上的地位及其对整个世界环境保护事业的引领和影响。我要求自己成为一个积极的参与者,去参加当地的生态文明建设活动;作为地方政府决策咨询者,我的相关咨询报告得到过市领导的指示;作为环境保护志愿者,我获得过市文明办颁发的优秀志愿者奖励;作为生态课程宣讲者,我经常活跃在党校主体班次和乡镇(街道)社区的讲台上;作为思想理论研究者,我每年都有相关文章发表和获奖,为推动地方生态文明建设做出了应有的贡献。由于精力和水平有限,我并不奢望能给他人什么启发,只是期望在与同人的思想碰撞中能迸出小小的火花。由于时间和篇幅有限,我并不奢望能穷尽所有问题,只是期望把我的关注和思考记录下来以求得同道的丝丝共鸣。关闭了眼前的电脑,放下了手中的水笔,就意味着留下了种种缺憾,而弥补的尝试,正是来年继续研究的内在动力。

由于课题的研究，我结识了一批有相同兴趣爱好但研究方向不同的学者，如浙江农林大学教授、北京师范大学历史学博士、硕士生导师任重，他擅长从城市文化、生态伦理等角度研究生态文明问题，对我的研究有很大的启发和帮助，我们合作发表了两篇学术论文。由于课题的研究，我的身边也聚集了一批思维敏捷、反应迅速、学术功底扎实的青年才俊，如中国科学院自然科学史研究所科学技术与社会方向博士后、广西大学海洋学院副教授林昆勇，他在生态文明建设和发展理念、区域经济、地方经济发展战略、广西海洋经济和海洋生态保护等领域有大量研究成果，是广西很有活力的年轻人，我们在湖南林业大学一次有关生态文明理论研究会上结识，共同发表了三篇文章。南京大学中国哲学专业博士、中共宁波市委党校最年轻的副教授郭美星撰写了第二章的内容。南京大学科技哲学专业博士、宁波大学马克思主义学院教师赵喜凤撰写了第五章中"公众参与的嘉兴模式借鉴"部分。在此表示衷心的感谢！

参考书目

1. 马克思,恩格斯.马克思恩格斯选集(第1—4卷第3版)[M].北京:人民出版社,2012.

2. 卡尔·马克思.资本论[M].武汉:武汉出版社,2010.

3. 毛泽东.毛泽东文集(第5—8卷)[M].北京:人民出版社,1996—1999.

4. 中共中央文献研究室.周恩来年谱(1949—1976)(上下卷)[M].北京:中央文献出版社,1997.

5. 江泽民.江泽民文选(第1—3卷)[M].北京:人民出版社,2006.

6. 邓小平.邓小平文选(第3卷)[M].北京:人民出版社,1993.

7. 习近平.摆脱贫困[M].福州:福建人民出版社,1992.

8. 习近平.之江新语[M].杭州:浙江人民出版社,2007.

9. 习近平.干在实处 走在前列[M].北京:中共中央党校出版社,2006.

10. 中共中央党史和文献研究院.习近平关于社会主义生态文明建设论述摘编[M].北京:中央文献出版社,2017.

11. 中共中央宣传部.习近平总书记系列重要讲话读本(2016年)[M].北京:人民出版社,2016.

12. 中共中央文献研究室.建国以来重要文献选编(1—20册)[M].北京:

中央文献出版社,1992-1998.

13.中共中央文献研究室.三中全会以来重要文献选编(上下册)[M].北京:人民出版社,1982.

14.中共中央文献研究室.十八大以来重要文献选编(上下册)[M].北京:中央文献出版社,2014-2016.

15.《中国环境保护行政二十年》编委会.中国环境保护行政二十年[M].北京:中国环境科学出版社,1994.

16.姜春云.拯救地球生物圈:论人类文明转型[M].北京:新华出版社,2012.

17.费孝通.乡土中国[M].北京:北京出版社,2005.

18.曲格平.困境与选择:中国环境与发展战略研究[M].昆明:云南科技出版社,1994.

19.曲格平.梦想与期待:中国环境保护的过去与未来[M].北京:中国环境科学出版社,2000.

20.曲格平.我们需要一场变革[M].长春:吉林人民出版社,1997.

21.费国良,任春晓,等.共建与共享:宁波社会主义和谐社会建设的理论与实践[M].杭州:浙江人民出版社,2007.

22.任春晓.环境哲学新论[M].南昌:江西人民出版社,2003.

23.任春晓.跨越工业文明[M].宁波:宁波出版社,2011.

24.俞可平主编.作为公共协商的民主:新的视角[M].北京:中央编译出版社,2006.

25.俞可平.治理与善治[M].北京:社会科学文献出版社,2000.

26.余谋昌.环境哲学:生态文明的理论基础[M].北京:中国环境科学出版社,2010.

27.洪大用.社会变迁与环境问题[M].北京:首都师范大学出版社,2001.

28.郇庆治.重建现代文明的根基:生态社会主义研究[M].北京:北京大

学出版社,2010.

29. 郇庆治. 环境政治国际比较[M]. 济南:山东大学出版社,2007.

30. 沈满洪. 生态文明建设与区域经济协调发展战略研究[M]. 北京:科学出版社,2012.

31. 沈满洪. 绿色制度创新论[M]. 北京:中国环境科学出版社,2005.

32. 王宏斌. 生态文明与社会主义[M]. 北京:中央编译出版社,2011.

33. 卢 风. 从现代文明到生态文明[M]. 北京:中央编译出版社,2009.

34. 卢 风. 生态文明新论[M]. 北京:中国科学技术出版社,2013.

35. 刘仁胜. 生态马克思主义概论[M]. 北京:中央编译出版社,2007.

36. 孙道进. 环境伦理学的哲学困境:一个反拨[M]. 北京:中国社会科学出版社,2007.

37. 郭和平. 新矛盾观论纲[M]. 北京:中国社会科学出版社,2004.

38. 肖显静. 环境与社会——人文视野中的环境问题[M]. 北京:高等教育出版社,2006.

39. 刘湘溶. 生态文明[M]. 长沙:湖南师范大学出版社,2003.

40. 靳利华. 生态文明视域下的制度路径研究[M]. 北京:社会科学文献出版社,2014.

41. 刘增惠. 马克思主义生态思想及实践研究[M]. 北京:北京师范大学出版社,2010.

42. 李惠斌. 生态文明与马克思主义[M]. 北京:中央编译出版社,2008.

43. 杜向民. 当代中国马克思生态观[M]. 北京:中国社会科学出版社,2012.

44. 解保军. 马克思自然观的生态哲学意蕴[M]. 哈尔滨:黑龙江人民出版社,2002.

45. 余维海. 生态危机的困境与消解[M]. 北京:中国社会科学出版社,2012.

46. 王雨辰.生态批判与绿色乌托邦[M].北京：人民出版社,2009.

47. 陈学明.生态文明论[M].重庆：重庆出版社,2008.

48. 许宝强,汪辉.发展的幻象[M].北京：中央编译出版社,2000.

49. 曾建平.环境正义：发展中国家伦理问题研究[M].济南：山东人民出版社,2007.

50. 中华人民共和国环境保护法律法规全书[M].北京：中国法制出版社,2015.

51. 徐再荣,等.20世纪美国环保运动与环境政策研究[M].北京：中国社会科学出版社,2013.

52. 王沪宁.美国反对美国[M].上海：上海文艺出版社,2001.

53. 刘余莉.通往自我觉醒之路：环境伦理与生态危机及其出路[M].北京：世界知识出版社,2012.

54. 韩民青.人类的环境：自然与文化[M].南宁：广西人民出版社,1998.

55. 赵 冈.中国历史上生态环境之变迁[M].北京：中国环境科学出版社,1996.

56. 温铁军.八次危机(1949—2009中国的真实经验)[M].北京：东方出版社,2013.

57. 刘翠溶,伊懋可.积渐所至：中国环境史论文集(上下册)[M].台北：中央研究院经济研究所,1995,2000.

58. 肖剑鸣.比较环境法[M].北京：中国检察出版社,2002.

59. 卢现祥.西方新制度经济学[M].北京：中国发展出版社,1996.

60. 盛洪主编.现代制度经济学[M].北京：北京大学出版社,2003.

61.〔德〕乌尔里希·贝克.风险社会[M].何博闻译.南京：译林出版社,2004.

62.〔美〕安德森·卡特.社会环境中的人类行为[M].王吉胜,等译.北京：国际文化出版公司,1988.

63.〔美〕F. 舒马赫. 小的是美好的[M]. 虞鸿钧, 郑关林, 译. 北京: 商务印书馆, 1984.

64.〔日〕饭岛伸子. 环境社会学[M]. 包智明译. 北京: 社会科学文献出版社, 1999.

65.〔美〕艾伦·杜宁. 多少算够[M]. 毕聿译. 长春: 吉林人民出版社, 1997.

66. 世界环境与发展委员会. 我们共同的未来[M]. 王之佳, 等译. 长春: 吉林人民出版社, 1997.

67.〔美〕霍尔姆斯·罗尔斯顿. 哲学走向荒野[M]. 刘耳, 叶平, 译. 长春: 吉林人民出版社, 2000.

68.〔加〕本·阿格尔. 西方马克思主义概论[M]. 慎之, 等译. 北京: 中国人民大学出版, 1991.

69.〔美〕彼得·S·温茨. 环境正议论[M]. 朱丹琼, 宋玉波, 译. 上海: 人民出版社, 2007.

70.〔英〕特德·本顿. 生态马克思主义[M]. 曹荣湘译. 北京: 社会科学文献出版社, 2013.

71.〔奥〕维特根斯坦. 逻辑哲学论[M]. 贺绍甲译. 北京: 商务印书馆, 2005.

72.〔日〕岩佐茂. 环境的思想与伦理[M]. 冯雷译. 北京: 中央编译出版社, 2011.

73.〔日〕岩佐茂. 环境的思想(修订版)[M]. 韩立新译. 北京: 中央编译出版社, 2007.

74.〔美〕纳什. 大自然的权利: 环境伦理学史[M]. 杨通进译. 青岛: 青岛出版社, 1999.

75.〔美〕查尔斯·哈珀. 环境与社会 —— 环境问题的人文视野[M]. 肖晨阳, 等译. 天津: 天津人民出版社, 1998.

76.（美）曼瑟尔·奥尔森. 集体行动的逻辑[M]. 陈郁, 等译. 上海: 上海三联书店,1995.

77.〔美〕约翰·贝拉米·福斯特:马克思的生态学[M]刘仁胜,肖锋,等译.北京:高等教育出版社,2006.

78.〔美〕约翰·贝拉米·福斯特.生态危机与资本主义[M].耿建新,宋兴无,译.上海:上海译文出版社,2006.

79.〔美〕希拉·贾萨诺夫.第五部门:当科学顾问成为政策制定者[M].陈光译.上海:上海交通大学出版社,2011.

80.〔美〕詹姆斯·奥康纳.自然的理由[M].唐正东译.南京:南京大学出版社,2002.

81.〔英〕特德·本顿.生态马克思主义[M].曹荣湘,李继龙,译.北京:社会科学文献出版社,2013.

82.〔美〕科斯·诺斯,威廉姆森,等.制度、契约与组织——从新制度经济学角度的透视[M].刘刚,等译.北京:经济科学出版,2003.

83.〔美〕道格拉斯·C.诺斯.制度、制度变迁与经济绩效[M].刘守英译.上海:上海三联书店,1994.

84.〔美〕唐纳德·沃斯特.自然的经济体系——生态思想史[M].侯文蕙译.北京:商务印书馆,1999.

85.〔美〕威廉·P.坎宁安.美国环境百科全书[M].张坤民译.长沙:湖南科学技术出版社,2003.

86.〔美〕A.丹尼尔·科尔曼.生态政治:建设一个绿色社会[M].梅俊杰译.上海:上海译文出版社,2002.

87.〔加〕汉尼根.环境社会学(第2版)[M].洪大用,等译.北京:中国人民大学出版社,2009.

88.〔印度〕阿马蒂亚·森.以自由看待发展[M].任赜,于真,译.北京:中国人民大学出版社,2002.

89.〔法〕亚历山大·基斯.国际环境法[M].张若思译.北京:法律出版社,

2000.

90.〔法〕弗朗索瓦·佩鲁.新发展观[M].张宁,丰子义,译.北京:华夏出版社,1987.

91.〔捷克〕瓦茨拉夫·克劳斯.环保的暴力[M].宋凤云译.北京:世界图书出版公司,2012.

92.〔希〕亚里士多德.政治学[M].吴寿彭译.商务印书馆,1983.

93.〔美〕富兰克林·H.金.四千年农夫[M].程存旺,石嫣,译.北京:东方出版社,2011.

94.〔美〕菲利普·沙别科夫.滚滚绿色浪潮:美国的环境保护运动[M].周津,等译.北京:中国环境科学出版社,1997.

95.〔美〕威廉·P.坎宁安.美国环境百科全书[M].张坤民,等译.长沙:湖南科学技术出版社,2003.

96. David Pepper. Eco-Socialism—From Deep Ecology to Social Justice, Published by Routledge, New Fetter Lane, London EC4P 4EE,1993.

97. Janos Kornai. From Socialism to Capitalism ,Published by Central European University Press,2008.

98. Paul Burkett.Marxism and Ecological Economics: Toward a Red and Green Political Economy,Published by Koninklijke Brill NV, Leiden, The Netherlands.2006.

99. Saral Sarka.Prospects for Eco-socialism [A].In Q.Z.Huan. Eco-socialism as politics:Rebuilding the Basis of Our Modern Civilization[C].Heidelberg: springer, 2010.

100. Brett Clark and John Bellamy Foster. Marx's Ecology in the Twenty-First Century, China Society for Hominology(ed.),Ecological Civilization, Globalization and Human Development,June, 2009.

101. K.S.Shrader-Frechette. Environmental Justice:Creating Equality, Reclaiming Democracy, Oxford University Press.2002.

102. Bill Mckibben. The End of Nature, Bantam Doubleday Dell Publishing Group.Inc. 1989.

103. Donald K, Anton Australia, Dinah L, Shelton George. Environmental Protection and Human Rights, Cambridge University Press, First published 2011.

104. Steven Yearley. Cultures of Environmentalism—Empirical Studies in Environmental Sociology, First published 2005 by Palgrave Macmillan. 105. K.S.Shrader-Frechette. Environmental Justice: Creating Equality, Reclaiming Democracy, Oxford University Press.2002.